飞机钣金与铆接

主编 ◎ 蔡连发　肖俊哲
副主编 ◎ 黄景论　田筱　顾顺海

湘潭大学出版社
XIANGTAN UNIVERSITY PRESS

图书在版编目（CIP）数据

飞机钣金与铆接 / 蔡连发，肖俊哲主编. -- 湘潭 : 湘潭大学出版社，2024. 10. -- ISBN 978-7-5687-1566-9

Ⅰ. V261.2

中国国家版本馆 CIP 数据核字第 20245T00M2 号

飞机钣金与铆接

FEIJI BANJIN YU MAOJIE

蔡连发　肖俊哲　主编

责任编辑：罗　联
封面设计：夏茜旸
出版发行：湘潭大学出版社
社　　址：湖南省湘潭大学工程训练大楼
电　　话：0731-58298960 0731-58298966（传真）
邮　　编：411105
网　　址：http://press.xtu.edu.cn/
印　　刷：长沙鸿和印务有限公司
经　　销：湖南省新华书店
开　　本：787 mm×1092 mm 1/16
印　　张：12
字　　数：272 千字
版　　次：2024 年 10 月第 1 版
印　　次：2024 年 10 月第 1 次印刷
书　　号：ISBN 978-7-5687-1566-9
定　　价：68.00 元

前　言

本书根据职业教育教材体系建设的具体要求，以立德树人为宗旨，以岗课赛证为引领，与行业企业专家共同编写而成。

本书包括上篇、下篇两个部分。上篇为飞机钣金，主要包括钣金件的放样、钣金件的下料、钣金件的手工弯曲、钣金件的收边、钣金件的放边、钣金件的拔缘、钣金件的拱曲、钣金件的卷边、钣金件的咬缝、钣金件的校正等10个项目。下篇为飞机铆接，主要包括普通铆接和特种铆接2个项目。每个项目都配备了相应的技能训练工卡。

本书的主要特色：

第一，以就业为导向，遵循职业能力的形成规律和学生的认知规律，采取理论铺垫与技能训练相结合的方式，突出了课程的理实一体化。

第二，以职业能力培养为主线，精心设计课程教学内容，将职业道德修养、技术技能训练和工艺知识传承有机融入教学内容，力求做到德技并修、“三全育人”，突出课程的实用性。

第三，以世界技能大赛、全国职业院校飞机发动机拆装调试与维修技能大赛为指引，依据职业技能大赛对职业技能人才的培养要求和标准，设计了综合训练项目，实现岗课赛证合一，突出课程的针对性。

本书可作为高等职业院校飞机制造与维修专业大类教材，也可作为本科院校相关专业、航空运输企业维修基地技术人员和生产一线员工的参考书。

本书由贵州航空职业技术学院蔡连发和湖南中伟航空科技有限公司肖俊哲负责规划、整理和统稿。其中，蔡连发编写了项目1、项目9、项目10、项目11和部分工卡等内容，肖俊哲编写了项目2、项目3、项目5和部分工卡等内容。贵州航空职业技术学院田筱编写了项目 7、项目 8 和部分工卡等内容，欧顺海编写了项目 4、项目 6 和部分工卡等内容。中航工业贵州飞机有限责任公司黄景论编写了项目 12 并审阅了全书，提出了许多宝贵的意见和建议。编写过程中参考引用了大量国内外飞机制造、修理企业的技术资料和学者的文献，得到了贵州航空职业技术学院领导和广大师生的大力支持，在此一并表示感谢。

需要特别说明的是，基于航空制造与维修领域的历史沿革和使用习惯，书中使用了部分非国际单位制单位（如 in），同时列出了相应的换算规则。

由于编者水平有限，不妥之处在所难免，欢迎广大读者在使用的过程中提出宝贵意见，以便再版时修正完善。

编　者

2024 年 8 月

目录 CONTENTS

飞机钣金

飞 机 铆 接

飞机钣金

项目 1　钣金件的放样

1.1　理论基础

用板料制成各种立体构件，通常要先根据构件的工件图画出其展开图，然后按展开图下料、加工成型，或者再由焊接、咬缝或铆接等将接缝连接起来制成构件。将立体构件的各表面按其实际形状和大小，依次连续且无褶皱地摊平在一个平面上，称为立体构件表面的展开。立体构件表面展开后所得的平面图形称为展开图。若立体的表面可以展开，则称其为可展立体，如平面立体（棱柱和棱锥）和可展曲面立体（圆柱和圆锥）。若立体的表面不可以展开，则称其为不可展立体，如球面和环面立体。对于不可展曲面立体，常用近似方法画出其表面展开图。画展开图实质上是求立体表面实形。

在板料表面 1∶1 地画出工件展开图的方法称为放样。放样的基本原理是将复杂工件各部分的投影尺寸按实际展开，随后组合成一个完整的展开形状。放样的基本方法有三种：平行线展开法、三角形展开法和射线展开法。构件的形状不同，其展开图的画法也不同。通常对柱面构件采用平行线展开法，对锥面构件采用射线展开法，对不可展曲面的构件用三角形法或将其近似地当作为柱面或锥面而采用前面两种方法展开。在飞机修理中，常以拆下的被修理件作为样板来画其展开图。

1.1.1　平行线展开法

当构件是由棱柱面或圆柱面构成时，可假设沿构件表面的棱线或素线将构件切开，然后将其表面沿着与棱线或素线垂直的方向打开并依次摊平在一平面上，便可得到该构件的展开图。由于棱线或素线在摊平前是互相平行的，所以摊平后它们仍互相平行，作图时可充分利用这一特性，只要找出这些平行棱线或素线间的距离以及它们各自的长短，即可得到展开图。按这一原理绘制展开图的方法，称为平行线展开法。

1. 棱柱管表面的展开

棱柱管的侧面都是四边形，而且棱线相互平行，因此，只要求出各侧棱和底边的实长，就可以画出棱柱表面的展开图，如图 1-1 所示。

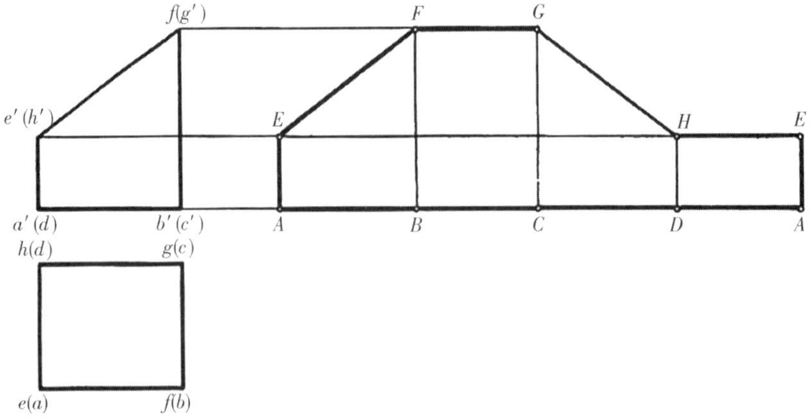

图 1-1　四棱柱管的展开示意图

由于四棱柱底面 $ABCD$ 平行于 H 面，其 H 投影反映实形。各侧棱 EA、FB、GC 和 HD 均为铅垂线，正面投影反映实长，根据这个关系就可以作出四个侧面的实形。

2. 截头正圆柱表面的展开

正圆柱表面的展开图是一个以柱高 H 为高，以 πD（D 为圆柱直径）为底的矩形，当正圆柱被一正垂面 P 斜截，其上下底不平行，上底为被平面 P 斜截的椭圆，下底为圆，如图 1-2 所示。

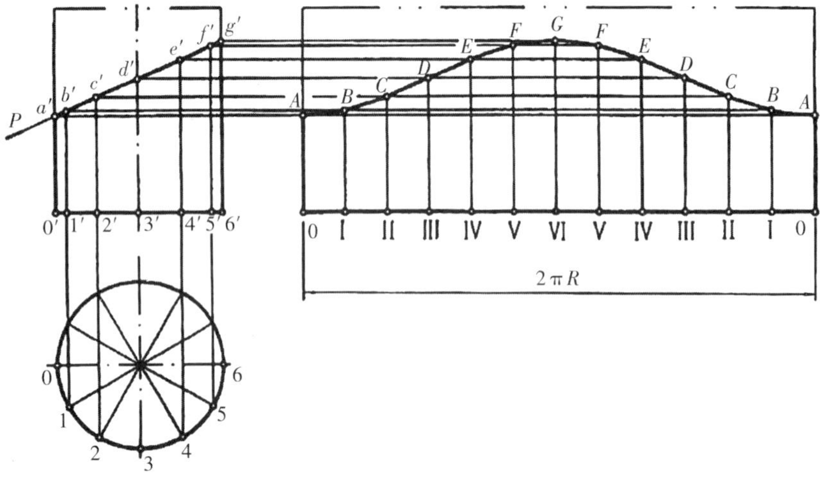

图 1-2　截头正圆柱表面的展开示意图

若以两素线当作一平面图形，则该平面图形可看成直角梯形，它的上下底为两素线，其正面投影反映实长，其一腰垂直于上下底，长度为两素线间的底圆的弧长。

3. 等径三通管表面的展开

如图 1-3 所示，三通管接头是由一水平直圆管和一铅垂直圆管正交组成，两管的直径相等。

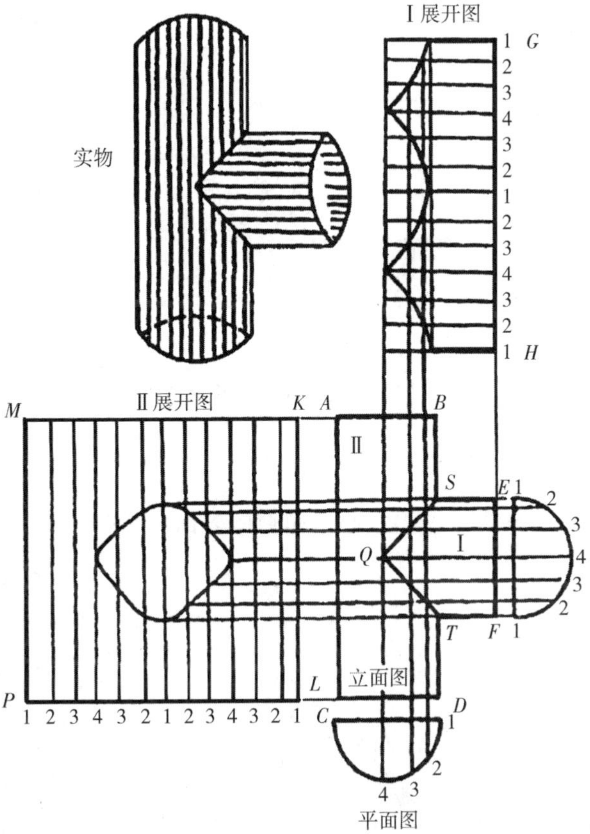

图 1-3　等径三通管的展开示意图

1.1.2　射线展开法

对于棱锥面或圆锥面的构件，也可以和柱面一样，假设沿其棱线或素线将构件切开，然后将表面打开，摊平在一平面上，便能得到展开图。锥面的棱线或素线在展开前汇交于锥顶，展开后仍相交于一点，该方法称为射线展开法。

射线展开法适用于表面素线相交于一点的锥体。将锥体表面用呈放射形的素线分割成共顶的若干小三角形平面，求出其实际大小后，以这些放射形素线为骨架，依次将它们画在同一平面上，即得到所求锥体表面的展开图。

1. 正圆锥的展开

正圆锥的特点是表面所有素线长度相等，圆锥母线为它们的实长线，展开图为扇形，如图 1-4 所示。

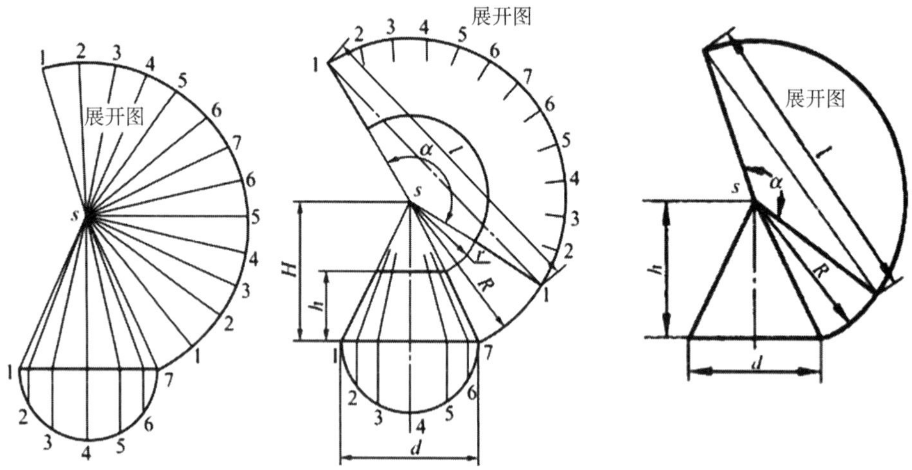

图 1-4　正圆锥的展开示意图

2. 截头正圆锥表面的展开

如图 1-5 所示为正圆锥被一正垂面 P 斜截的表面示意图。

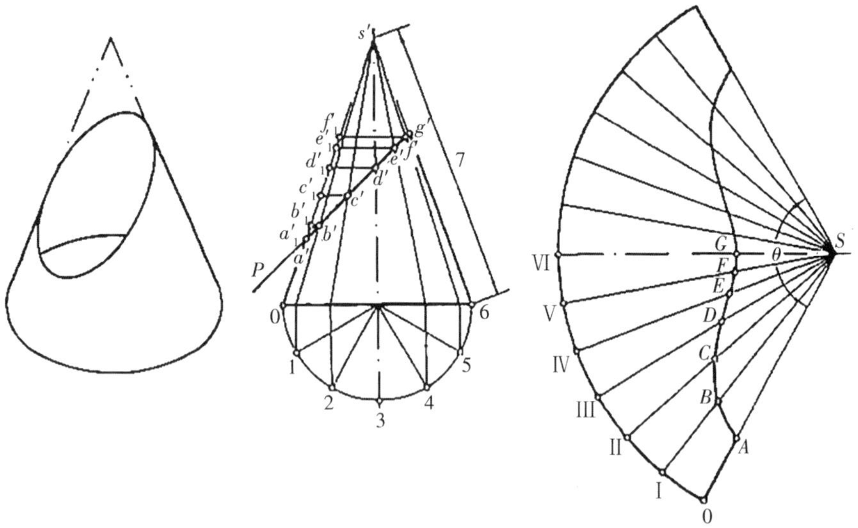

图 1-5　截头正圆锥表面的展开示意图

1.1.3　三角形展开法

三角形展开法是以立体表面素线或棱线为主，并画出必要的辅助线，将立体表面分割成一定数量的三角形平面，然后求出每个三角形的实形，并依次画在平面上，从而得到整个立体表面的展开图。

1. 正四棱锥筒的展开

如图 1-6 所示为正四棱锥筒的主、俯两视图，其上口和下口的各线段在视图中反映实长，而四个棱线及对角线不反映实长，可用直角三角形法求其实长，然后利用各线段实长，以视图上已划定的排列顺序，依次作出各三角形的实形，即为正四棱锥筒的展开图。

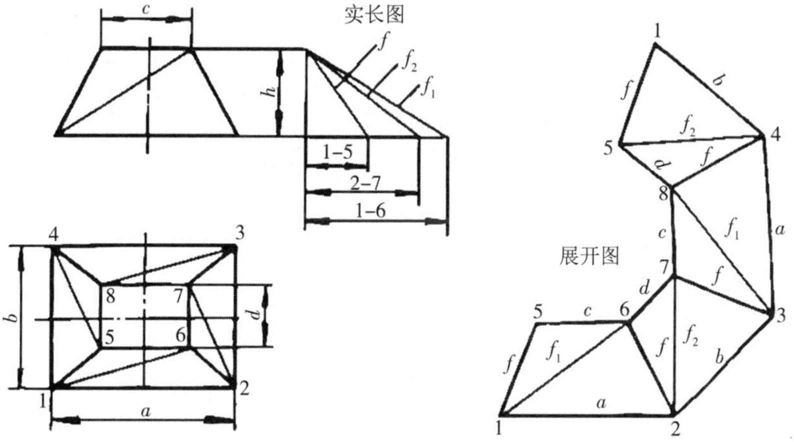

图 1-6　正四棱锥筒的展开

2. 斜圆锥管的展开

斜圆锥管的轴线倾斜于底面，上端面和底面均为圆，要求其展开图，先将斜圆锥管的上下底圆分为相同等分后，近似地以弦代弧，然后将圆锥面划分为若干个小三角形，再求出各边实长，画出各个三角形的实形，依次连接起来，所得图形即为所求，如图 1-7 所示。

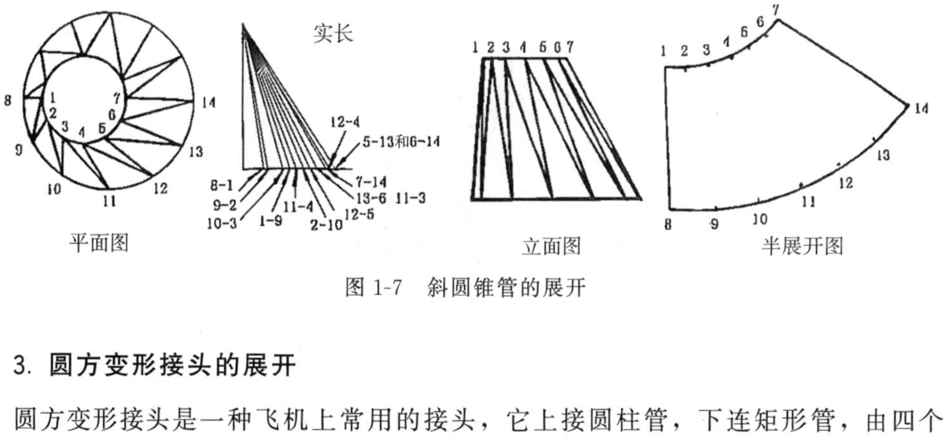

图 1-7　斜圆锥管的展开

3. 圆方变形接头的展开

圆方变形接头是一种飞机上常用的接头，它上接圆柱管，下连矩形管，由四个等腰三角形平面和四个相等的倒斜圆锥面组合而成，通常可用三角形法作出其展开图，如图 1-8 所示。

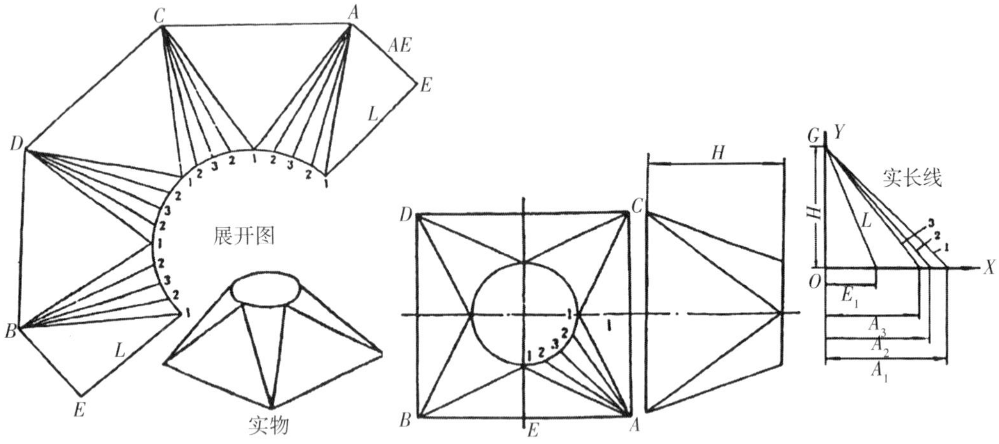

图 1-8　圆方变形接头的展开示意图

1.1.4　不可展曲面的近似展开

曲线面中所有素线均为曲线，相邻两素线不能构成小平面的，则为不可展面，如球面等。

为了满足飞机制造与维修的实际需要，经常要画出不可展曲面的展开图，只能采用近似的方法作图。其方法是将不可展曲面分为若干小块，使每一部分的形状接近某一可展面，如平面、柱面或者锥面，然后再画出其展开图。

柱面法就是以外切于圆球面的柱面来代替圆球面作近似展开图的方法，其要点是通过铅垂旋转轴切割球面为若干等分。由于每一等份均呈柳叶状，故该法又称为柳叶法，如图 1-9 所示。先将每一等份用圆球面的外切圆柱面来代替，然后将这部分圆柱面的展开图作为该部分圆球面的近似展开图，如图 1-10 所示。

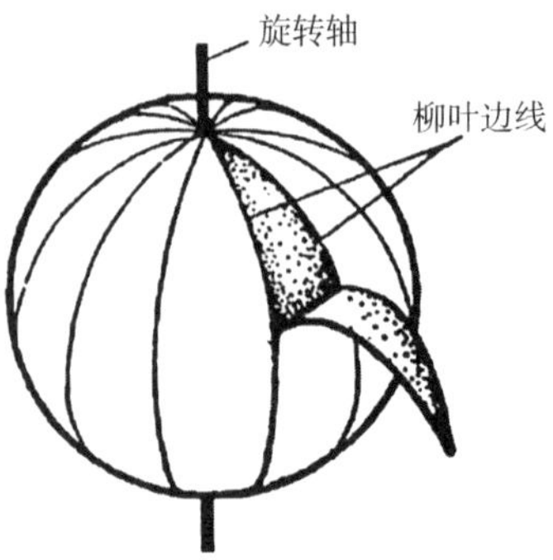

图 1-9　柳叶法展开球面示意图

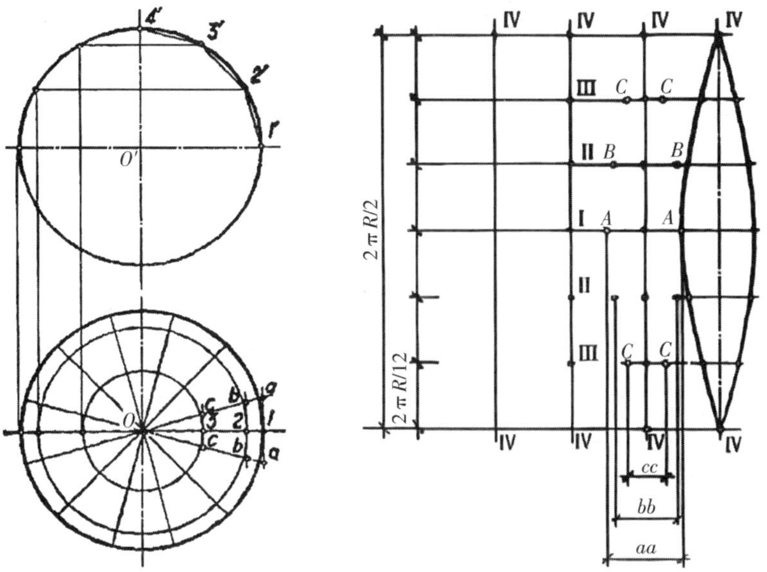

图 1-10　球面的近似展开示意图

1.1.5　放样时板厚的处理

上述各种构件的展开图都没有考虑到构件板厚的影响，而实际构件的板料都有一定的厚度。当对板料进行弯折加工时，板料的厚度对构件成型是有影响的。板料较薄时，板厚对于展开图产生的影响较小，所得构件的误差可以控制在工程允许的公差范围内，故可忽略板料厚度。当板料较厚（构件板厚大于 1.5 mm）时，则必须考虑板厚对展开图尺寸的影响，否则会使构件形状、尺寸不准确，以致造成废品。在板料较厚的构件放样中，根据制造工艺，按一定规律来处理板料的厚度，消除它的影响，画出修正后的展开图，以保证制成后的构件符合设计要求，这个过程称为板厚处理。

1. 曲面板构件形状的板厚处理

如图 1-11 所示，当将厚度为 t 的平板弯曲成圆弧状时，板的外层因拉伸而变长，内层被压缩而变短，中性层仍保持原来长度不变。由于中性层在弯曲后长度不变，所以对于曲面板构件，应以板的中性层尺寸为准来绘制展开图。外层表面称为外皮，内层表面称为里皮。

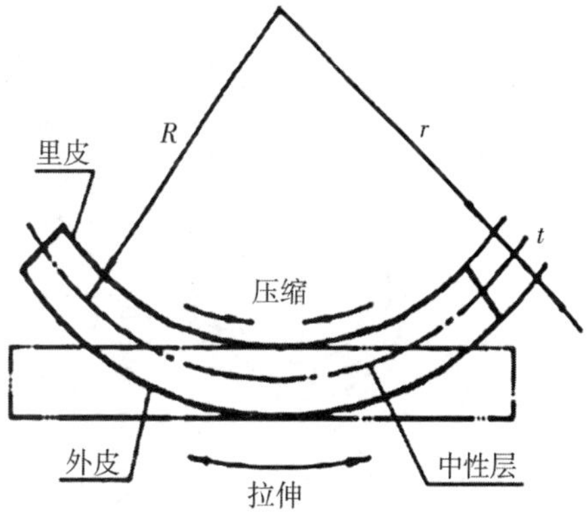

图 1-11　板的弯曲示意图

板中性层的位置与板的厚度和弯曲半径有关。通常，当构件内表面的弯曲半径 r

和板厚 t 的比大于 5 时，可以认为板的中性层在 0.5 t 处，即与板的中心层相重合，如图 1-11 所示。

经板厚处理后的弯半径可按公式确定：

$$R=r+0.5t$$

当 r 和 t 的比小于 5 时，处理后的弯曲半径应按下列公式计算：

$$R=r+xt$$

公式中系数 x 的值由表 1-1 中选取。

表 1-1　中性层变化系数 x 的取值表

r/t	0.1	0.25	0.5	0.8	1	2	3	4	5
x	0.3	0.35	0.38	0.41	0.42	0.46	0.47	0.48	0.49

在大多数情况下，构件的弯曲半径和板厚之比均超过 5。为叙述方便，后面均用板料的中心层作中性层来进行曲面板的板厚处理。

下面以圆柱管和圆锥管为例，介绍其板厚的处理。

1）圆柱管的展开图

圆柱管的板厚处理示意图如图 1-12（a）是圆柱管投影图，其内、外层直径分别是 d 和 D，高是 H。图 1-12（b）是按中性层直径 d_0 绘出的圆柱管投影图。图 1-12（c）是圆柱管的展开图，矩形的高仍是 H，宽是 πd_0。当认为圆柱管的中心层就是中性层时，矩形的宽等于 π（$D-t$）或 π（$d+t$）。

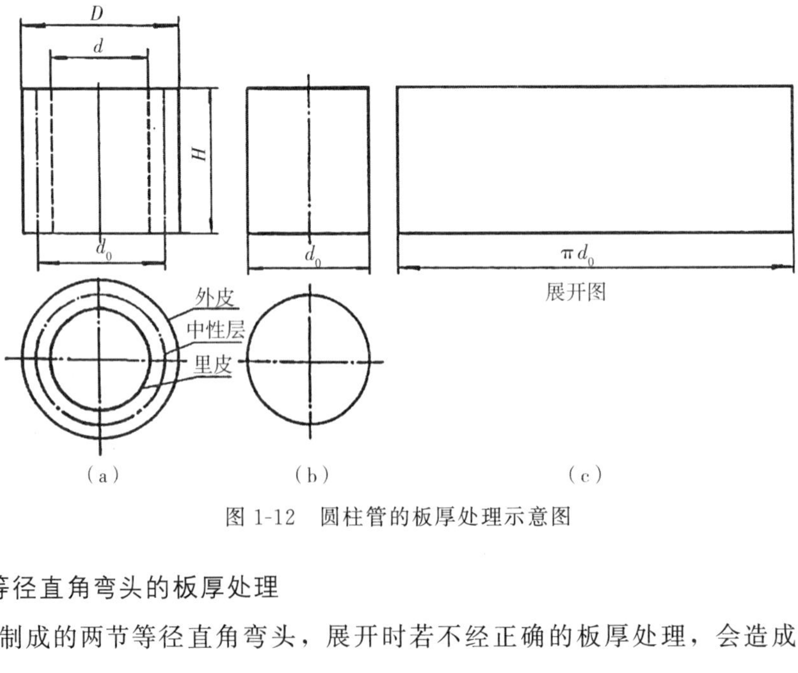

图 1-12　圆柱管的板厚处理示意图

2）等径直角弯头的板厚处理

厚板制成的两节等径直角弯头，展开时若不经正确的板厚处理，会造成两管接口处不平，中间出现很大的缝隙，而且两管轴线的交角和结构装配尺寸也不能保证，如图 1-13 所示。

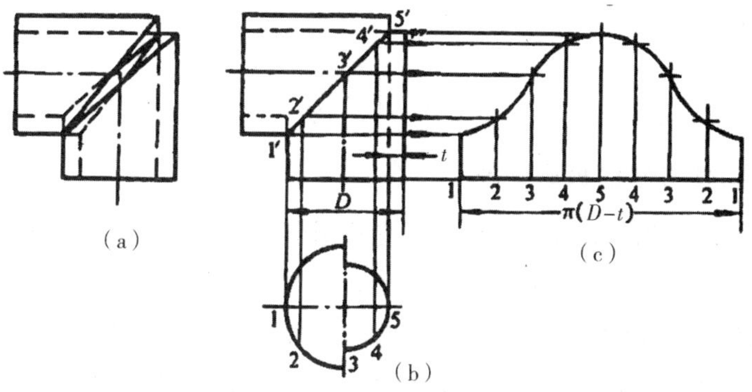

图 1-13　等径直角弯头的板厚处理示意图

正确的板厚处理方法是：在保证弯头接口处为平面的前提下，确定两管的实际接口线。由图 1-13（b）可知，弯头内侧两管外皮接触，弯头外侧两管内表面接触，中间自然过渡，所以展开图中应以轴线位置为界，弯头内侧要画出外表面素线，弯头外侧则画出内表面素线，并以此确定展开图上各素线高度（长度）。此外，圆管展开长度应取中性层周长，而各素线在展开长度方向的位置，仍取其对应的中性层位置。

3）圆锥管的展开图

圆锥管的板厚处理示意图如图 1-14 所示。

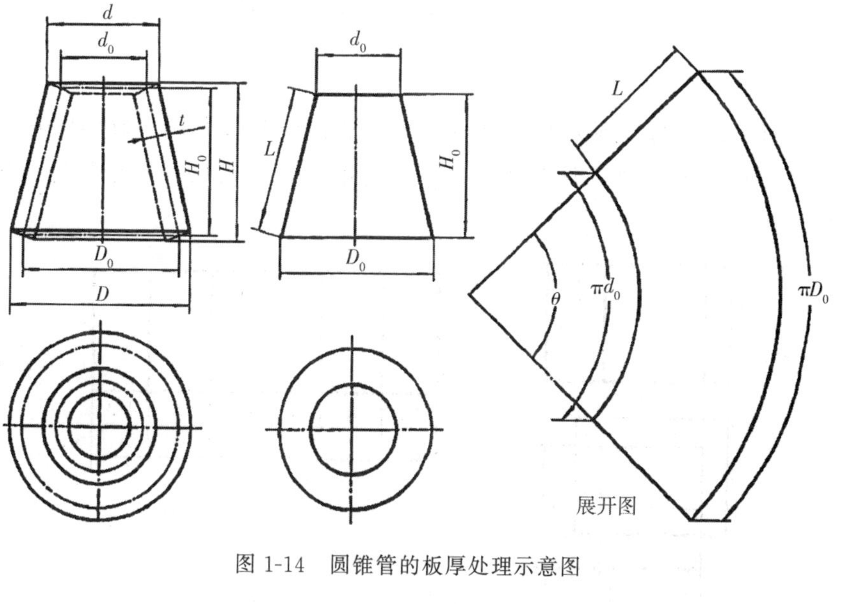

图 1-14　圆锥管的板厚处理示意图

图 1-14（a）为圆锥管的投影图。图 1-14（b）为分别以其大、小端的中性层直径

D_0 和 d_0 以及两端中性层圆之间的距离 H_0 绘制的投影图。图 1-14（c）为圆锥管的展开示意图。圆锥管的展开图是扇形，它的大端圆弧长是 πD_0，小端圆弧长是 πd_0，L 可由下式求得。

$$L=\sqrt{H_0^2+\left(\frac{D_0-d_0}{2}\right)^2}$$

2. 平面板构件形状的板厚处理

如图 1-15 所示，当将板厚为 t 的平板弯折成斜角形板时，其内表面（里皮）弯折处为半径很小的圆角，可以认为其半径为零，外层弯折处为半径近似等于板厚 t 的圆角，即在弯折处，虽然外层长度有较大变化，但内层长度没有变化，未被弯折的长度 L_1 和 L_2 也没有产生变形。对于平面板构件，应以板的里皮尺寸为准，绘制放样图，并予以展开。

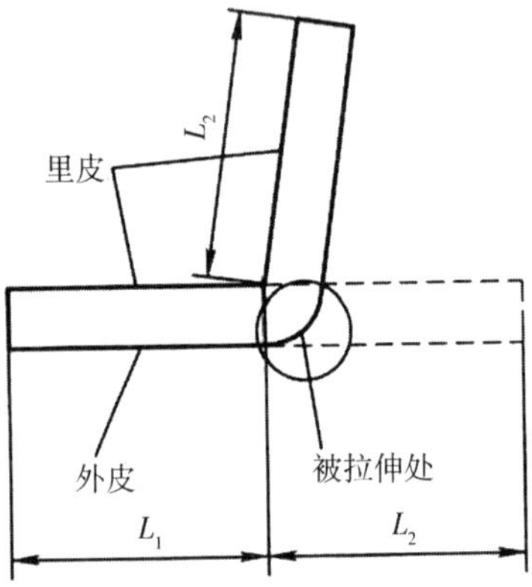

图 1-15　板的弯折示意图

如图 1-16 所示，分别是矩形管的投影图、放样图和展开图。放样图是按矩形管内表面尺寸 A 和 B 绘制的。展开图是从矩形管前侧板中间切开而绘制的，其总宽为 $2A+2B$。

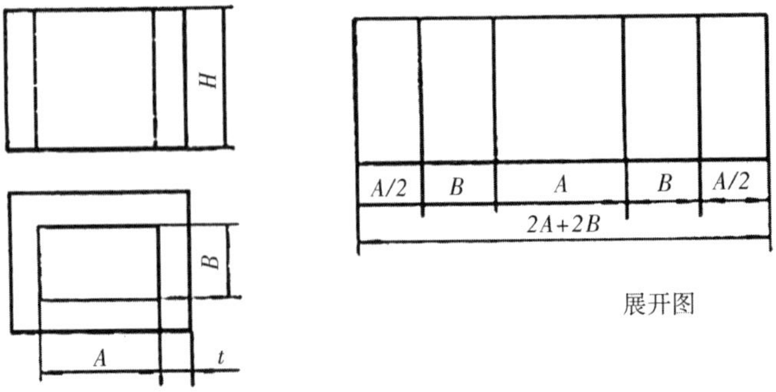

图 1-16　矩形管的板厚处理示意图

图 1-17 的左半部分为双向弯折的弯板投影图，右半部分为其展开图。弯板中段应以前表面内角处到后表面内角处的距离作为它的内层长度，展开图的总宽度为 $A+B+C$。

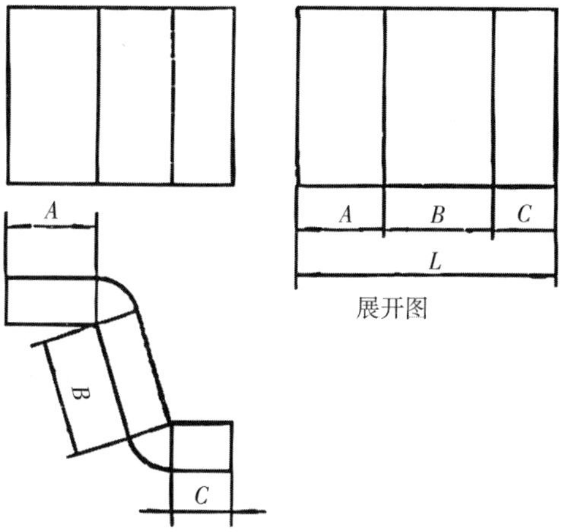

图 1-17　双向弯折板的板厚处理示意图

在实际工作过程中，有些平面板构件不对板料进行弯折，而是由数块平板拼焊而成。对分块下料构件的板厚处理，要由具体的设计要求或分块方案确定，没有适合各种情形的普遍规律。

3. 平、曲面板混合构件形状的板厚处理

对于既包含平面板又包含曲面板的构件，其板厚处理仍按上述规律进行，即平面板部分按平面板的规律进行处理，曲面板部分按曲面板的规律进行处理。

1.2　技能训练

表 1-2　技能训练工卡

标题	钣金件的放样
实训目的	通过项目训练，掌握板料的展开方法、按图划线的方法和步骤、样板的作用、中心位置打上样冲眼以及放样时板厚的处理。
参考技术文件	《飞机钣金技术规范》《飞机钣金与铆接》《航空器维修基本技能》《钣金通用技术规范》
注意事项	1. 坚持安全、文明生产规范，严格遵守实训制度和劳动纪律。 2. 开工前穿戴好劳动保护用品。 3. 检查计量器具校验日期。 4. 按图划线时要量取尺寸，不能平移，中心线、成型线宜采用红、蓝铅笔划线，铅笔划线会对毛料造成腐蚀，而且不易擦拭。零件外形可采用划针划线。 5. 在划线过程中，圆心找出后即应冲样冲眼，以便用划规划圆弧。

续表

工具/设备/材料/防护用品				
类别	名称	型号/规格	单位	数量
工具	钢板尺	0～300 mm	把	1
	游标卡尺	0～150 mm	把	1
	划针	标准	把	1
	划规	标准	把	1
	金属铅笔（红、蓝）	2B	支	各 1
设备	工作钳台	标准	台	1
	剪板机	2.0 m	台	1
材料	板料	LF21CZ-δ1.0 mm×160 mm×160 mm	块	按图样
	清洁剂	酒精	瓶	1
防护用品	棉布	N/A	块	1
	耳罩/耳塞	符合个人防护标准	副	1
	防护手套	符合航空使用标准	副	1

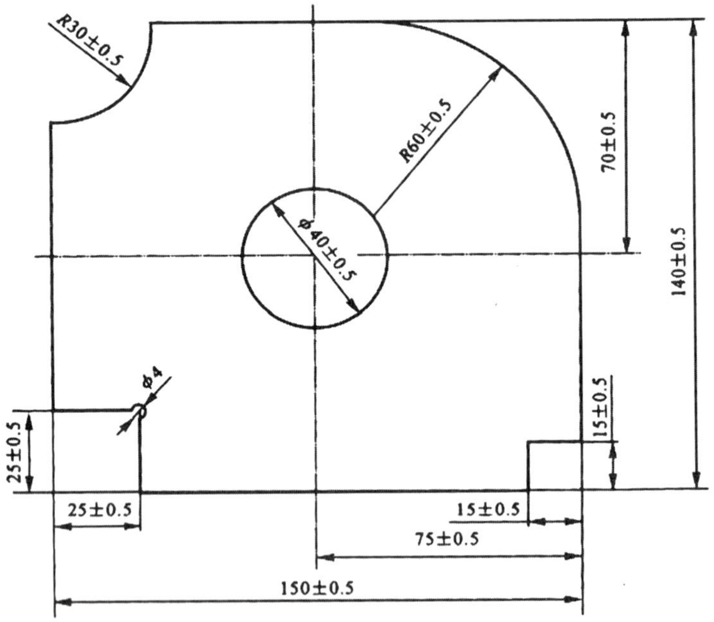

技术要求：

1. 在 δ1.0 mm×160 mm×160 mm 的铝合金材料上完成零件的放样与划线。
2. 线条清晰，位置准确，不能有重叠线。
3. 尺寸公差为±0.5 mm。
4. 按样板划线时，划针锥面要沿着样板外缘向外倾斜 15°～18°滑动，要求针尖刺入材料，划线痕迹要清楚，深度以不严重损坏（不刺穿）铝合金表面包铝层为宜。

续表

任务	实训内容
一、准备工作	
1	查询资料，查找与任务相关的内容。
2	检查工作场地和设备的运行安全。
3	按照工具清单清点工具，准备实训材料。
4	按照实训要求穿戴劳动保护用品，做好个人安全防护。
二、放样与划线	
1	依据图纸确定零件中心线，过中心划圆（40 mm）。
2	以中心线为基准，对称量取 150 mm×140 mm 外形线，要求四边互相垂直。
3	在 150 mm 和 140 mm 边长上分别量取 60 mm 作垂线，两线相交于一点，以这点为内切圆 R60 mm 的圆心，划内切圆弧 R60 mm。
4	以 150 mm 和 140 mm 边长交点为圆心划圆 R30 mm。
5	在 150 mm 和 140 mm 边长上分别量取直线 25 mm×25 mm，15 mm×15 mm。
6	按图纸检查划线尺寸，符合图纸要求。
三、结束工作	
1	用记号笔或钢印做好标记，提交工件和工卡。
2	清点工具，按要求维护后摆放规范、整齐。
3	清扫工作现场，保持工位干净、整洁，符合安全、文明生产要求。

项目 2　钣金件的下料

2.1　理论基础

下料是将原材料按放样图或按需要切成毛坯的过程。钣金下料的方法有很多，主要分为手工下料和机械下料两大类。手工下料是操作者采用手剪刀或手提气动剪等按放样图剪切坯料。机械下料按机床的类型和工作原理不同，可分为剪切、铣切、锯切、冲切、氧气切割及激光切割等。在具体生产过程中，可根据工件的具体形状、尺寸大小、精度要求、材料类型、加工数量以及现场设备条件来选择下料方法。

2.1.1　剪切下料

剪切是钣金工应用的主要下料方法，具有生产效率高、剪断面比较光洁、能切割板材及各种型材等优点。

1. 剪切加工的认知

剪切加工的方法很多，其实质都是通过上、下剪刃对材料施加剪切力，使材料发生剪切变形，最后断裂分离。

2. 手剪工具与下料

1）手剪工具的认知

手剪工具通常包括直口剪、弯口剪、台剪和手提气动剪等，如图 2-1 所示。

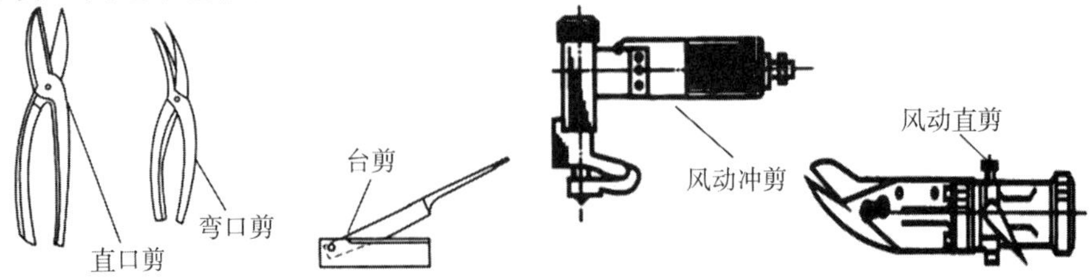

图 2-1　手剪工具的认知

(1) 直口剪。剪切刃为直线，用于剪切直线轮廓的板料。可剪切的铝板厚度为 1.5 mm左右，钢板厚度为 1.0 mm 左右。

(2) 弯口剪。剪切刃为曲线，用于剪切曲线轮廓的工件。弯口剪根据剪刃的弯曲方向分为左剪和右剪两种。可剪切的铝板厚度为 2.0 mm 左右，钢板厚度为 0.8 mm 左右。

(3) 台剪。利用杠杆的作用可产生比手剪刀大的剪切力，可剪切 3～4 mm 厚的钢板。

(4) 手提气动剪。手提气动剪属于半机械化的手剪工具，包括风动冲剪和风动直剪两种。其构造原理和风钻相同，仅在头部将转动通过偏心轴变成刀刃的高速往复运行，与固定下刀刃配合进行剪切，剪切厚度可达 5.1 mm。

2) 手工剪切的下料

(1) 右手握剪把，剪把不能露出掌心过长，尾端不能握在手掌中，如图 2-2 所示。

(2) 左手持料，上剪刃与剪切线对正。剪切时，剪刃张开至剪刃全长的 3/4。剪切中，剪刃不完全合拢，应留 1/4 剪刃长，如图 2-3 所示。

图 2-2　手工剪切的握法示意图

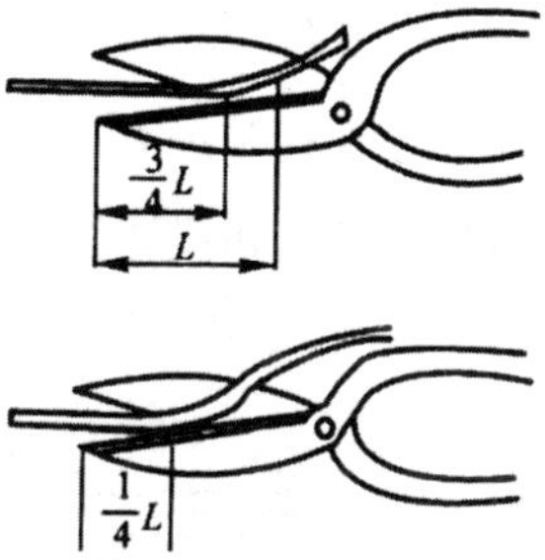

图 2-3　手工剪切的下料示意图

(3) 当剪切刃闭合时，压线连续剪切，剪口要重合，两刃之间保持 0～0.2 mm 间隙（料薄取小值，料厚取大值），如图 2-4 所示。

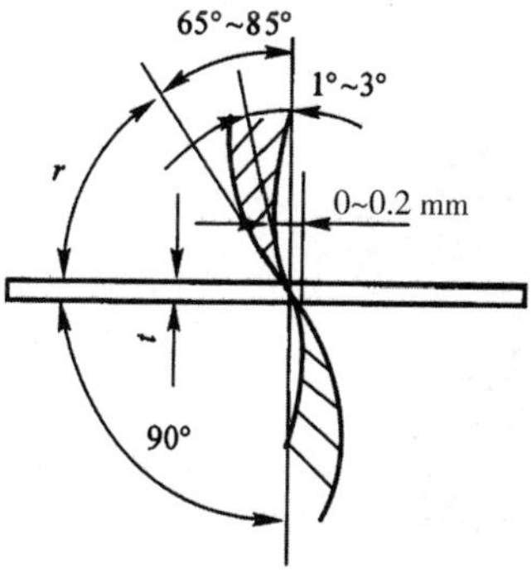

图 2-4　剪刃间隙示意图

（4）剪切凹角应先钻止裂孔或在凹角处留一定距离不剪开，用手掰断连接处，再锉修到剪切尺寸。对于角形件，先锯开角根再剪开。如图 2-5 所示。

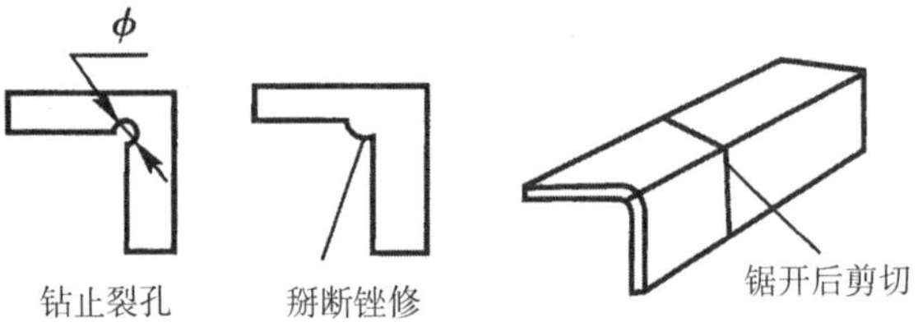

图 2-5　凹角和角形件剪切示意图

（5）剪切圆料时，当余料狭小时，可按逆时针剪切。当余料较宽时，应按顺时针剪切。如图 2-6 所示。

图 2-6　圆料的两种剪切示意图

（6）剪切短直料时，被剪切部分放在右边。当剪切余料较宽，剪切长度较长时，被剪部分放在左边。如图 2-7 所示。

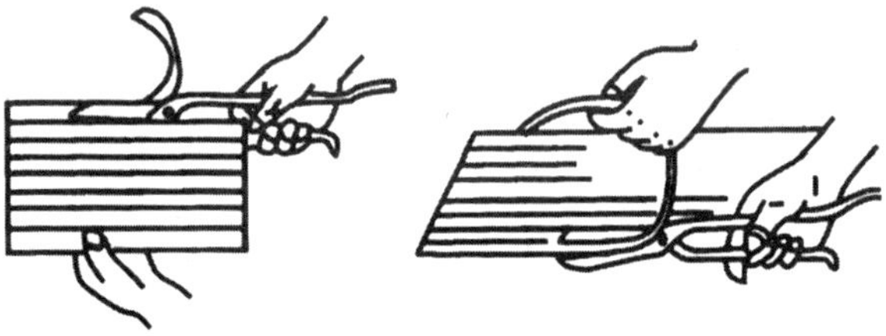

图 2-7　直料的两种剪切示意图

（7）剪切较厚条料时，应把剪刀下柄用台虎钳夹住，上柄套一根管子，如图 2-8 所示。

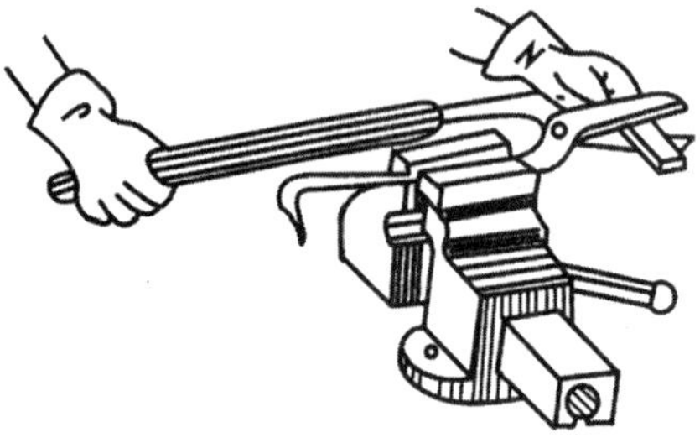

图 2-8　厚条料的手剪示意图

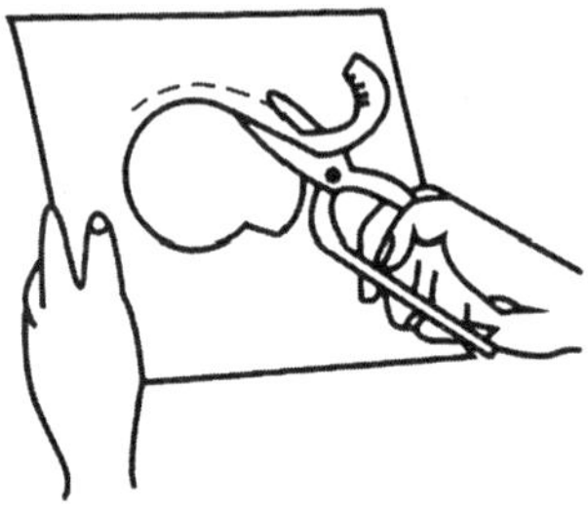

图 2-9　内圆的手剪示意图

(8) 剪切内孔时，先在板料上开一个大孔，再用弯剪采用螺旋线剪切，逐渐扩大，如图 2-9 所示。剪切大的内孔时，一般采用振动剪剪切。

3) 手动剪床的认知

手动拔剪又称杠杆台剪，如图 2-10 所示。手动拔剪主要用来剪切直线轮廓毛料，可剪切厚度 3 mm 的铝板和厚度 2 mm 的钢板。常用的手动剪床有弓形剪床、无喉剪床和四方剪床。这些剪床都是依靠人工操作进行剪切的。

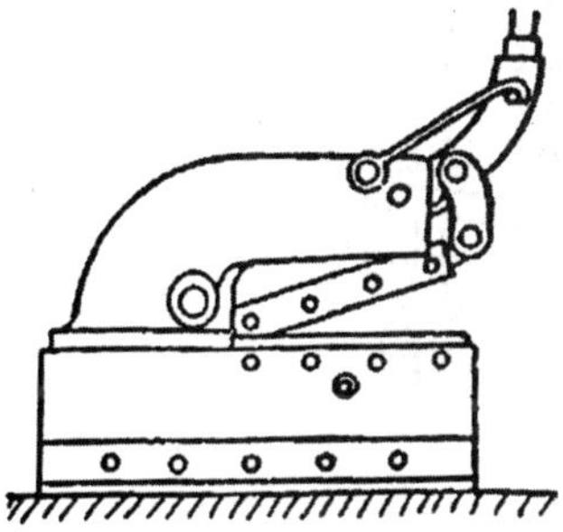

图 2-10　手动拔剪示意图

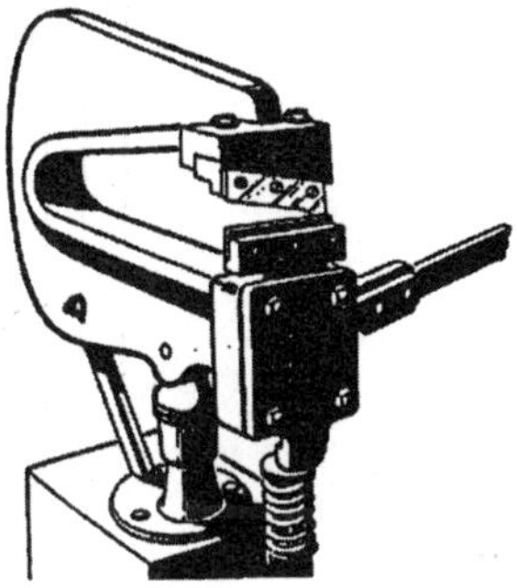

图 2-11　弓形剪床示意图

(1) 弓形剪床。如图 2-11 所示，弓形剪床一般用于剪切那些不能切开边缘，要从薄板中部剪下不规则曲线的场合。弓形剪床上刀口固定，下刀口可移动，由与下刀口相连的手柄控制。

(2) 无喉剪床。无喉剪床的结构示意图如图 2-12 所示。无喉剪床好似没有喉咙，材料在剪切长度方向上无任何阻碍，可切割任何长度的薄板，并且金属可在任何方向上移动，以便于切割不规则的形状。切刀（上刀刃）用手柄控制。

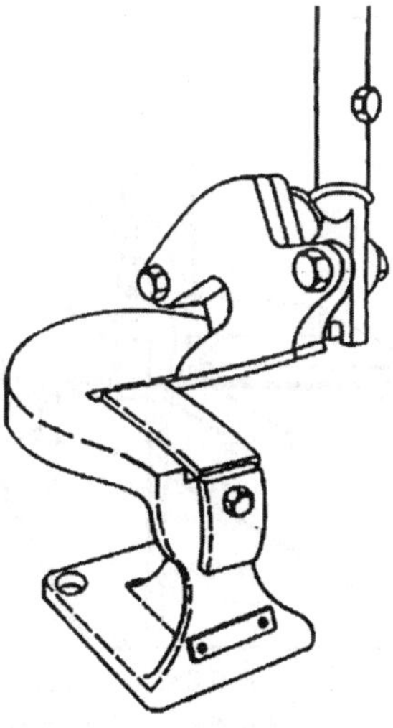

图 2-12　无喉剪床示意图

(3) 四方剪床。四方剪床只能剪切直线边。它主要由一个固定到床体上静止不动的下刀刃和一个固定到十字头上移动的上刀刃及机架等组成的，如图 2-13 所示。

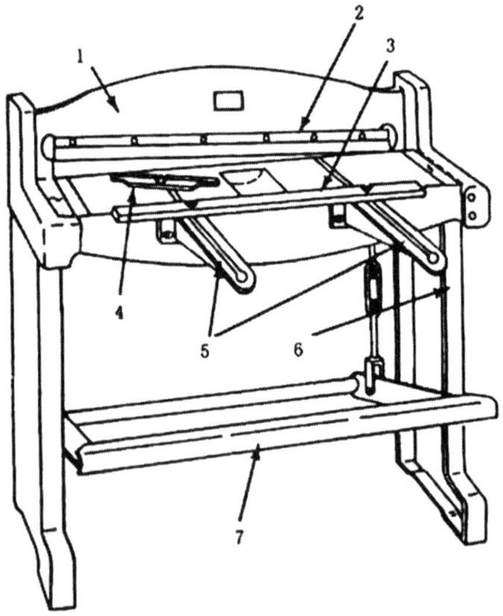

1—十字头；2—切刀；3—前定位装置；4—斜定位装置；5—伸出臂；6—机架；7—脚踏板

图 2-13　四方剪床的结构示意图

3. 剪切机与下料

剪切机剪切下料是利用上下刀刃为直线的刀片或旋转滚刀片的剪切运动来剪裁板料毛坯。常见的剪切机有直剪剪切机、滚剪机和振动剪床。

1) 直剪剪切机下料

直剪剪切机的结构示意图如图 2-14 所示。

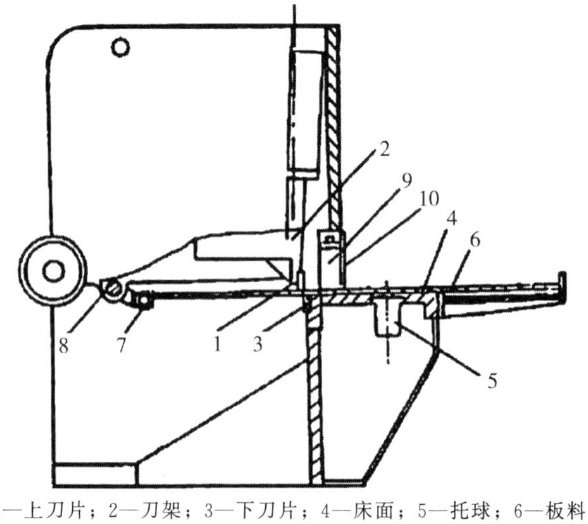

1—上刀片；2—刀架；3—下刀片；4—床面；5—托球；6—板料；
7—挡料板；8—位置调节器；9—液压压料筒；10—防护板

图 2-14　直剪剪切机的结构示意图

上刀片固定在刀架上，下刀片固定在下床面，床面上安装有托球，以便于板料的送进移动，后挡料板用于板料定位，其位置可根据需要由位置调节器进行调节。液压压料筒用于压紧板料，防止板料在剪切时翻转。防护板是安全装置，以防工伤事故。

2）滚剪机下料

滚剪机的结构示意图如图 2-15 所示。

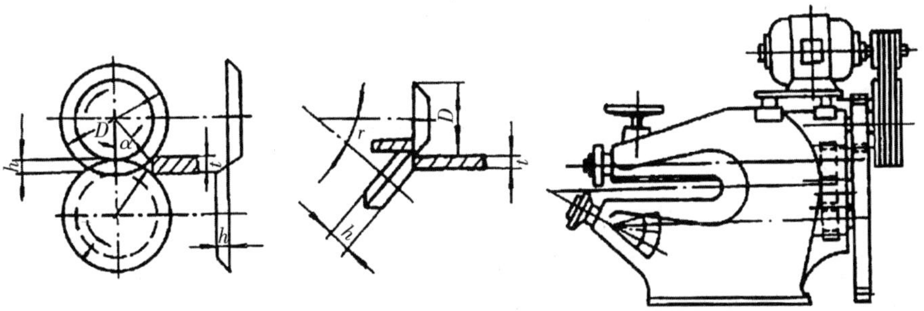

图 2-15　滚剪机的结构示意图

剪刀工作时须有正常间隙，其间隙应根据板料厚度 t 的不同进行调整。一般垂直间隙为 $t/3$，水平间隙为 $t/4$。垂直间隙用调节上剪刀的方法调整，水平间隙则用调节下剪刀的方法调整。

用滚剪机剪切时，剪刀对板料有自动送料的作用。为了使板料能够自动沿着刀口送料，板料与刀口之间摩擦力的合力 R 应大于推力 P 的合力。送料角 γ 越大，推力越大。当推力大于摩擦力时，可用调节挡块的方法来平衡其推力。在相同的滚刀直径下，板料越厚，送料角 γ 角越大，剪切越难。

3）振动剪床下料

振动剪床的结构示意图如图 2-16 所示。振动剪床主要用于剪切曲线或直线外轮廓的毛料，生产中主要用于成型后零件的切边。剪切精度为±0.8 mm，剪切厚度可达 3 mm。

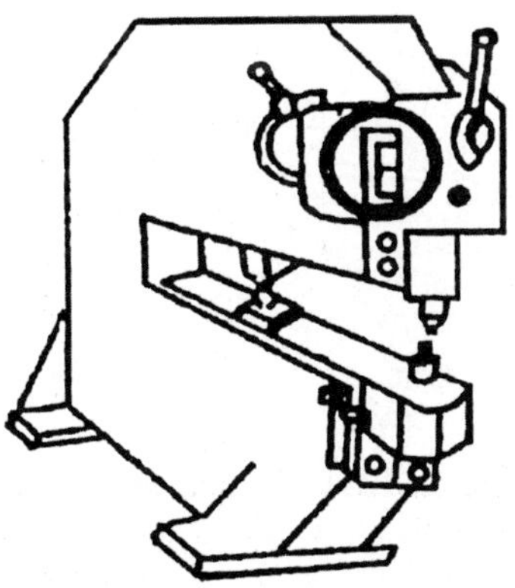

图 2-16　振动剪床的结构示意图

振动剪床在剪切材料时，是一小段一小段剪下的，由于剪切过程不连续，所以生产效率低，剪切质量差，裁件边缘粗糙，有微小的锯齿形，零件精度较低，只适用于小批量生产。

2.1.2 锯切下料

锯切下料主要在弓锯床和带锯床上进行。弓锯床只能用来锯切棒料，如圆钢和方钢等。带锯床则主要用来锯切铝合金或塑料板料，也可用来修整工件。在飞机修理中还常用手提式切割锯来锯切或修整板料工件。

1. 带锯的认知

常见的带锯如图 2-17 所示。带锯主要由床身、工作台、带锯条等组成。使用带锯时，要根据被锯切材料的厚度调整带锯防护板的位置。带锯防护板的位置应稍高于板料的顶面，以便被锯板料灵活移动。若位置太高，则带锯条无支持部分将会产生较大的颤动和摆动，这会引起带锯条磨损过快、锯边毛刺过大甚至导致带锯条折断等现象。要根据所锯切的材料和厚度调整带锯条的运动速度。大部分带锯床的上部有锯型及转速表，利用该转速表可查出正确的转速，从而检查所用带锯的速度。若必须改变速度，应借助于带锯下侧的调速手柄或控制阀来完成。

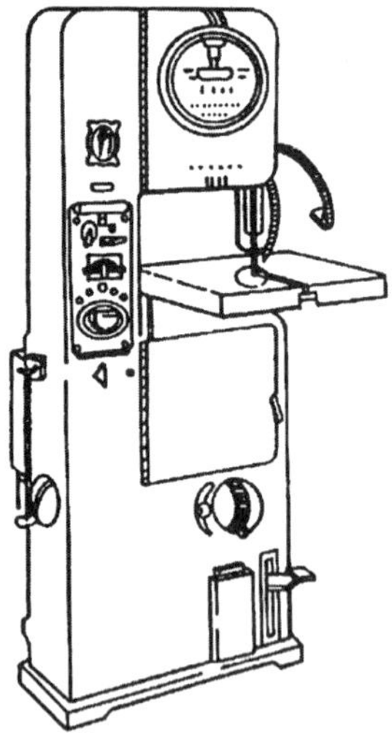

图 2-17　带锯结构示意图

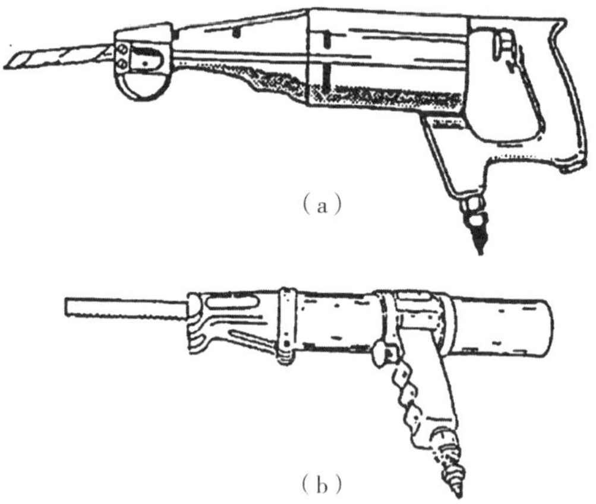

（a）

（b）

图 2-18　往返锯结构示意图

2. 手提式切割锯的认知

在飞机修理中，常用的手提式切割锯有往复锯、刀锯和凯特锯。

1）往复锯

往复锯结构示意图如图 2-18 所示。往复锯以压缩空气作为动力，使锯条作往复运动进行锯割。

2）刀锯

刀锯结构示意图如图 2-19 所示。刀锯可用于锯切内外形复杂的板料工件。刀锯与往复锯一样，在锯割内孔时，需先作初始孔。

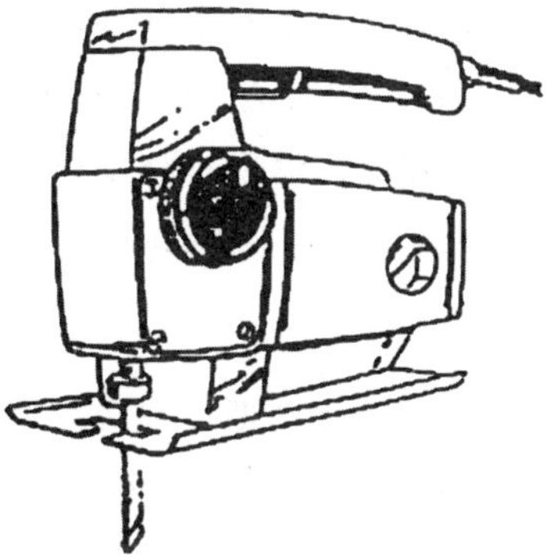

图 2-19　刀锯结构示意图

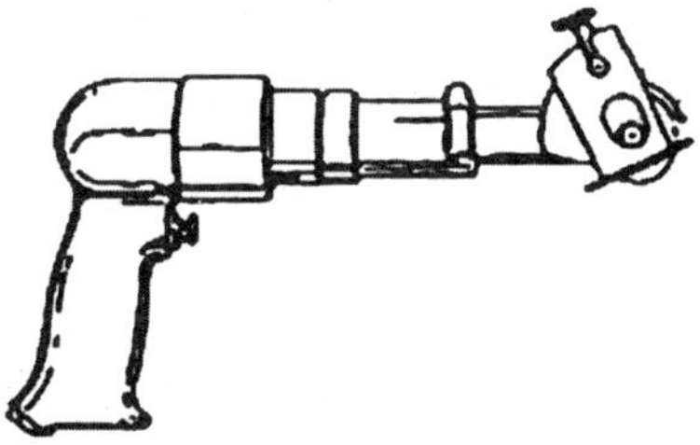

图 2-20　凯特锯结构示意图

3）凯特锯

凯特锯结构示意图如图 2-20 所示。凯特锯使用圆片状的锯片。

2.1.3　激光切割

激光加工是通过激光束和其他物质相互作用，对材料进行切割、焊接、打孔、表面加工处理等。激光加工时，激光束照在被加工工件上，与材料相互作用，从而完成加工过程，是一种非接触、无污染、低噪声、节省被加工材料的绿色加工技术。

1. 激光切割原理

激光切割大致可分为汽化切割、熔化切割、氧助熔化切割和控制断裂切割四类。

1）汽化切割

激光束照射工件表面，光束能量部分被反射，部分被材料吸收，工件表面温度迅速升高到材料的沸点温度，足以避免热传导造成的熔化。蒸气从工件表面以近似声速飞快逸出，其加速力在材料内部产生应力波，使蒸发前沿压力升高，汽化温度提高。随蒸气带走熔化质点，形成孔洞。在汽化过程中，60％的材料是以熔滴形式被去除的。

2）熔化切割

激光束照射到工件表面，除反射损失外，剩余能量被吸收，加热材料并蒸发成小孔。一旦小孔形成，它将吸收所有光束能量，小孔被熔化金属壁所包围，依靠蒸气流高速流动，使熔壁保持相对稳定。熔化等温线贯穿工件，依靠辅助气流喷射压力将熔化材料吹走。随着工件的移动，小孔横移并留下一条切缝，激光束继续沿着这条缝的前沿照射，熔化材料持续或脉动地从缝内被吹走。

3）氧助熔化切割

在激光照射下，材料表面被加热，达到燃点温度，随之与氧气接触发生激烈燃烧反应，放出大量热量。在此热量作用下，材料内部形成充满蒸气的小孔，其周围被熔融金属壁所包围。蒸气流运动使周围熔融壁向前移动，并发生热量和物质转移。氧与金属的燃烧速度受控于燃烧物质转移成熔渣和氧气扩散通过熔渣达到点火前沿的速度。氧气流速越高，燃烧化学反应和材料去除速度越快，同时切缝出口处反应物的冷却速度也越快。最后达到燃点温度的区域，氧气流作为冷却剂，缩小热影响区。

4）控制断裂切割

通过激光束加热，易受热破坏的脆性材料高速、可控地切断，称之为控制断裂切割。激光束加热脆性材料小块区域，引起热梯度和严重机械变形，使材料形成裂缝。

2. 激光切割机的认知

激光切割机以光束为刀具，靠光学系统传输加工用能量，具有很高的运动速度和加速度。激光切割机示意图如图 2-21 所示。

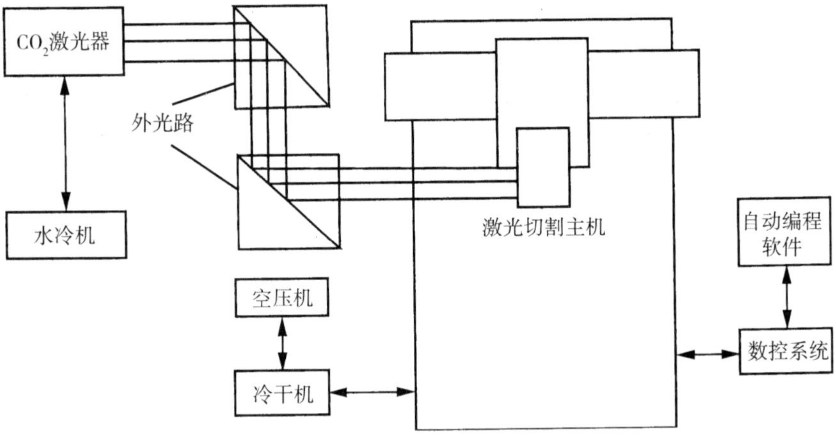

图 2-21　激光切割机示意图

1）激光器

用于现代工业的激光器主要有 CO_2 激光器和 YAG 固体激光器两种。前者主要用于机械制造等领域的激光加工，后者主要用于电子工业等领域的微细加工。

2）聚光系统

激光功率对切割厚度、切割速度、切缝宽度和质量等都有很大的影响。一般来说，激光功率越大，所能切割的板厚越大，切割速度越快，但随着功率的增加，切缝宽度略有加大，因此在系统中必须使用聚光系统。在功率为 2 kW 以下的激光加工系统中，常采用透镜聚焦。采用短焦距透镜可得到很小的聚焦光斑直径和较高的焦斑功率密度。

3）激光切割主机

激光切割主机可以实现激光加工过程所要求的光束和工件间的相对运动，保证精度，具有良好的动静特性和热稳定性。激光切割主机主要分为龙门式激光切割机和激光切割机器人。

2.1.4 其他下料方法

1. 冲切下料

冲切下料是利用安装在压力机上的冲裁模对板料实现塑性变形加工。从板料上冲下所需形状的工件或毛坯，这个过程称为落料。冲切下料生产率高、材料消耗少、工件尺寸稳定、成本低，是一种先进的加工工艺。

2. 铣切下料

铣切下料是在钣金铣床或普通铣床上，利用高速旋转的铣刀对成叠或单张的板料进行铣切，其工艺方法简单，生产效率高。目前，在航空工业生产中，飞机的蒙皮、中型结构工件的展开件、套裁的工件都采用铣切下料。

3. 气割下料

气割是利用氧-乙炔气体火焰将被切割的金属预热到燃点后，再向此处喷射高压氧气流，使达到燃点的金属在切割氧流中燃烧，从而形成熔渣，并借助切割氧的吹力将熔渣吹掉，形成割缝而下料。气割下料适用于板件厚度大、形状复杂的工件。

4. 等离子切割

利用气体介质，通过电弧产生等离子体，等离子弧可以通过极大的电流，具有极高的温度，因其截面很小，能量高度集中，在喷嘴出口的温度可达 20 000 ℃，可以进行高速切割。常用等离子弧的工作气体是氮、氩、氢以及它们的混合气体。用得最多、最广泛的是氮气。等离子切割可以切割各种高熔点金属以及用其他切割方式不能切割的金属，如不锈钢、耐热钢、钛、钼、钨、铝、铜、铸铁及其合金等。非转移型等离子电弧用于切割各种非导电材料，如耐火砖、混凝土和花岗石等。

5. 电火花线切割

电火花线切割（简称线切割）是把工件和电极丝（钼丝）当作电极，并保持适当距离，施加足够电压后，形成火花隙，对工件进行电蚀切割的加工方法。切除的材料被工作液冲走。线切割可切割合金钢、工具钢等板料，一般用于模具制造。

6. 高压水切割

高压水切割是将增压至约 400 MPa 的净化水从可控的针状喷嘴射出，形成速度高达 1 000 m/s 的射流，对材料进行切割的工艺方法，通常分为纯水射流切割和磨料射流切割两种。纯水射流切割的能量有限，主要用于切割复合材料。磨料射流切割是在纯水中混入 60～100 目的棕刚玉磨粒，可切割铝合金、不锈钢及合金钢材料。

2.2 技能训练

表 2-1 技能训练工卡

<table>
<tr><td>标题</td><td colspan="4">钣金件的放样</td></tr>
<tr><td>实训目的</td><td colspan="4">通过项目训练，掌握手工剪切的操作方法及要点。</td></tr>
<tr><td>参考技术文件</td><td colspan="4">《飞机钣金技术规范》《飞机钣金与铆接》《航空器维修基本技能》《钣金通用技术规范》</td></tr>
<tr><td>注意事项</td><td colspan="4">1. 坚持安全、文明生产规范，严格遵守实训制度和劳动纪律。
2. 开工前穿戴好劳动保护用品。
3. 检查计量校具校验日期。
4. 剪切操作时，站立姿势要稳定，在剪切过程中不允许出现身体摆动的现象。
5. 剪切时，剪刀尾端不能完全握在手掌中，以免用力不当夹伤手掌。
6. 拿剪刀的手臂要自然弯曲，手不能靠在身上，以免用力过大，使剪刀尾端错位，夹伤身体。
7. 剪切时，应对应材料厚度调整好剪刃间隙，做到上剪刃压线连续剪切，保证剪切断面光滑，无断剪，边缘无毛刺，尺寸公差符合图纸工艺要求。
8. 根据剪切形状和要求，正确使用剪刀，掌握正确的操作方法，减少剪切变形。</td></tr>
<tr><td colspan="5">工具/设备/材料/防护用品</td></tr>
<tr><td>类别</td><td>名称</td><td>型号/规格</td><td>单位</td><td>数量</td></tr>
<tr><td rowspan="12">工具</td><td>直口剪</td><td>10″</td><td>把</td><td>1</td></tr>
<tr><td>曲口剪</td><td>6″</td><td>把</td><td>1</td></tr>
<tr><td>木榔头</td><td>标准</td><td>把</td><td>1</td></tr>
<tr><td>橡皮拍板</td><td>标准</td><td>把</td><td>1</td></tr>
<tr><td>钢板尺</td><td>0～300 mm</td><td>把</td><td>1</td></tr>
<tr><td>游标卡尺</td><td>0～150 mm</td><td>把</td><td>1</td></tr>
<tr><td>划针</td><td>标准</td><td>把</td><td>1</td></tr>
<tr><td>划规</td><td>标准</td><td>把</td><td>1</td></tr>
<tr><td>平锉刀</td><td>8″</td><td>把</td><td>1</td></tr>
<tr><td>刮边器</td><td>标准</td><td>个</td><td>1</td></tr>
<tr><td>毛刷</td><td>2″</td><td>把</td><td>1</td></tr>
<tr><td>金属铅笔（红、蓝）</td><td>2B</td><td>支</td><td>各 1</td></tr>
</table>

续表

类别	名称	型号/规格	单位	数量
设备	工作钳台	标准	台	1
	钻床	Z512A	台	1
	剪板机	2.0 m	台	1
材料	板料	放样划线成品	块	1
	清洁剂	酒精	瓶	1
防护用品	棉布	N/A	块	1
	护目镜	符合个人防护标准	副	1
	耳罩/耳塞	符合个人防护标准	副	1
	防护手套	符合航空使用标准	副	1

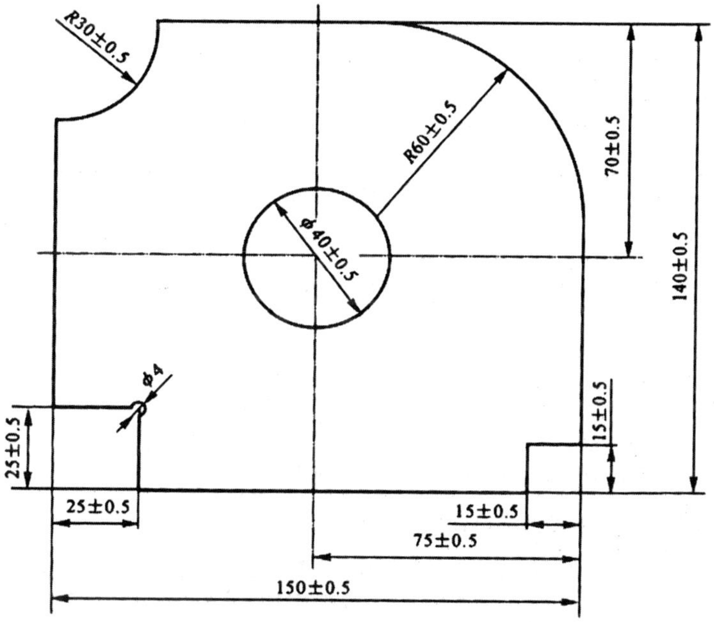

技术要求：

1. 剪切断面光滑、平直，边缘无明显毛刺。
2. 尺寸公差为±0.5 mm。
3. 零件平整，无明显扭曲。
4. 表面不得有划痕、压伤、裂纹和锤痕等。
5. 所有剪切线段不允许用锉刀修整，保留剪切痕迹。

任务	实训内容
一、准备工作	
1	查询资料，查找与任务相关的内容。

续表

2	检查工作场地和设备的运行安全。
3	按照工具清单清点工具，准备实训材料。
4	按照实训要求穿戴劳动保护用品，做好个人安全防护。
二、手工剪切	
1	压线剪切外形轮廓线至 140 mm×150 mm 长度尺寸，四边互相垂直，满足公差要求。
2	钻止裂孔 Φ4.0 mm，剪切 25 mm×25 mm 长度尺寸，满足公差要求。
3	剪切直线 15 mm×15 mm 至图纸尺寸。
4	开内孔 Φ40 mm。先用钻头在内孔中心钻制几个小孔，然后用曲口剪剪开小孔，再采用螺旋线剪切方式逐渐扩大，直至剪切到线。
三、校平	
1	将零件平放在工作平台上，用木榔头和橡皮拍板轻轻拍打，校修剪切变形，使零件无明显扭曲。
四、检查	
1	观察剪切断面痕迹光滑、均匀程度，剪切平直程度，剪切边缘应无明显毛刺，剪切圆角区应无明显变形。
2	用游标卡尺、样板检测长度及圆弧尺寸，确定符合图纸公差。
3	凹角处不能有过剪痕迹。
4	将零件平放在工作平台上，用手轻压，应无明显翘曲。
五、结束工作	
1	用记号笔或钢印做好标记，提交工件和工卡。
2	清点工具，按要求维护后摆放规范、整齐。
3	清扫工作现场，保持工位干净、整洁，符合安全、文明生产要求。

项目 3　钣金件的手工弯曲

3.1　理论基础

手工弯曲是指用手工将板料的一部分对另一部分沿直线或曲线弯曲成一定角度的方法。典型弯曲件如图 3-1 所示。

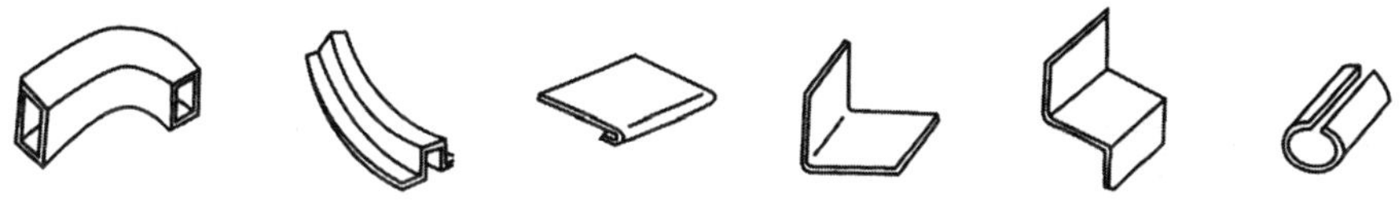

图 3-1　典型弯曲件示意图

3.1.1　手工弯曲工具及设备的认知

1. 手工弯曲工具

手工弯曲工具如图 3-2 所示。

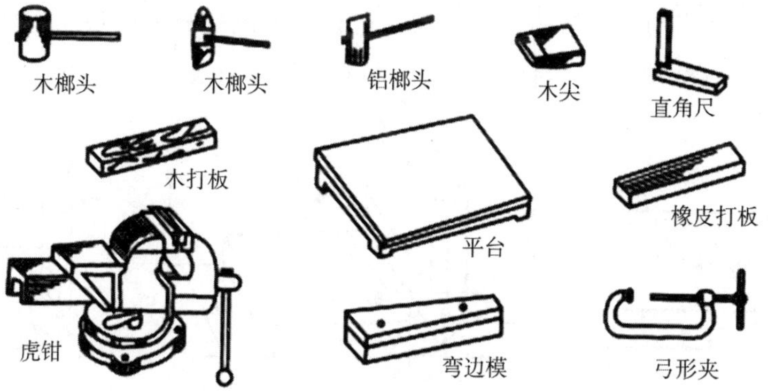

图 3-2　手工弯曲工具示意图

2. 手工弯曲设备

手工弯曲设备是手动折板机，主要用来弯曲简单的直线工件。典型的折板机如图3-3所示。

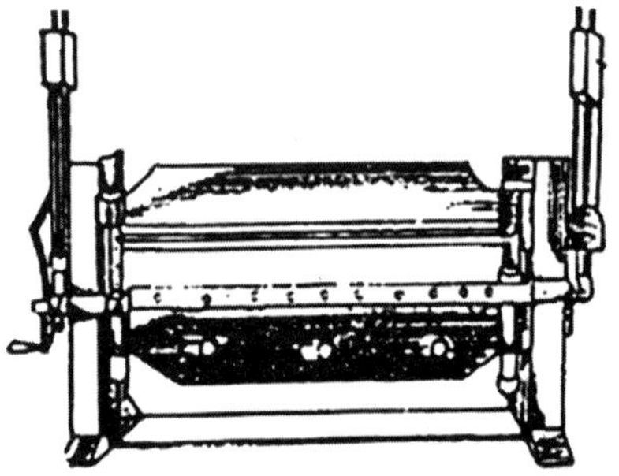

图3-3　典型的折板机示意图

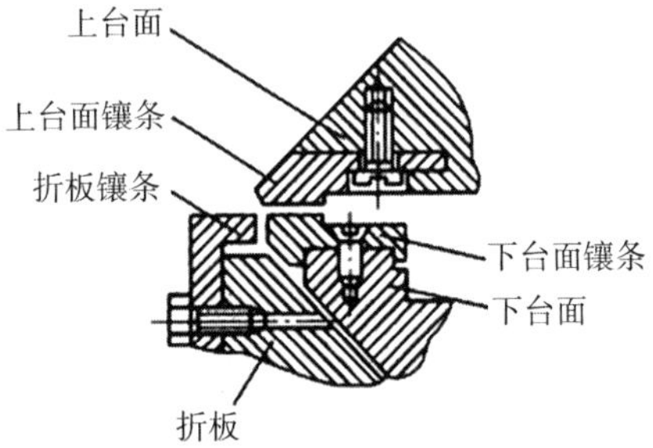

图3-4　折板机的镶条安装示意图

折板机的工作部分是固定在台面和折板上的镶条，其安装示意图如图3-4所示。上台面和折板镶条一般是一套，具有不同的角度和弯曲半径，可根据需要选用。

3.1.2　弯曲变形的特点

板料弯曲时，内层材料受压缩短，外层材料受拉伸长。在中间靠内层有一层材料不伸长也不缩短，称为中性层。

1. 最小弯曲半径

板料的弯曲半径是指曲面内边的弯曲半径。板料的最小弯曲半径是指材料在不发生破坏的情况下，所能弯曲的最小曲率半径，以R_{min}表示。制作工件时，板料的弯曲半径应大于或等于该材料的最小弯曲半径。这种弯曲不会使板料的强度产生破坏性的减弱。如果弯曲的半径过小，即小于最小弯曲半径，就会使材料弯曲处的机械性能受到很大的损害，进而引起撕裂。因此，材料的最小弯曲半径是工件的弯曲极限。值得注意的是，采取适当的工艺措施，可以在一定程度上改变材料的最小弯曲半径。板料的最小弯曲半径与材料种类、热处理状态和板料厚度等有关。

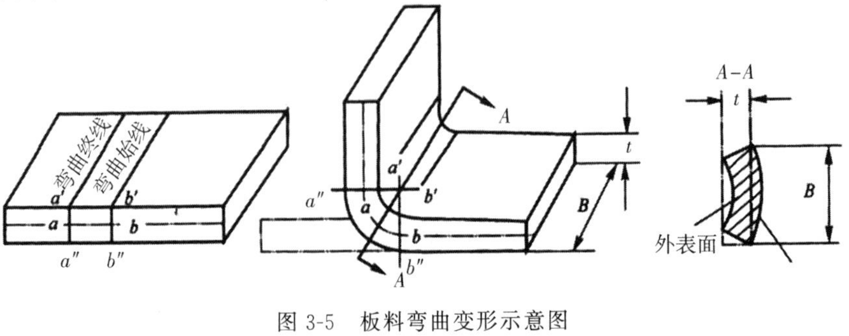

图3-5　板料弯曲变形示意图

2. 弯曲工件的回弹

弯曲时，材料的变形由弹性变形过渡到塑性变形。通常，在材料发生塑性变形时，还有部分弹性变形存在，弹性部分卸载后，就会恢复原态，以致弯曲材料内层被压缩的金属有所伸长，外层被拉伸的金属有所缩短，使弯曲件的曲率和弯曲角度发生小量的变化，这种现象称为回弹，如图 3-6 所示。

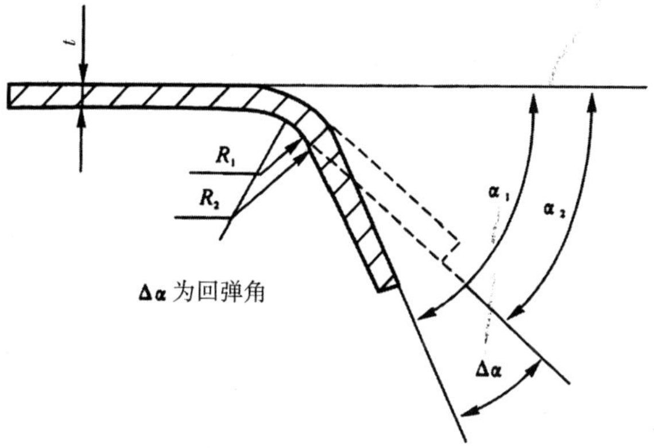

图 3-6　弯曲工件的回弹示意图

回弹的存在会影响弯曲件的准确度，在制作弯曲件时，要充分考虑回弹的不良影响，以保证工件要求。

3.1.3　弯曲件展开长度的计算

1. 计算法

弯曲件展开长度按中性层展开进行计算，如图 3-7 所示。

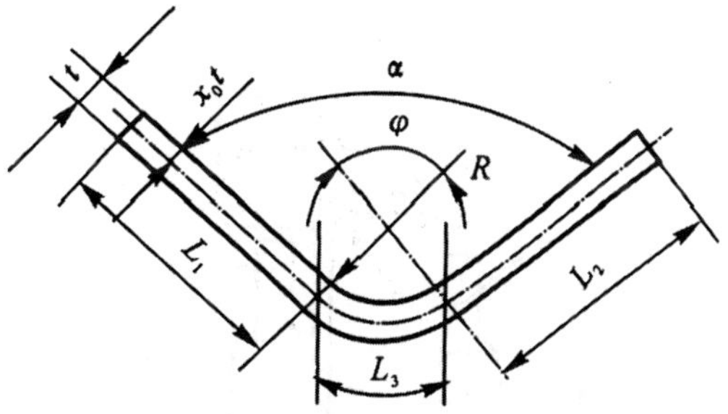

图 3-7　任意角度弯曲件的展开示意图

弯曲件展开长度由直线段和圆弧段组成，其中任意角度中性线弧长 L_3 的计算公式为：

$$L_3=\frac{\pi\varphi}{180^\circ}\cdot(R+x_0t)=0.017\,5(180^\circ-\alpha)(R+x_0t)$$

式中：x_0 为中性层位置系数。

不论工件有几个弯角，都可以按照上述方法算出弧长，之后各长度相加得出展开长度。当 $\alpha=90°$时，则

$$L_3=\frac{\pi}{2}(R+x_0t)$$

2. 经验法

如图 3-8 所示，薄板单角直角弯曲件的计算公式为

$$L=a+b-\left(\frac{R}{2}+t\right)$$

如图 3-9 所示，180°单角弯曲且 $R/t\approx0.1$ 时，计算公式为：

$$L=A+B-\frac{t}{2}$$

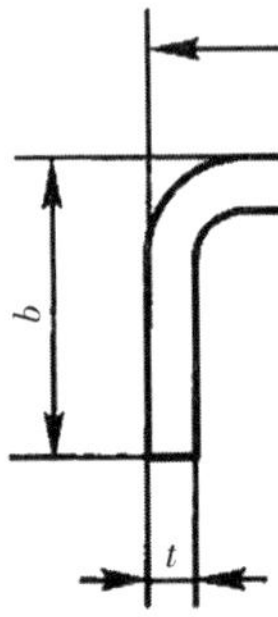

图 3-8　单角直角弯曲件的计算示意图

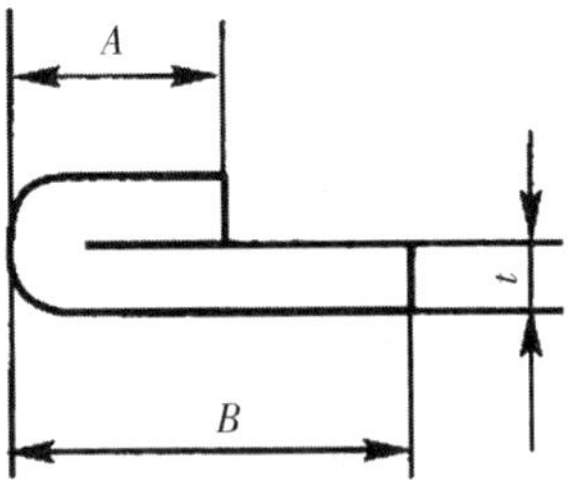

图 3-9　180°单角弯曲件的计算示意图

如图 3-10 所示，直角弯边件弯曲前展开料高出模块的尺寸 b 的计算其公式为：

$$b=H-0.2\ (2R+t)$$

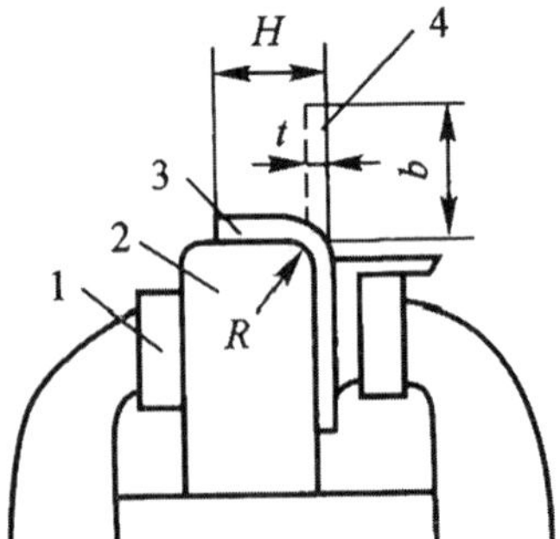

图 3-10　直角弯边的弯曲定位示意图

3.1.4 手工弯曲的操作方法

1. 单角弯曲操作法

（1）标准展开料，画出弯折中线。

（2）准备两块模块或轨铁，长度大于工件长，轨铁上的圆角与工件 R 一致。

（3）将毛料夹在两块轨铁之间，使弯曲中线对准模块 R 中心。

（4）用橡皮条或木打板打倒材料，使其靠模。

（5）用木榔头和木尖将 R 处从头至尾均匀锤击一遍，使其贴模。

（6）消除回弹、翘曲及反凹。弯曲时用榔头敲击过多易产生反向弯曲，此时用木尖往里尖一遍，使材料收缩贴模，又可避免反向弯曲。消除翘曲、回弹可选用一面平直的轨铁，用弓形夹夹在平台上，工件弯边靠轨铁平直面，木尖对准工件 R 处成 45°角，用木榔头轻轻敲打木尖，边移边敲 R 处，全部尖一遍。

（7）将工件夹在轨铁中，用橡皮条抽打直至贴模。

2. 多个弯边的弯曲

多个弯边的操作方法如图 3-11 所示。

（1）每次弯曲后对好角尺，保证弯边平直。

（2）每次弯边尺寸要准确，否则误差积累，无法返修。

（3）在成型时，每次弯曲可用长木打板压倒毛料后，再将木打板平放于弯边面上，用木榔头打至贴模，可使 R 处平直，弯边波纹少。

（4）夹在虎钳上的垫铁要垫实，否则在敲打时材料会下滑，影响弯边尺寸。

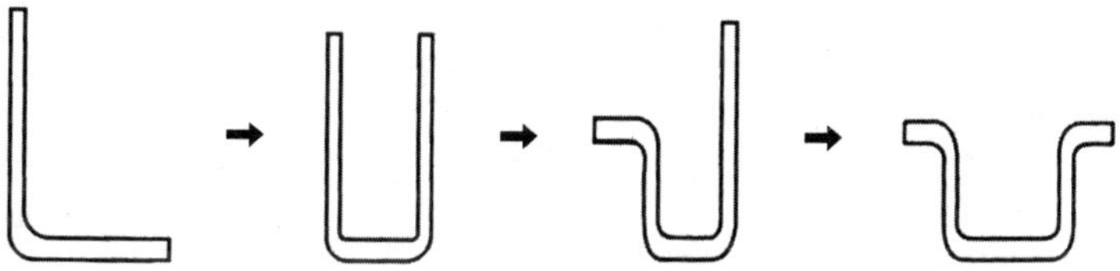

图 3-11 多个弯边的弯曲示意图

3.2 技能训练

表 3-1 技能训练工卡

标题	钣金件的放样
实训目的	通过项目训练，掌握手工弯曲展开料的计算、手工弯曲件的基本操作要点、手工弯曲件质量的控制、手工弯曲件的测量以及手工弯曲操作过程中的技术要求和安全操作规程。

续表

标题	钣金件的放样			
参考技术文件	《飞机钣金技术规范》《飞机钣金与铆接》《航空器维修基本技能》《钣金通用技术规范》			
注意事项	1. 坚持安全、文明生产规范，严格遵守实训制度和劳动纪律。 2. 开工前穿戴好劳动保护用品。 3. 检查计量器具校验日期。 4. 操作时，操作者站立姿势要稳定，掌握正确的手工弯曲操作方法。 5. 弯曲成型时，能用木板敲的尽量不用榔头敲制直弯边，以免造成零件表面凸凹不平、材料变形不均等缺陷。 6. 夹在台钳上的弯曲模要夹紧并垫实，防止敲打成型中材料下移，影响弯边尺寸，预防模具掉落产生的安全隐患。 7. 划弯折线时要用红、蓝铅笔，避免划针划线时刺入板料太深，弯折时产生裂纹。 8. 操作中，要经常对木榔头进行检查，不能有掉头现象。 9. 工作现场严格遵守安全操作规程，搬运模具时要拿稳、放平。 10. 剪切余料要随时清理，保持工作现场干净、整洁。			
工具/设备/材料/防护用品				
类别	名称	型号/规格	单位	数量
工具	直口剪	10″	把	1
	木榔头	标准	把	1
	橡皮拍板	标准	把	1
	钢板尺	0～300 mm	把	1
	游标卡尺	0～150 mm	把	1
	划针	标准	把	1
	划规	标准	把	1
	半径规	R 1.0～6.0 mm	把	1
	角度尺	320°	把	1
	塞尺	标准	把	1
	弯边模	标准	把	1
	平锉刀	8″	把	1
	刮边器	标准	个	1
	毛刷	2″	把	1
	金属铅笔（红、蓝）	2B	支	各 1
设备	工作钳台	标准	台	1
	剪板机	2.0 m	台	1
	弯板机	1.5 m	台	1

续表

类别	名称	型号/规格	单位	数量
材料	板料	LF21CZ-δ 1.0 mm×100 mm×40 mm	块	1
	清洁剂	酒精	瓶	1
防护用品	棉布	N/A	块	1
	护目镜	符合个人防护标准	副	1
	耳罩/耳塞	符合个人防护标准	副	1
	防护手套	符合航空使用标准	副	1

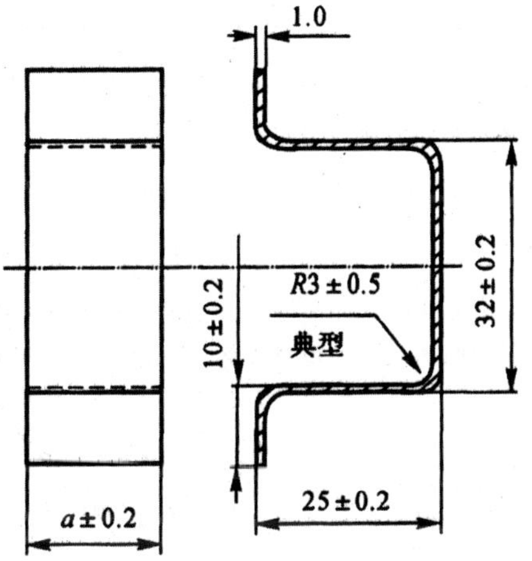

技术要求：

1. 尺寸公差为±0.2 mm。
2. 垂直度为±30′。
3. 表面无划痕、压伤、裂纹、锤痕等。

任务	实训内容
一、准备工作	
1	查询资料，查找与任务相关的内容。
2	检查工作场地和设备的运行安全。
3	按照工具清单清点工具，准备实训材料。
4	按照实训要求穿戴劳动保护用品，做好个人安全防护。
二、计算展开料长度、下料、划线	
1	零件为多角直角弯曲，采用经验法计算展开料长度： $L = a + b - (n - 1)(R/2 + t)$ $= [10 \times 2 + 25 \times 2 + 32 - (5 - 1) \times (3/2 + 1.0)]$ mm=92 mm
2	按照计算好的展开料长度下料剪切至 92 mm×40 mm，锉修边缘毛刺。

续表

3	按照图纸尺寸划出零件中心线，以中心线为基准，左右对称划出弯曲线（一般为弯曲中线）32 mm、25 mm、10 mm。 要求：划线尺寸准确、清晰，符合图纸要求。
三、弯曲成型	
1	将毛料按弯曲线夹在弯曲模之间，毛料弯曲中线对准弯曲模圆角半径 R 中心，弯曲模在台钳上夹紧并垫实。
2	用橡皮打板或木打板打倒材料，再把木打板平放于弯边面上，用木榔头打至贴模，使 R 处平直、光滑，无锤痕。
3	用木榔头和木尖将 R 处从头至尾均匀锤击一遍，使其贴模。
4	将零件取下靠在轨铁平面上，用木榔头和尖顶板将 R 处从头至尾均匀顶一遍，使材料收缩贴模，消除零件回弹、翘曲及反凹。
5	将零件夹在弯曲模中，用橡皮打板抽打直至贴模。
6	依据图纸检查弯边尺寸，保证弯边平直，弯边尺寸准确，符合公差要求。 多次弯曲时，一定要注意弯曲的顺序。一般先里后外，以保证弯曲件各部分的尺寸。每次弯折后，要对照图纸逐一检查，保证弯边平直，弯边尺寸准确，如果出现扭歪、错位等，要及时修正，符合要求后，再进行下一个尺寸的弯折，否则造成误差积累，无法返修。
7	按照图纸修整工件，锉修边缘毛刺，使之满足技术要求。
四、检查	
1	用卡尺测量每个弯边尺寸，符合图纸要求，满足公差±0.2 mm。
2	用半径规测量弯曲半径 R 3 mm，符合公差±0.5 mm。
3	用角度尺测量弯曲角度，符合图纸要求 $90°\pm30'$。
4	用塞尺测量每个弯曲平面的平面度，要求间隙<0.5 mm。
5	目测零件表面，不得有压痕、锤痕、裂纹。
五、结束工作	
1	用记号笔或钢印做好标记，提交工件和工卡。
2	清点工具，按要求维护后摆放规范、整齐。
3	清扫工作现场，保持工位干净、整洁，符合安全、文明生产要求。

项目 4　钣金件的收边

4.1　理论基础

4.1.1　收边的认知

敲打金属板料或者角形件的某一边，使其纤维收缩变短、板厚增加的塑性变形过程称为收边。收边时，为使制作工件弯边处的多余材料不折叠，先要在毛料边缘“起波”，使纤维沿纵向变短，然后在防止波纹向两侧伸展回复的情况下，将波消平，这样材料就被收起来了。在收边工作过程中，由于连续不断地锤击板料，板料易产生冷作硬化现象。为使收边工作顺利进行，防止裂纹产生，操作方法要恰当，对于变形程度大的工件要安排中间退火。

4.1.2　收边工具及设备的认知

收边常用的工具有木锤、轨铁和折波钳。常采用圆口钳作为折波钳。折波钳也可用直径 10 mm 左右的铁棒弯制后焊接而成，其钳口必须平整光滑。

收边设备为收边机，如图 4-1 所示。该设备可用于收缩型材和板材，收缩厚度可达 2 mm，机床每分钟收缩次数为 140～150 次。

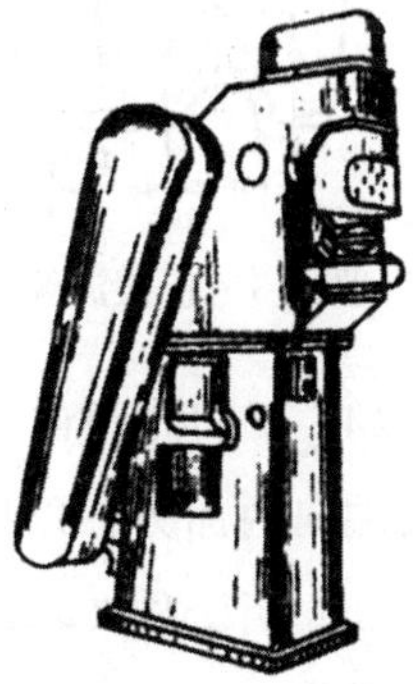

图 4-1　收边机结构示意图

4.1.3　收边的操作方法

收边有折波收边、搂边收边、橡皮收边和收缩机收边等几种方法。

1. 折波收边法

折波收边法就是用折波钳在工件需弯边部分折波，然后在防止波纹向两侧伸展回复的情况下，在轨铁上用木锤将波消平，常用于角形材且无模具的手工收边，如图 4-2 所示。

图 4-2　角材的折波收边操作示意图

操作步骤如下：

（1）准备角材。角材可由板料在折板机上弯折成型。

（2）作出折波。用折波钳在角材底面弯边部分作出折波。波纹要均匀，高度、宽度相等。

（3）消波收边。在轨铁上用榔头收平波纹。

（4）修整成型。

注意事项：

（1）角形件周边应去毛刺并且砂光。

（2）折波波纹尺寸要适当，高度不宜太高，应与宽度相等，折波长度不大于工件底边宽的 2/3。折波要分布均匀，两个折波间的距离略小于底边宽，如图 4-3 所示。

（3）收边要从波的顶点开始，并轮流敲打波的两侧，如图 4-4 所示。为把波消除，将波赶至工作边缘，直至消平。在口部作小弯封口，收边效果更佳，此时，波的宽度要大于或等于高度，即 $B \geqslant H$。

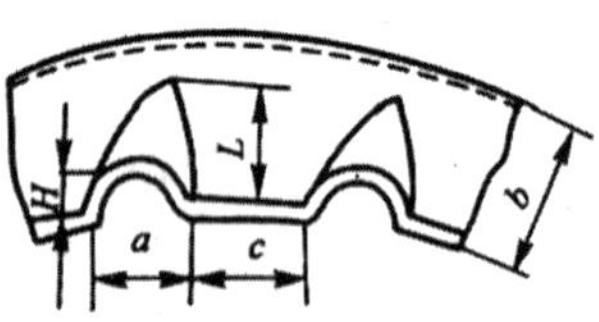

图 4-3　折波波纹尺寸示意图

图 4-4　消波顺序示意图

（4）敲打消波时，注意不要使工件的内弯角顶在轨铁上，以免顶伤工件。同时，从两端向内加力，以提高消波效率。

（5）当工件要求的收缩变形程度大时，折波、收边可多次进行，必要时还需安排中间退火。

2. 搂边收边法

将坯料夹在型胎上，在露出型胎的坯料下面用铝锤或胶木锤头顶住，再用木锤敲打顶住部分，使需弯边的材料逐渐收缩靠模。搂边收边法一般用于平板料且有手打模的情况。

框板的搂边收边法步骤如下：

（1）按要求下框板的平板坯料并画好弯折线，并将其对准放在模具上，然后夹紧。

（2）左手用胶木锤头作为顶块顶住毛料下部（应视弯边高度选择适当的顶块），右手用木锤将坯料从弯折根部打弯贴模，两手协调逐渐移动，将毛料整个搂收一圈，如图 4-5 所示。搂收一圈的过程中，弓形夹需要移位一次。

搂收时，应注意材料收缩是从根部开始一圈圈在同一高度上进行的，并逐渐向下边缘推进。在收缩每一圈时，力求使材料贴模后再收下一圈，把多余材料赶向边缘。另外，随着弯边与模具的间隙减小，需更换相应厚度的顶块，以便搂收。

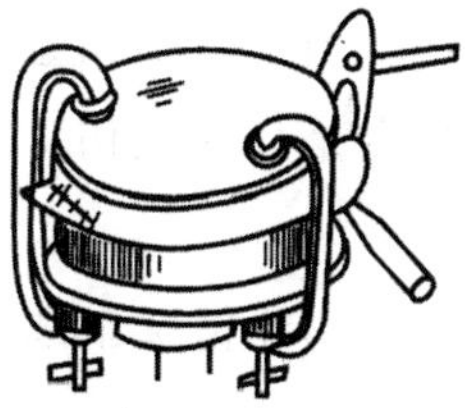

图 4-5　搂边收边示意图

图 4-6　轨铁校平示意图

（3）待坯料的弯边部分搂收至基本贴模后，从模具上取下工件，用胶木锤在轨铁上校平波纹，如图 4-6 所示。

（4）在模具上校正成型，如图 4-7 所示。

（5）按尺寸或者样板划线，并修剪去多余边料，得到框板件，如图 4-8 所示。

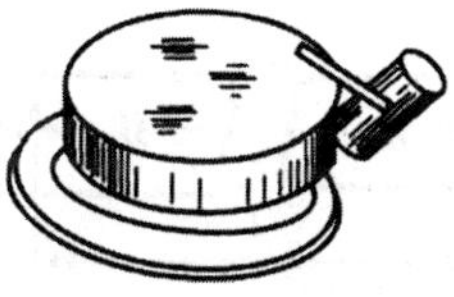

图 4-7　模具校正示意图

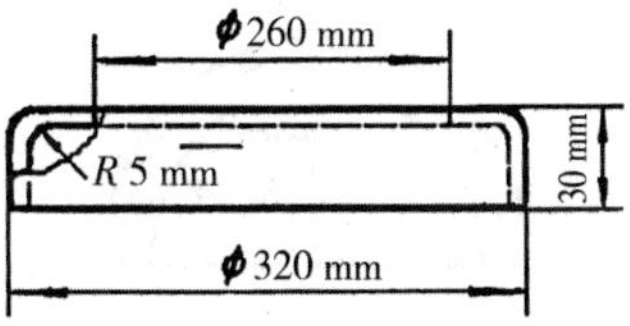

图 4-8　框板件示意图

3. 橡皮收边法

橡皮收边法是用橡皮打板抽打，使材料收缩。橡皮打板用中等硬度、宽 60～70 mm、厚 15～40 mm 的橡皮条制成，其长度可根据需要确定。橡皮收边示意图如图 4-9 所示。

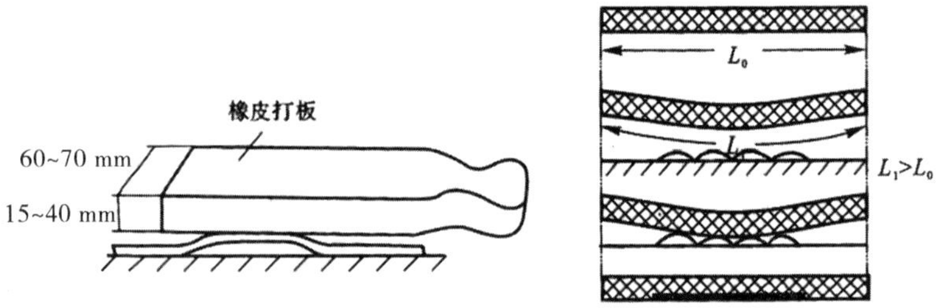

图 4-9　橡皮收边示意图

抽打时，橡皮条因惯性而产生弯曲，此时底面长度 L_1 大于原始长度 L_0。当橡皮条底面和毛料波峰接触时，波纹因受压而有向外舒伸的趋势，但几乎同一瞬间，因橡皮条底面迅速缩短，而使橡皮条包复区内材料收缩。这种方法收边均匀，工件表面光滑，但效率较低。

4. **收缩机收边**

收缩机收边的作用是装在收缩机上的收边模产生的，当上下模相碰时，楔形收缩块紧压材料向内移动，使边缘收缩。这种方法的主要缺点是容易咬伤工件表面，最好是在边缘留出余量，事后剪去。

在具体的生产过程中，应根据工件、毛料以及工具的实际情况来选择合适的收边方法。

4.1.4　收边工件毛料尺寸的计算

1. 角材收成半圆形工件展开尺寸的计算

工件形状如图 4-10 所示。

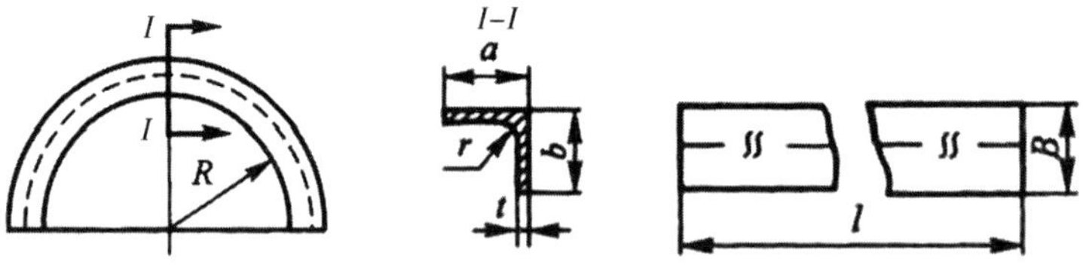

图 4-10 半圆形收边工件毛料尺寸示意图

展开料宽度的计算：

$$B = a + b - \left(\frac{r}{2} + t\right)$$

展开料长度的计算：

$$L = \pi (R + b)$$

式中：a，b 为弯边宽度；r 为内圆角半径；R 为工件弯曲半径；t 为材料厚度。

2. 直角形角材工件展开尺寸的计算

工件形状如图 4-11 所示。

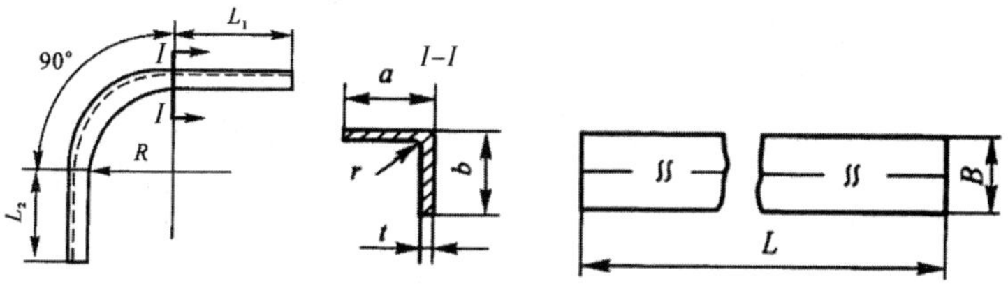

图 4-11 直角形收边工件毛料尺寸示意图

展开料宽度的计算：

$$B = a + b - \left(\frac{r}{2} + t\right)$$

展开料长度的计算：

$$L = L_1 + L_2 + \frac{\pi}{2}(R + b)$$

式中：a，b 为弯边宽度；L_1，L_2 为直线段长度；r 为内圆角半径；R 为工件弯曲半径；t 为材料厚度。

4.2 技能训练

表 4-1 技能训练工卡

标题	钣金件的放样
实训目的	通过项目训练，掌握收边的基本方法、操作技巧、质量控制以及收边操作过程中常见的质量故障分析及排除方法。
参考技术文件	《飞机钣金技术规范》《飞机钣金与铆接》《航空器维修基本技能》《钣金通用技术规范》
注意事项	1. 坚持安全、文明生产规范，严格遵守实训制度和劳动纪律。 2. 开工前穿戴好劳动保护用品。 3. 检查计量器具校验日期。 4. 操作时，操作者站立姿势要稳定，掌握正确的收边操作方法。 5. 尽量用毛榔头收制弯边，以免造成表面凸凹不平、表面波纹痕迹等缺陷。 6. 夹在台钳或弓形夹上的模胎要夹紧，防止敲打过程中模胎移位坠落。 7. 划弯折线时要用红、蓝铅笔，避免划针刺入板料太深，弯折时产生裂纹。 8. 操作中要经常对木榔头进行检查，不能有掉头现象。 9. 收边时选用旧的木榔头效果好，新的木榔头和胶木榔头易使材料加工硬化，并影响表面质量。

续表

工具/设备/材料/防护用品				
类别	名称	型号/规格	单位	数量
工具	直口剪	10″	把	1
	木榔头	Φ30 mm，Φ40 mm	把	各 1
	橡皮拍板	标准	把	1
	钢板尺	0～300 mm	把	1
	游标卡尺	0～150 mm	把	1
	划针	标准	把	1
	划规	标准	把	1
	半径规	R1.0～6.0 mm	把	1
	角度尺	320°	把	1
	芯棒	Φ40 mm	个	1
	弓形夹	标准	个	1
	模胎	标准	个	1
	直角尺	标准	把	1
	平锉刀	8″	把	1
	刮边器	标准	个	1
	塞尺	标准	把	1
	样板	标准	块	1
	折波钳	标准	把	1
	金属铅笔（红、蓝）	2B	支	各 1
设备	工作钳台	标准	台	1
	剪板机	2.0 m	台	1
	弯板机	1.5 m	台	1
材料	板料	LF21CZ-δ1.0 mm×220 mm×120 mm	块	1
	板料	LF21CZ-δ1.0 mm×300 mm×500 mm	块	1
	清洁剂	酒精	瓶	1
防护用品	棉布	N/A	块	1
	护目镜	符合个人防护标准	副	1
	耳罩/耳塞	符合个人防护标准	副	1
	防护手套	符合航空使用标准	副	1

续表

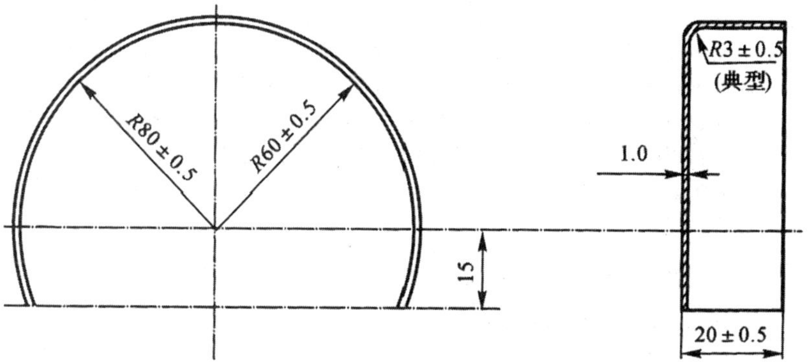

技术要求：
1. 未注尺寸公差为±0.5 mm。
2. 角度公差为±30′。
3. 平面度≤0.5 mm。
4. 表面无划痕、压伤、裂纹、锤痕等。

任务	实训内容
一、准备工作	
1	查询资料，查找与任务相关的内容。
2	检查工作场地和设备的运行安全。
3	按照工具清单清点工具，准备实训材料。
4	按照实训要求穿戴劳动保护用品，做好个人安全防护。
二、搂边收边	
1	按照图纸划线、剪切下料，在收边的弯边上留 5～10 mm 加工余量，锉修边缘毛刺。
2	将毛料按弯折线夹紧在模胎上，并用弓形夹固定好模胎。
3	左手用顶棒顶住毛料下面（根据弯边高度选择适当的顶棒），右手用木榔头将毛料从根部打弯贴模，两手协调逐渐移动，将毛料沿圆周方向一圈圈均匀搂收一遍，收缩时力求使材料贴模后再收下一圈，把多余材料赶向边缘，直至贴模。为避免端头的弯曲半径 R 变小或向一边凸起，可先将零件两端贴膜，再收中间。搂收时，要根据加工角度随时调整模胎位置。
4	取下零件，修剪多余的毛料，再在芯棒或轨铁上收边、校平波纹，直到符合技术要求。
5	在模胎上校正贴模。
6	按照图纸划线修剪余量，修光边缘毛刺，满足技术要求。
7	按图纸检查，符合图纸要求。
三、折波钳收边	
1	按照图纸划线剪切下料，在收边的弯边上留 5～10 mm 加工余量，锉修边缘毛刺。

续表

2	在折板机上将板料弯制成角材，角材弯制角度应大于所需角度2°左右。
3	根据零件曲度大小，用折波钳在弯边底部收边部分做出若干波纹，波纹分布要均匀，高度不宜太大，波长不大于零件底边的2/3。平波纹时，为了避免波纹向外伸展，应先将波纹口部敲平封住，再在轨铁上用榔头收平波纹。折皱收边可多次进行，第二次折出的波纹要与第一次折出的波纹错开，避免造成收边曲度不均匀。操作中要及时清除平波后产生的裂纹，要经常用样板检查弯曲度，直到符合形状要求及技术要求。
4	按照图纸要求划线，修剪余量，修光边缘毛刺，满足技术要求。
5	按照图纸检查，符合图纸要求。
四、检查	
1	用卡尺测量弯边尺寸，符合图纸要求，满足技术条件。
2	用半径规测量弯曲半径 $R3$ mm，符合公差 ± 0.5 mm。
3	用角度尺测量弯边角度，符合图纸要求 $90° \pm 30'$。
4	用塞尺测量零件平面与平台的接触面，要求间隙 < 0.5 mm。
5	检测收边外形，符合外形样板。
6	目测零件表面，不得有压痕、锤痕、裂纹、波纹痕迹。
五、结束工作	
1	用记号笔或钢印做好标记，提交工件和工卡。
2	清点工具，按要求维护后摆放规范、整齐。
3	清扫工作现场，保持工位干净、整洁，符合安全、文明生产要求。

项目5　钣金件的放边

5.1　理论基础

在成型过程中，使变形部位边缘的材料变薄伸展的操作称为放边。凹曲线弯边工件示意图如图5-1所示，制作凹曲线弯边工件一般采用放边。

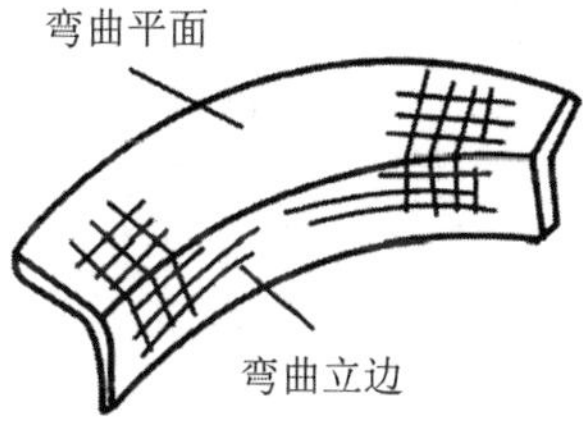

图5-1　凹曲线弯边工件示意图

5.1.1　放边工具及设备的认知

1. 放边工具

常用的放边工具有各式榔头、轨铁、铁砧等，如图5-2所示。

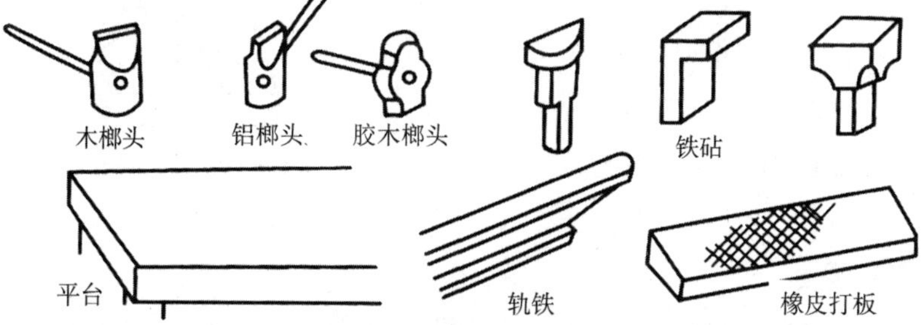

图5-2　放边工具示意图

2. 放边设备

常见的放边设备主要有空气锤拱机，如图 5-3 所示。其功能是对板料或半成品进行局部放料（或放边）和消皱。锤击部分质量为 8 kg，适用于 2 mm 以下的硬铝板、铜板或软钢板锤击展放。机座与机头和装有砧体的砧座为点击锤的主要部分。电动机为点击锤的动力来源。机头上装有全部工作机构。工作时，砧座轴线必须与锤头的轴线相重合。

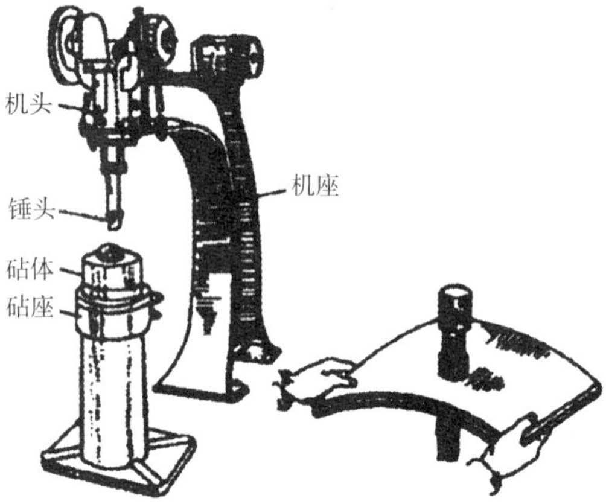

图 5-3　空气锤拱机结构示意图

5.1.2　放边的基本方法

放边的方法主要是打薄和拉薄，或二者并用。

1. 打薄放边

打薄能使毛料得到较大的延伸变形，一般先用窄口榔头敲击，后用圆头榔头敲击，如图 5-4 所示。打薄放边的效果较为显著，但毛料变薄不均匀，内应力大，操作不当时表面质量低。

图 5-4　打薄放边示意图

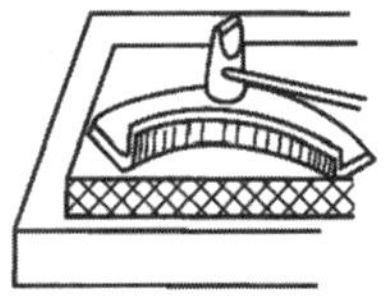

图 5-5　拉薄锤放示意图

2. 拉薄锤放

拉薄是用木榔头在厚橡皮或软木墩上捶打要放的边，利用橡皮或木墩软而有弹性的特点，使材料伸展拉长，如图 5-5 所示。其特点是：变薄均匀、内应力小、表面较光滑，但变形过程中易拉裂。一般在成型弧度不大、材料较薄的情况下使用。操作时，要用细锉和砂纸修光放边边缘和端头毛刺，防止产生裂纹。

对于料厚大于 1.5 mm、弯边高度较大、展放量大的凹曲线弯边工件，可在型胎上顶放拉薄，如图 5-6 所示。顶放拉薄就是把工件夹在型胎上，用木榔头敲击顶棒使弯边拉伸弯曲。

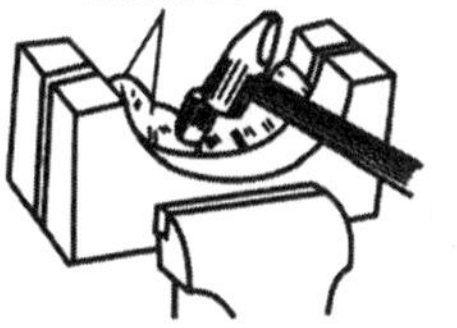

图 5-6　型胎顶放拉薄示意图

图 5-7　弯成角形件示意图

对薄料凹弯边工件顶放拉薄成型，控制材料的裂纹和变薄量是成型的重点和难点。凡是凹曲线弯边，如果没有边缘材料的伸展变薄，弯边是无法成型的。那么，工件是否产生裂纹，一般不取决于锤击力的大小，而取决于变形程度和毛料边缘的状态。变形量可通过改变木榔头的锤击角度来控制。为避免榔头失控而造成裂纹，可在毛料和型胎之间垫一楔形块进行控制。

5.1.3　放边的操作过程及操作要点

1. 放边的操作过程

以凹弯边工件的打薄成型过程为例，介绍放边的操作过程。

（1）计算出工件的展开尺寸，剪好展开料并修光边缘毛刺。

（2）按工件弯边高度在折板机或闸压床上将毛料弯成角形件并打光毛刺，如图 5-7 所示。

（3）在平台或铁砧上锤放弯曲平面边的外缘，使成型凹弯边符合样板要求，最后修剪弯边高度，如图 5-8 所示。

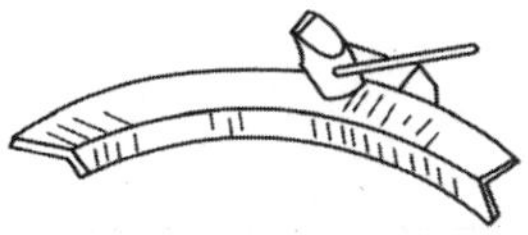

图 5-8　锤放弯边示意图

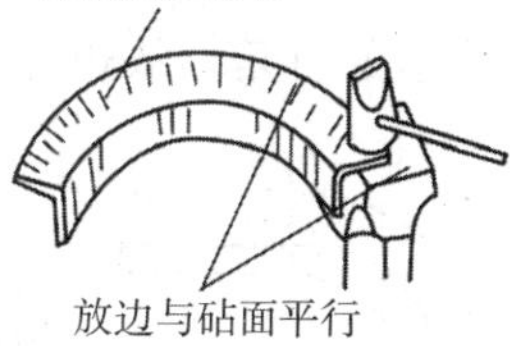

图 5-9　锤放边示意图

2. 放边的操作要点

（1）选用一端带圆弧，一端带窄口的胶木榔头或木榔头，也可两种榔头交替使用。

注意按料厚选用榔头窄口尺寸。

(2) 锤击点要外密（多放）内疏（少放），锤痕要成放射线并要均匀，底面（锤放边）必须与铁砧表面保持平行，如图 5-9 所示。

(3) 锤放中要经常使用样板检查弯曲度，如图 5-10 所示。不要锤放过量，否则收边费时费工费料。

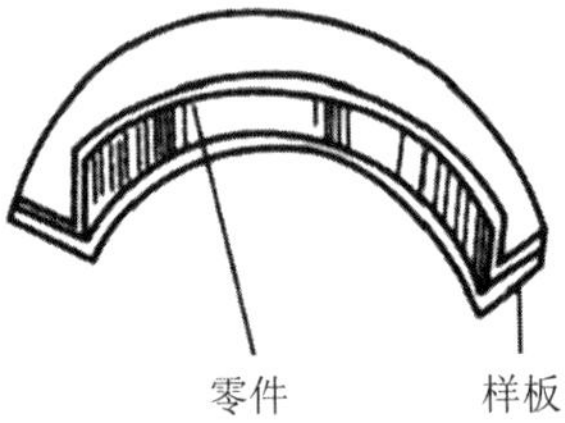

图 5-10　样板检查弯曲度示意图

(4) 锤放时不要锤击弯边 R 处，否则易裂，锤击应在锤放弯边平面靠外缘 3/4 平面范围内，如图 5-11 所示。锤击点要外密里疏，锤放边必须与平台或铁砧表面贴紧，锤放时可正反两面敲打。

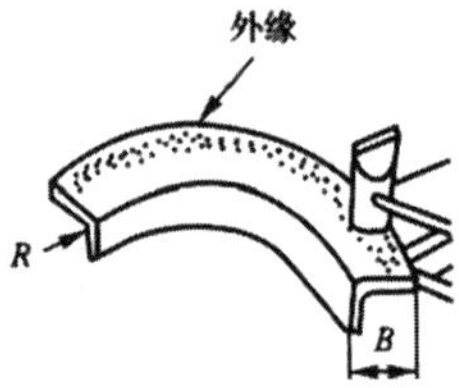

图 5-11　锤放过程示意图

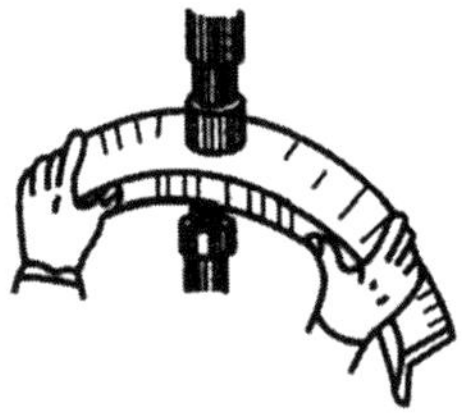

图 5-12　空气锤放边示意图

(5) 当弯边高度超过 30 mm 时，用空气锤放边效率更高，质量更好，如图 5-12 所示。

(6) 锤放过程中，材料易产生加工硬化，要及时退火，否则易产生裂纹。若产生裂纹要及时剪掉、抛光。

5.1.4　放边展开的计算

以图 5-13 所示的直角形放边件的展开计算为例进行具体说明。

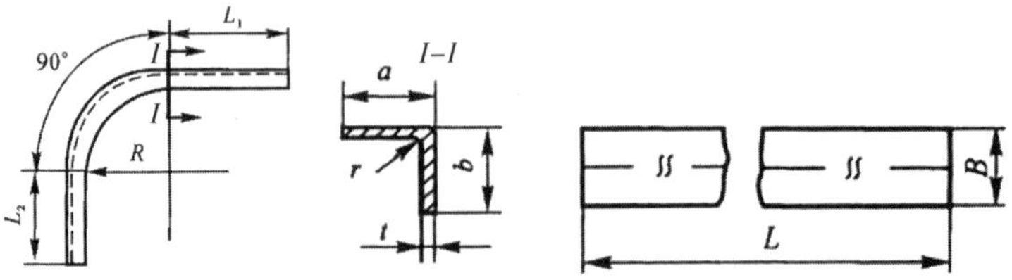

图 5-13　直角形放边件的展开计算示意图

按经验计算法计算宽度。

$$B = a + b - \left(\frac{r}{2} + t\right)$$

式中：B 为展开料宽度，a、b 为弯边宽度，r 为内圆角半径，t 为材料厚度。

展开长度以放边宽度 1/2 处的弧长为准来计算。

$$L = L_1 + L_2 + \frac{\pi}{2}\left(R + \frac{b}{2}\right)$$

式中：L 为展开长度，L_1、L_2 为直线段长度，R 为工件弯曲半径，b 为放边宽度。

5.2　技能训练

表 5-1　技能训练工卡

<table>
<tr><td colspan="2">标题</td><td colspan="3">钣金件的放样</td></tr>
<tr><td colspan="2">实训目的</td><td colspan="3">通过项目训练，掌握放边的基本方法、操作技巧、质量控制以及放边操作过程中常见的质量故障分析及排除方法。</td></tr>
<tr><td colspan="2">参考技术文件</td><td colspan="3">《飞机钣金技术规范》《飞机钣金与铆接》《航空器维修基本技能》《钣金通用技术规范》</td></tr>
<tr><td colspan="2">注意事项</td><td colspan="3">1. 坚持安全、文明生产规范，严格遵守实训制度和劳动纪律。
2. 开工前穿戴好劳动保护用品。
3. 检查计量器具校验日期。
4. 操作时，操作者站立姿势要稳定，掌握正确的放边操作方法。
5. 成品木榔头的窄口较宽，不能满足使用要求。使用前，应将木榔头的窄口修窄，并在平台上用力打毛，以免在敲打过程中造成表面零件凸凹不平、榔头痕迹等缺陷。
6. 夹在台钳或弓形夹上的模胎要夹紧，防止敲打过程中模胎移位坠落。
7. 划弯折线时要用红、蓝铅笔，避免划针刺入板料太深，弯折时产生裂纹。
8. 操作中要经常对木榔头进行检查，不能有掉头现象。</td></tr>
<tr><td colspan="5">工具/设备/材料/防护用品</td></tr>
<tr><td>类别</td><td>名称</td><td>型号/规格</td><td>单位</td><td>数量</td></tr>
<tr><td rowspan="8">工具</td><td>直口剪</td><td>10″</td><td>把</td><td>1</td></tr>
<tr><td>曲口剪</td><td>8″</td><td>把</td><td>1</td></tr>
<tr><td>铝榔头</td><td>Φ40 mm</td><td>把</td><td>1</td></tr>
<tr><td>木榔头</td><td>Φ40 mm</td><td>把</td><td>1</td></tr>
<tr><td>橡皮拍板</td><td>标准</td><td>把</td><td>1</td></tr>
<tr><td>钢板尺</td><td>0～300 mm</td><td>把</td><td>1</td></tr>
<tr><td>游标卡尺</td><td>0～150 mm</td><td>把</td><td>1</td></tr>
<tr><td>划针</td><td>标准</td><td>把</td><td>1</td></tr>
</table>

续表

类别	名称	型号/规格	单位	数量
工具	划规	标准	把	1
	半径规	R1.0～6.0 mm	把	1
	角度尺	320°	把	1
	成型模	标准	个	1
	弓形夹	标准	个	1
	模胎	标准	个	1
	直角尺	标准	把	1
	平锉刀（砂纸）	8″	把	1
	刮边器	标准	个	1
	塞尺	标准	把	1
	样板	标准	块	1
	金属铅笔（红、蓝）	2B	支	各 1
设备	工作钳台	标准	台	1
	剪板机	2.0 m	台	1
耗材	板料	LF21CZ-δ1.0 mm×250 mm×90 mm	块	1
	板料	LF21CZ-δ1.0 mm×300 mm×60 mm	块	1
	清洁剂	酒精	瓶	1
防护用品	棉布	N/A	块	1
	护目镜	符合个人防护标准	副	1
	耳罩/耳塞	符合个人防护标准	副	1
	防护手套	符合航空使用标准	副	1

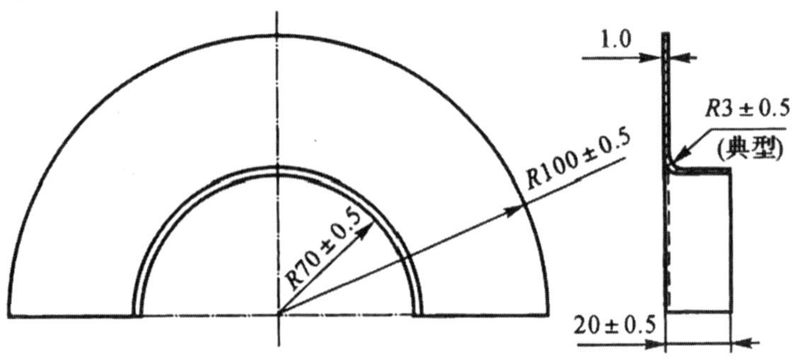

技术要求：

1. 尺寸公差为±0.5 mm。
2. 表面无划痕、压伤、裂纹、锤痕等。

续表

任务	实训内容
一、准备工作	
1	查询资料，查找与任务相关的内容。
2	检查工作场地和设备的运行安全。
3	按照工具清单清点工具，准备实训材料。
4	按照实训要求穿戴劳动保护用品，做好个人安全防护。
二、拉薄锤放	
1	下展开料。依据图纸划中心线，以圆心为对称点，分别以 $R100$ mm、$R70$ mm、$R50$ mm划圆，并按 $R100$ mm、$R50$ mm 线剪切下料，锉修边缘毛刺并用砂纸打光。由于拉伸易产生裂纹，对易发生裂纹的部位要留一定的加工余量，一般零件弯边两侧留 3～5 mm，两端留 10～20 mm。
2	放边成型。按照划线位置把毛料夹在型胎上，用弓形夹夹紧。因型胎没有定位装置，在成型前要检查毛料安装是否符合要求，零件弯曲半径 R 与型胎外形要对应。测量弯边高度是否满足图纸要求，如有偏移误差，可用木榔头轻轻敲打毛料边缘找正位置，并确保型胎夹紧牢固。
3	圆角半径成型。放边敲打时，不能直接打弯边外缘，否则容易变薄拉裂，应从弯边根部向外展放。操作时，左手握住顶棒，顶棒端头紧贴型胎弯边根部，用木榔头敲打顶棒，沿弯边根部圆角处开始顶放。为保证圆角半径光滑，顶棒要握稳，沿弯边曲线均匀移动，直至弯边根部 R 靠模。
4	弯边成型。放边时，先放两端后放中间，将两端易变形的材料补充给中间部分。为避免裂纹，可在弯边根部贴胎后，在毛料与型胎间垫一楔形块，再用木榔头敲打垫住的毛料部分，通过控制锤击角度和锤击力来保证放边质量，直至弯边贴模成型。
5	修整贴模。检查零件贴模情况，如有间隙或弯边不平滑，可把一圆棒（可用木榔头替代）放在弯边上，再敲打圆棒修整，直至贴模。
6	划线，剪切余量。取下工件，将零件放在外形样板正面的上方，确保零件弯曲半径与样板相吻合，然后按外形样板划出零件外形线，修剪余量，去除毛刺。
7	修整。在模具上校正贴模，并按照图纸检查，应符合技术要求。
三、打薄锤放	
1	计算零件展开料长度和宽度尺寸。
2	下展开料，锉修边缘毛刺并用砂纸打光。
3	按照图纸要求将板料弯制成角材。
4	放边成型。在平台或铁砧上锤放弯曲平面边的外缘，使材料伸展变薄，逐渐成型为凹曲线弯边零件。成型时，锤放边必须与平台（铁砧）表面贴紧，锤放控制在锤放面靠近外缘 3/4 范围内。弯边根部不能锤击，否则会使零件产生扭曲变形。操作中要经常用样板检查弯曲度，避免因放边过量造成大量修正工作量，甚至报废。

续表

5	修整。
6	划线，去余量，去毛刺。
7	按照图纸检查，应符合技术要求。
四、检查	
1	用卡尺测量每个弯边尺寸，符合图纸要求，满足技术条件。
2	用半径规测量弯曲半径 $R3$ mm，符合公差±0.5 mm。
3	用角度尺测量弯曲角度，符合图纸要求 $90°\pm30'$。
4	用塞尺测量每个弯曲平面的平面度，要求间隙<0.5 mm。
5	目测工件表面，不得有压痕、锤痕、裂纹等。
6	用样板检测零件外形，符合图纸要求。
五、结束工作	
1	用记号笔或钢印做好标记，提交工件和工卡。
2	清点工具，按要求维护后摆放规范、整齐。
3	清扫工作现场，保持工位干净、整洁，符合安全、文明生产要求。

项目 6　钣金件的拔缘

6.1　理论基础

6.1.1　拔缘的认知

拔缘是指在板料的边缘，利用手工锤击的方法制出一定高度的曲线弯边工件。用拔缘法制出的工件如图 6-1 所示。

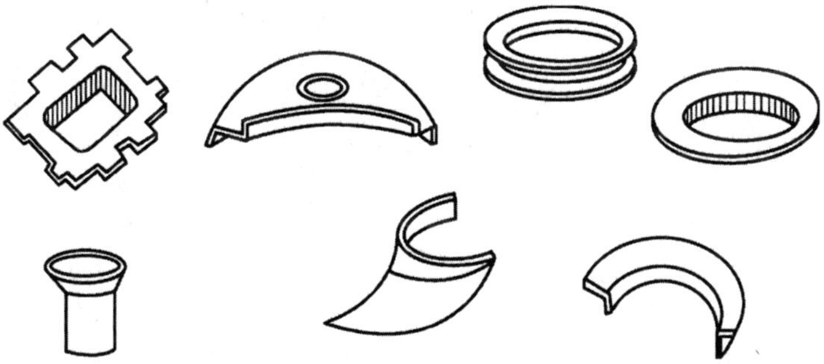

图 6-1　用拔缘法制出的工件示意图

拔缘分为外拔缘和内拔缘。用收边制造凸曲线弯边工件的方法称为外拔缘，如图 6-2 所示。用放边制造凹曲线弯边工件的方法称为内拔缘，如图 6-3 所示。

外拔缘时，圆环部分要沿中间圆形部分的圆周径向改变位置而成为弯边，但是它受到其中三角形多余金属的阻碍，所以采用收边的方法，使外拔缘弯边增厚。

内拔缘时，内侧圆环部分要沿外侧圆环部分的圆周径向变换位置而成为弯边，由于受到内孔圆周边缘的牵制不能顺利地延伸，所以采用放边方法，使内拔缘弯边变薄。

手工拔缘的工具除上述收边和放边用的工具外，还有不同形状的砧座、角顶和手打模等，如图 6-4 所示。

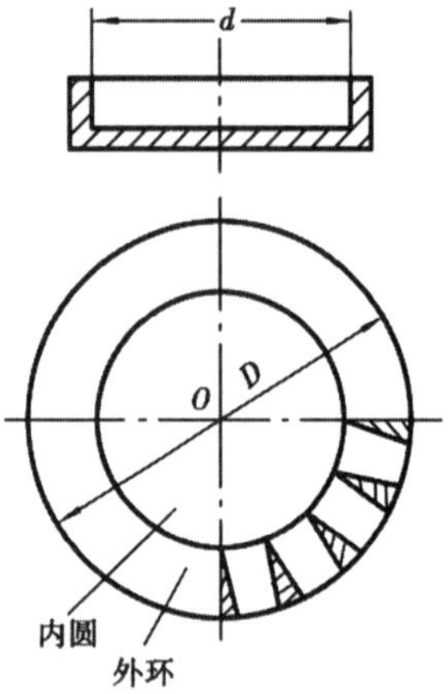

图 6-2　外拔缘示意图

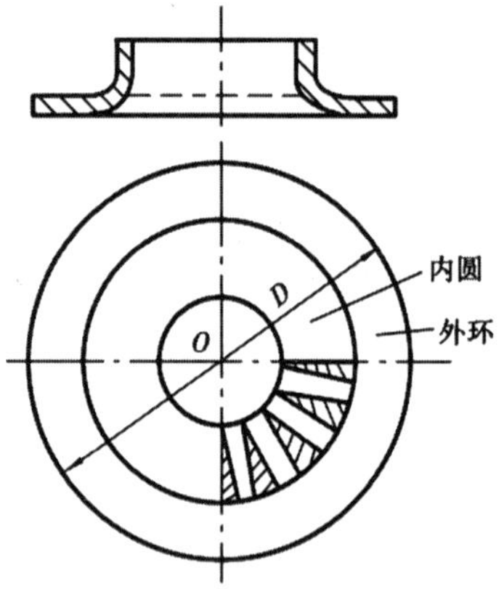

图 6-3　内拔缘示意图

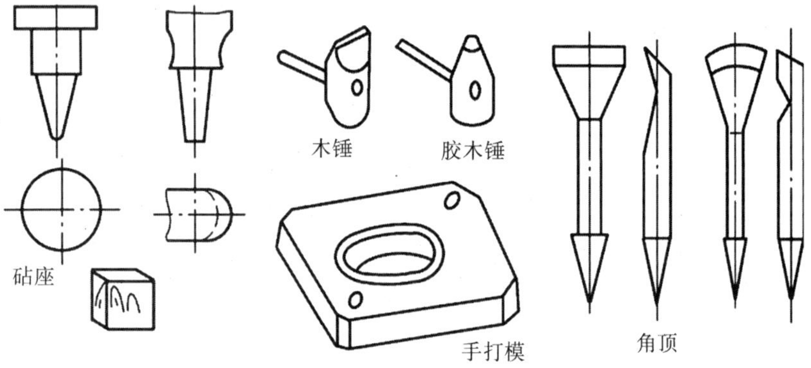

图 6-4　手工拔缘工具示意图

6.1.2　手工拔缘的操作过程及要点

手工拔缘按操作方法分为无模具拔缘（又称自由拔缘）和有模具拔缘（又称胎型拔缘）两种。

1. 无模具外拔缘的操作过程

（1）精确计算出坯料直径 D，划出拔缘宽度线，下毛料并修光边缘毛刺，如图 6-5 所示。

（2）先将要拔缘的坯料周边在铁砧上弯曲，再敲出波纹，如图 6-6 所示。

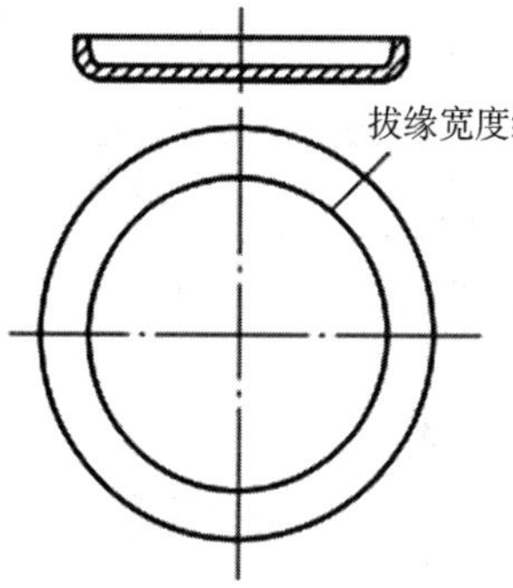

图 6-5　无模具外拔缘工件和毛料示意图

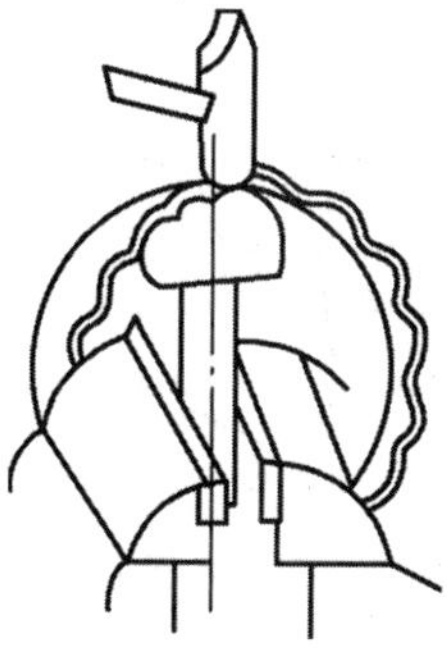

图 6-6　敲波纹示意图

（3）逐个平波使边缘收缩而成凸弯边，如图 6-7 所示，然后划线修去余料。

若弯边高度小于 10 mm，把毛坯放在大木锤或铁棒上拔缘，如图 6-8 所示。

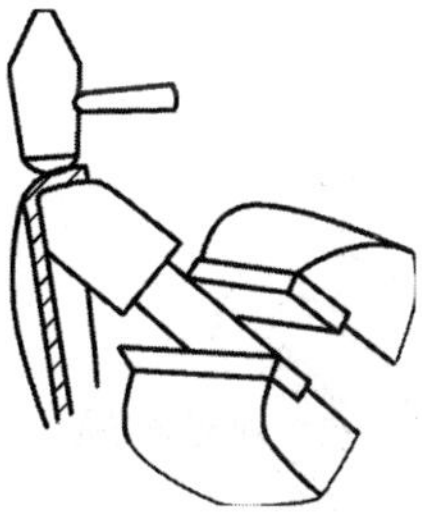

图 6-7　平波收缩示意图

图 6-8　用木锤作顶棒的示意图

若弯边高度大于 10 mm，先在铁砧上按弯曲线敲出根部轮廓，如图 6-9 所示。再用顶棒顶住弯边根部，向下搂边，收缩弯边，逐步增加弯边高度，如图 6-10 所示。用锤子锤击时要转动材料，使材料变形均匀。

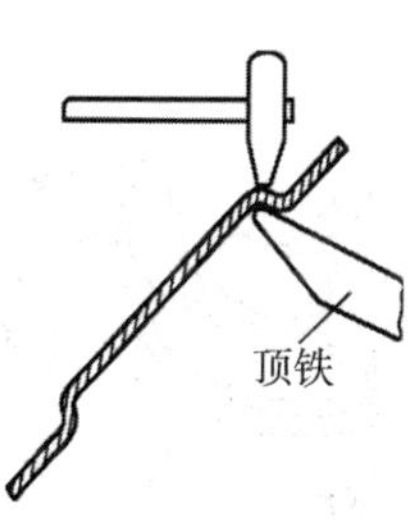

图 6-9　敲出根部轮廓示意图

图 6-10　搂边示意图

（4）拔缘时最好是用打毛的木锤，如图 6-11 所示。

（5）修整弯边，如图 6-12 所示。

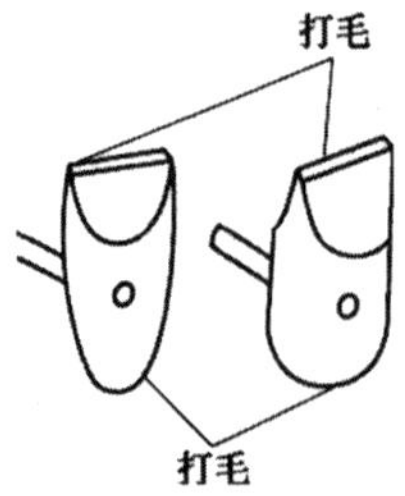

图 6-11　拔缘木锤示意图

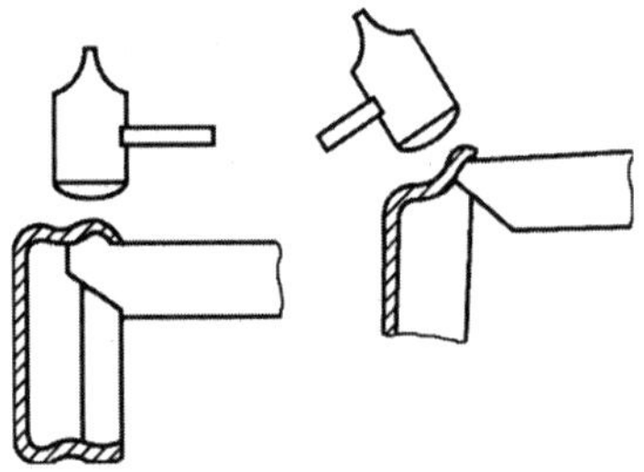

图 6-12　收口拔缘示意图

2. 无模具内拔缘操作过程

内拔缘是放边过程，成型难点是变薄量的控制及防止拉裂。

(1) 计算拔缘前内孔，下毛料并砂光边缘，划出拔缘线，如图 6-13 所示。如图 6-14所示，边缘毛刺一定要顺圆周方向砂光，当出现裂纹时要及时排除。

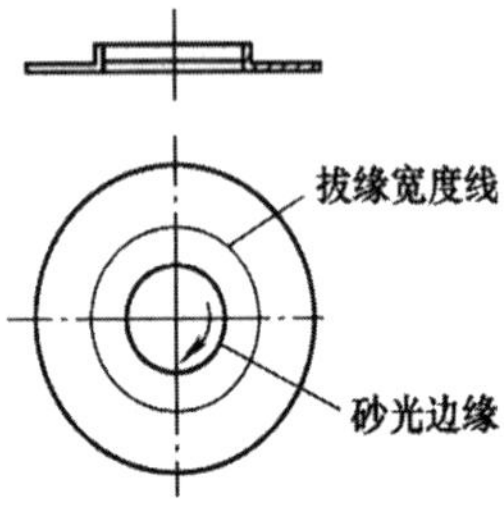

图 6-13　无模具内拔缘工件和毛料示意图

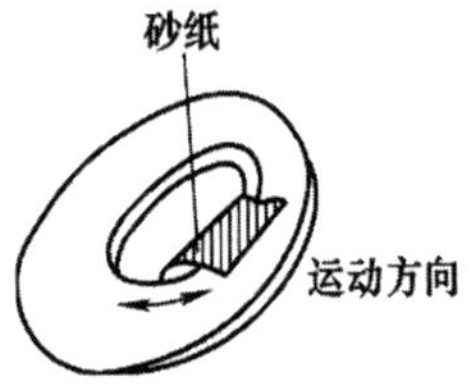

图 6-14　砂光边缘示意图

(2) 用打薄方法成型内拔缘。先在有 R 的顶铁上用尖头或圆头木榔头制出拔缘根部，再调整毛料角度，排开边缘达到拔缘高度，如图 6-15 所示。

当铝合金拔缘前、后的孔径之比 $d/D<0.8$ 时，一次拔缘有困难，应增加中间退火工序，或改用收边方法成型，如图 6-16 所示。

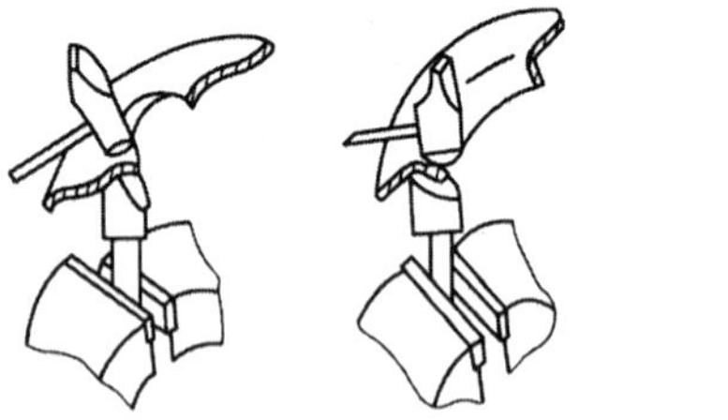

图 6-15　打薄制内拔缘根部和弯边示意图

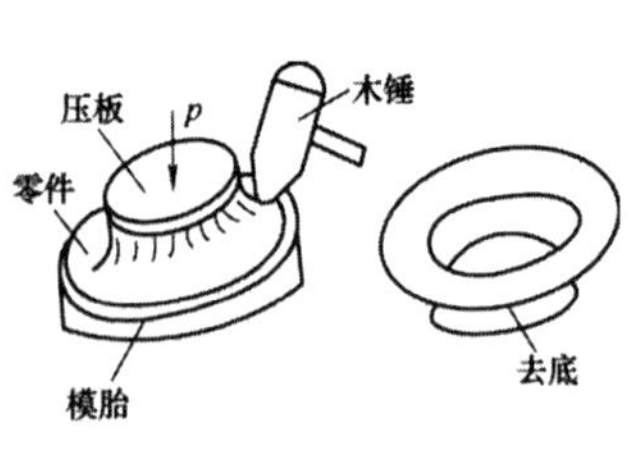

图 6-16　收边成型内弯边示意图

(3) 拉薄伸展制内拔缘。先在厚橡皮板上用榔头将内弯边拉薄，再在顶铁上制 R 修整弯边，如图 6-17 所示。

有的工件需用转移补充材料的办法减少变薄。如图 6-18 所示的口框，从 A 处开始拔缘成型 R，使直线部分材料向 R 弯边转移，最后弯曲直线部分。

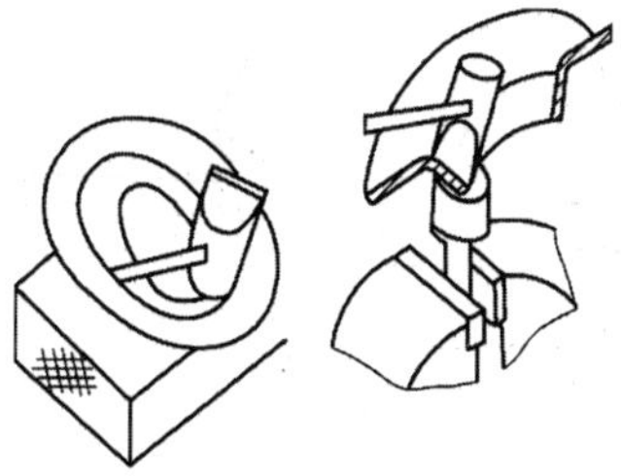

图 6-17　拉薄伸展制内拔缘示意图

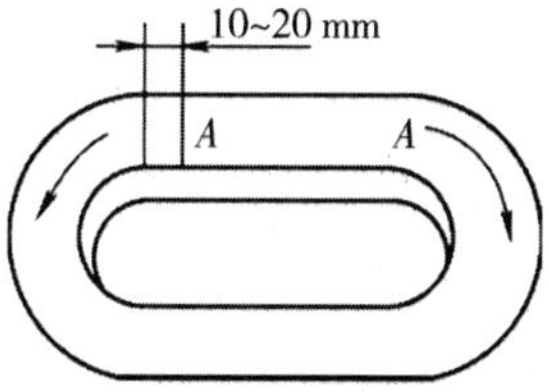

图 6-18　转移补充减少变薄示意图

3. 有模具外拔缘的操作过程

如图 6-19 所示为有模具外拔缘构件示意图，可用搂边收缩的方法进行拔缘。

图 6-19　有模具外拔缘构件示意图

4. 有模具内拔缘的操作过程

有模具凹曲线内拔缘工件示意图如图 6-20 所示。操作过程如下：

（1）下料，边缘去毛刺并磨光。

（2）将毛料按模具定位并夹紧，如图 6-21 所示。

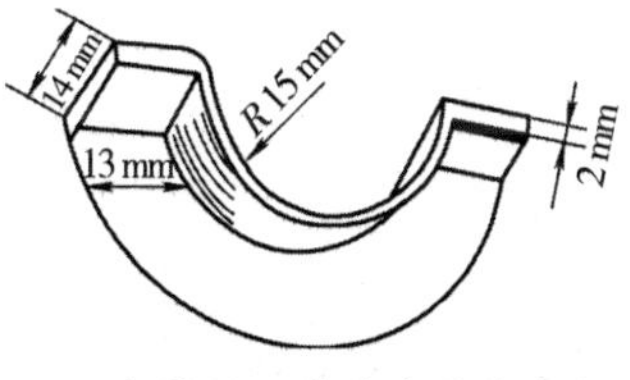

图 6-20　有模具凹曲线内拔缘工件示意图

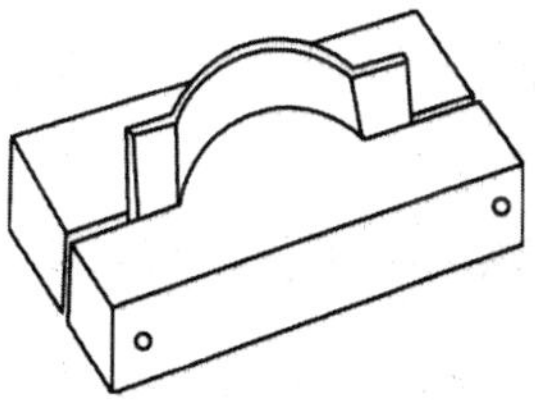

图 6-21　毛料定位夹紧示意图

（3）弯曲成型转角处，如图 6-22 所示。

（4）用尖榔头敲制半圆处弯边根部，如图 6-23 所示。

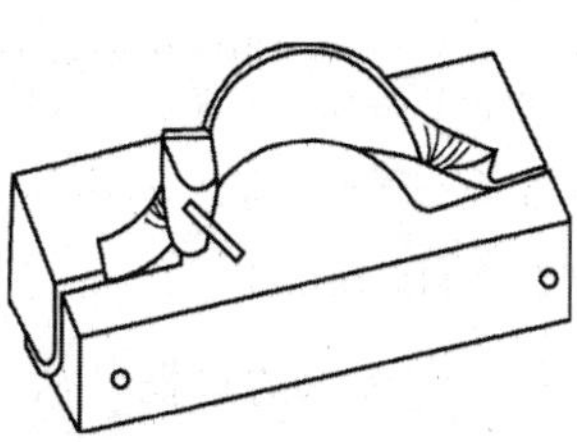

图 6-22　转角收边示意图

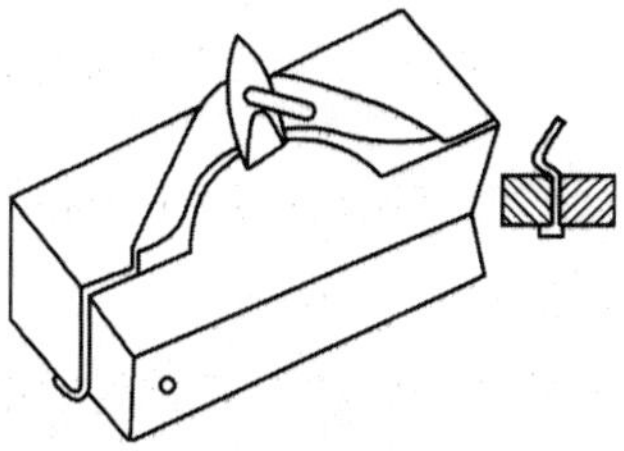

图 6-23　制半圆根部示意图

(5) 顶、放弯边，从两端向中间弯曲边缘（外缘制小弯边），如图 6-24 所示。

(6) 从两端向中间平皱并校平，如图 6-25 所示。

(8) 划线，剪切余料，去毛刺。

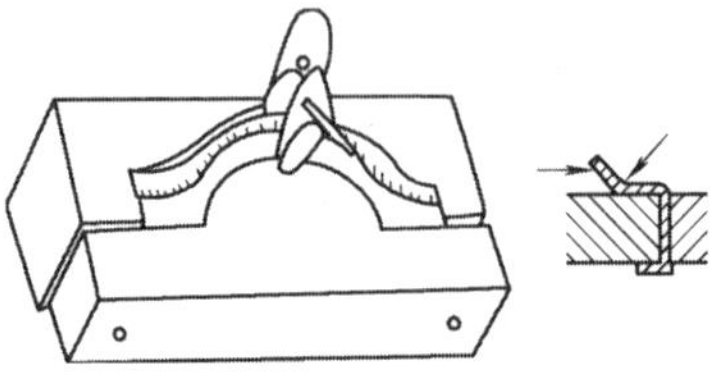

图 6-24　顶放弯边示意图

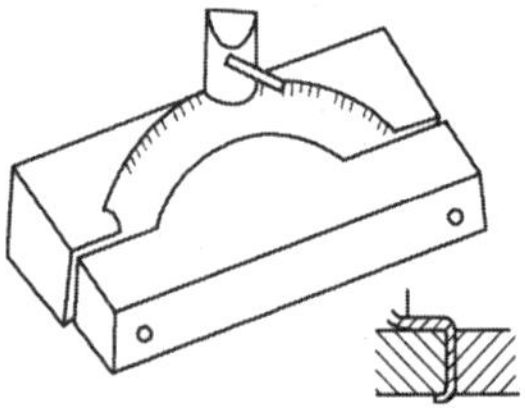

图 6-25　平皱校平示意图

6.1.3　拔缘毛料尺寸的确定

内拔缘毛料内孔的确定如图 6-26 所示。

$$d = D - 2H + 0.86r + 1.44t$$

外拔缘毛料的计算如图 6-27 所示。

$$D_{毛} = \sqrt{d^2 + 4dh}$$

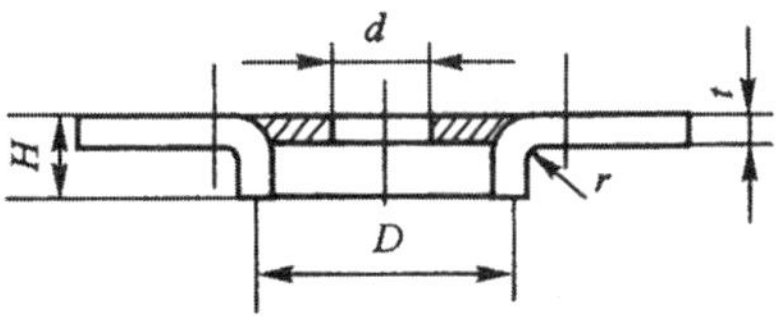

图 6-26　内拔缘毛料内孔的确定示意图

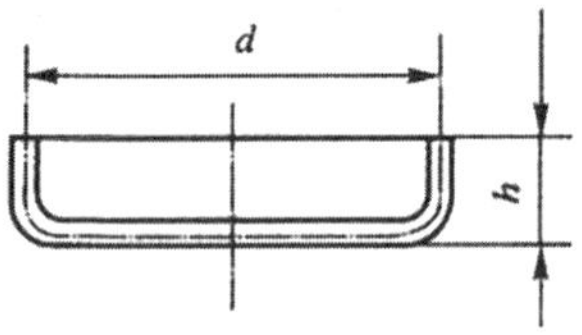

图 6-27　外拔缘毛料的计算示意图

6.2　技能训练

表 6-1　技能训练工卡

标题	钣金件的放样
实训目的	通过项目训练，掌握拔缘的基本方法、操作技巧、质量控制以及拔缘操作过程中常见的质量故障分析及排除方法。
参考技术文件	《飞机钣金技术规范》《飞机钣金与铆接》《航空器维修基本技能》《钣金通用技术规范》
注意事项	1. 坚持安全、文明生产规范，严格遵守实训制度和劳动纪律。 2. 开工前穿戴好劳动保护用品。 3. 检查计量器具校验日期。 4. 操作时，操作者站立姿势要稳定，掌握正确的拔缘操作方法。

续表

标题	钣金件的放样
注意事项	5. 拔缘成型时，尽量使用毛榔头敲制，以免造成表面凸凹不平、材料变形不均等缺陷。 6. 夹在台钳上的芯棒要夹紧并垫实，防止敲打成型中芯棒移位掉落。 7. 划弯折线时要用红、蓝铅笔，避免划针刺入板料太深，弯折时产生裂纹。 8. 操作中要经常对木榔头进行检查，不能有松动、掉头现象。 9. 拔缘时，选用旧的木榔头效果好，新的木榔头和胶木榔头易使材料加工硬化，并影响表面质量。

工具/设备/材料/防护用品

类别	名称	型号/规格	单位	数量
工具	直口剪	10″	把	1
	曲口剪	8″	把	1
	芯棒	Φ40 mm	个	1
	木榔头	Φ40 mm	把	1
	橡皮拍板	标准	把	1
	钢板尺	0～300 mm	把	1
	游标卡尺	0～150 mm	把	1
	划针	标准	把	1
	划规	标准	把	1
	半径规	R1.0～6.0 mm	把	1
	角度尺	320°	把	1
	直角尺	标准	把	1
	平锉刀（砂纸）	8″	把	1
	刮边器	标准	个	1
	塞尺	标准	把	1
	样板	标准	块	1
	金属铅笔（红蓝）	2B	支	各 1
设备	工作台钳	标准	台	1
	剪板机	2.0m	台	1
材料	板料	LF21CZ-δ1.0 mm×200 mm×200 mm	块	1
	清洁剂	酒精	瓶	1

续表

类别	名称	型号/规格	单位	数量
防护用品	棉布	N/A	块	1
	护目镜	符合个人防护标准	副	1
	耳罩/耳塞	符合个人防护标准	副	1
	防护手套	符合航空使用标准	副	1

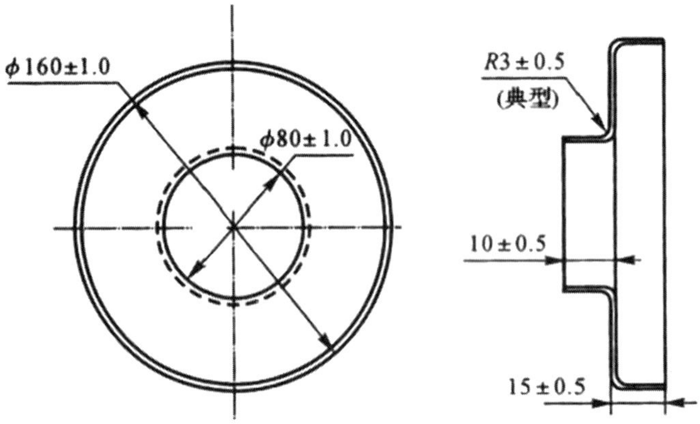

技术要求：

1. 尺寸公差为±0.5 mm。
2. 垂直度为±30′。
3. 平面度≤0.5 mm。
4. 表面无划痕、压伤、裂纹、锤痕等。

任务	实训内容
一、准备工作	
1	查询资料，查找与任务相关的内容。
2	检查工作场地和设备的运行安全。
3	按照工具清单清点工具，准备实训材料。
4	按照实训要求穿戴劳动保护用品，做好个人安全防护。
二、划线	
1	按照图纸划出零件外形及拔缘的宽度线。该零件为内外拔缘件，操作分两个步骤，先外拔缘再内拔缘。
三、外拔缘成型	
1	按外拔缘外形线下展开料，去毛刺并用砂纸砂光材料外缘。
2	将要拔缘的边在芯棒上敲出根部轮廓线，再用顶棒顶住弯边根部，向下搂边。搂边时，均匀转动材料，在弯边上制出折皱。锤击点和锤击力要均匀，不能操之过急，否则可能使弯边产生裂纹。

续表

3	逐个平波纹使边缘收缩成凸弯边。拔缘过程中，将杯口边缘向里稍加收缩，可提高拔缘效果。
4	修整，划线，去余量，除毛刺。
四、内拔缘成型	
1	按内拔缘外形线下展开料，并用砂纸砂光材料边缘。
2	用打薄方法成型内拔缘。先在弯曲半径 R 的顶铁上制出拔缘根部，调整毛料角度，锤放拔缘边缘，使材料伸展变薄，逐渐达到弯边高度。
3	修整，划线，去余量，除毛刺。
4	修整校正。
五、检查	
1	用卡尺测量拔缘弯边尺寸，符合图纸要求，满足技术条件。
2	用半径规测量弯曲半径 $R3$ mm，符合公差 ± 0.5 mm。
3	用角度尺测量弯曲角度，符合图纸要求 $90^{\circ}\pm 30'$。
4	用塞尺测量每个弯曲平面的平面度，要求间隙 <0.5 mm。
5	目测零件表面，不得有压痕、锤痕、裂纹等。
六、结束工作	
1	用记号笔或钢印做好标记，提交工件和工卡。
2	清点工具，按要求维护后摆放规范、整齐。
3	清扫工作现场，保持工位干净、整洁，符合安全、文明生产要求。

项目 7　钣金件的拱曲

7.1　理论基础

手工把板料制成凸凹曲面形状工件的方法叫拱曲，包括冷拱曲和热拱曲两种方法。拱曲工件示意图如图 7-1 所示。

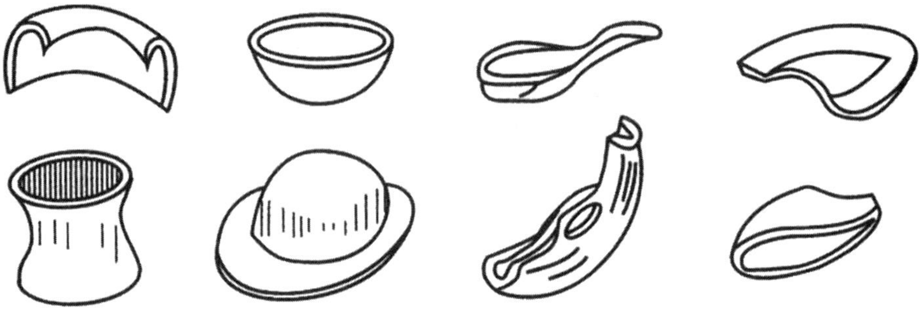

图 7-1　拱曲工件示意图

拱曲时，通过板料周边起皱向里收，中间打薄向外拉，这样反复进行，使板料逐渐变形，得到所需的形状。此时，拱曲工件的收缩边缘变厚，受拉部位变薄，如图 7-2 所示。

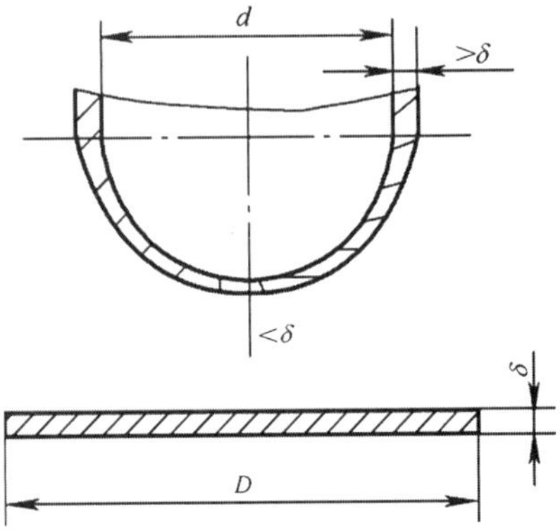

图 7-2　拱曲件厚度变化示意图

7.1.1　拱曲工具的认知

手工拱曲工具如图 7-3 所示。

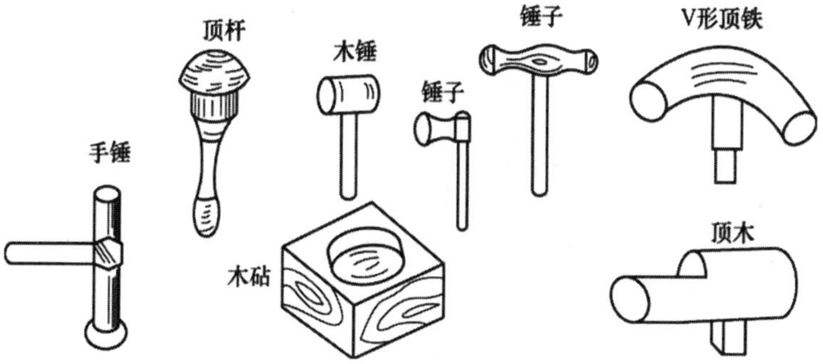

图 7-3　手工拱曲工具示意图

7.1.2　冷拱曲的操作方法及要点

冷拱曲是材料在室温下通过拱曲操作而获得凸凹曲面形状的工件的一种钣金成型方法。

1. 顶杆拱曲法

如图 7-4 所示为利用顶杆和手工锤击的方法制作圆弧形工件。

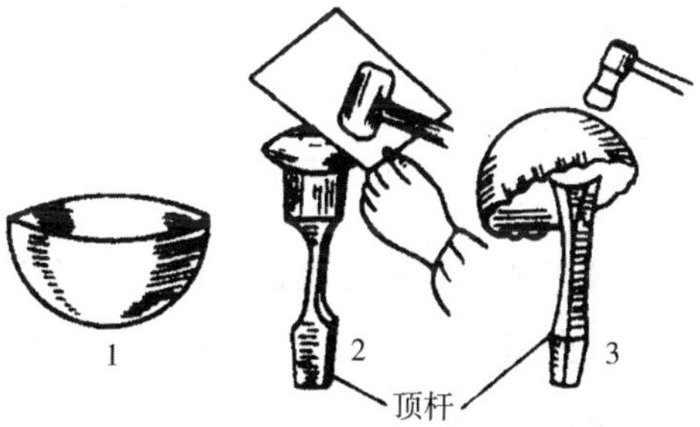

图 7-4　顶杆拱曲示意图

(1) 拱曲时，首先把板料的边缘作出皱褶，然后在顶杆上将边缘的皱褶打平，使边缘向内弯曲，同时用木锤轻轻而均匀地锤击中部，使中部的坯料伸展拱曲。锤击的位置要稍稍超过支承点，敲打位置要准确，否则容易打出凹痕，甚至打破。

(2) 锤击时，用力要轻而均匀，而且锤击点要稠密，边锤击边旋转坯料。随时调整锤击部位，使表面光滑、均匀。凸出的部位不应再锤击，否则越捶越凸起。

(3) 锤击到坯料中心时，要不断转动，不能集中在一处锤击，以免坯料中心伸展过多而凸起。依次收边锤击中部，并配合中间检查，使其达到要求。考虑最后修光时要产生回弹变形，一般拱曲度要稍大一些。

(4) 用平头锤在圆杆顶上，把拱曲成型好的工件进行修光，然后按要求划线，并进行切割、修光边缘。在加工过程中，如发现坯料由于冷作而硬化，应及时进行退火处理，否则容易产生裂纹。

2. 胎模拱曲法

尺寸较大、深度较浅的工件，可直接在胎模上进行拱曲。

(1) 将坯料压紧在胎模上，用锤子从边缘处开始逐渐向中心部位敲击，如图 7-5 所示。拱曲时，敲击应轻而均匀，这样才能使整个加工表面均匀地伸展，形成凸起的形状，并可以防止拉裂。为使坯料伸展得快，在拱曲过程中，可垫橡皮、软木、沙袋等进行伸展坯料，这样表面质量较好。

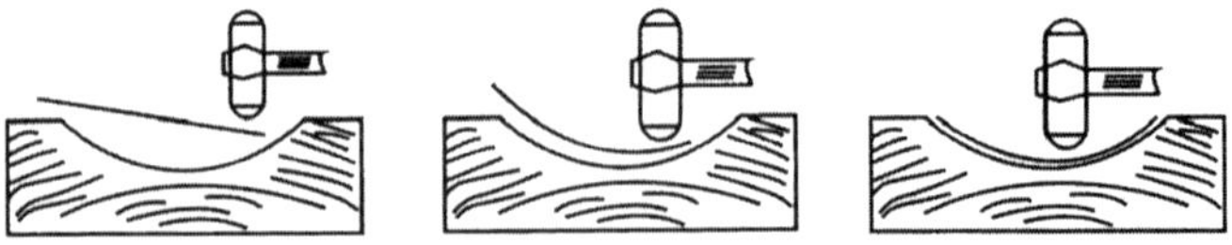

图 7-5　从边缘向中心敲击示意图

(2) 在拱曲过程中，坯料中部金属因敲击变薄而延伸，坯料边缘处将出现皱褶，此时，应停止敲击中部，将边部皱褶敲平，如图 7-6 所示。

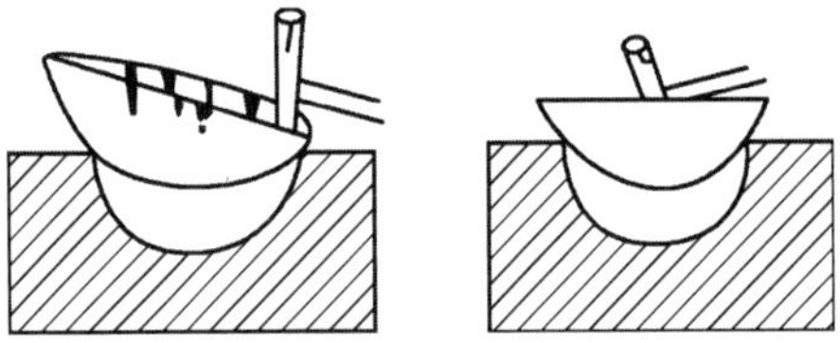

图 7-6　敲平边部皱褶示意图

(3) 皱褶敲平后，继续对坯料中部进行敲击，使坯料逐渐下凹，出现皱褶后又敲平，如此反复多次，直至坯料全部贴合胎模，达到所需的形状，如图 7-7 所示。

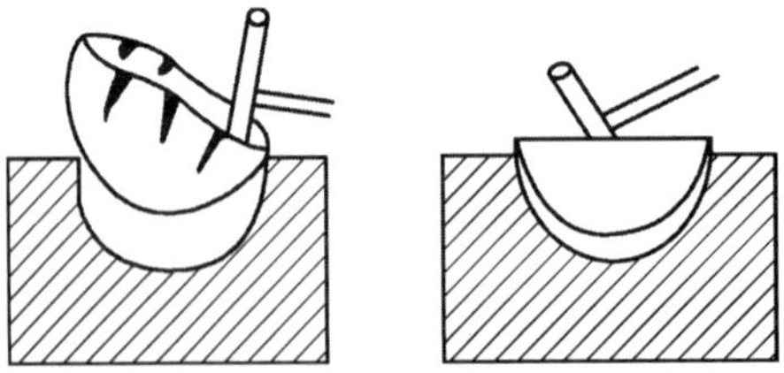

图 7-7　胎模拱曲完全成型示意图

(4) 将拱曲成型的工件放在圆顶杆上，用平头锤打光局部凸痕。

7.1.3　热拱曲

通过加热使板料拱曲成型的方法叫热拱曲。热拱曲一般用于板料较厚、形状比较复杂以及尺寸较大的拱曲工件。热拱曲和冷拱曲的区别在于：冷拱曲是通过收缩坯料的边缘、伸展坯件中部材料得到。热拱曲是通过坯料局部加热后冷却收缩变形而成型的。

热拱曲注意事项：

（1）拱曲的程度与加热点的多少和每一点的加热范围有关。

（2）加热点越多，拱曲程度越大。

（3）双曲度工件可先滚弯，按样板确定加热点。固定后，在压紧情况下进行加热拱曲。

（4）一般常用样板来检查拱曲度，若拱曲度不够，则要再加热收缩，但加热部位不应重复，同时，热拱曲过程还要配合手工修整。

（5）加热面积较大时，采用炉子加热；加热面积小于 300 mm^2 时，用氧焊枪加热。

7.1.4　拱曲工件毛料尺寸的计算

拱曲工件的毛料尺寸常采用计算法和实际比量法确定。

按照如表 7-1 所示公式计算的毛料尺寸为近似值，可根据需要留一定余量。

表 7-1　拱曲工件毛料尺寸的计算

序号	图示	计算公式
1	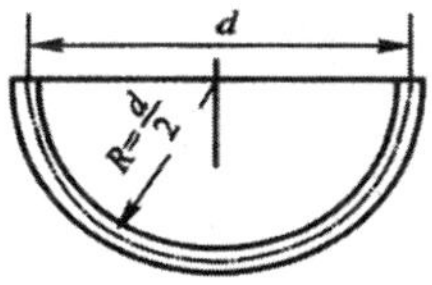	$D_{毛}=\sqrt{2}d$
2	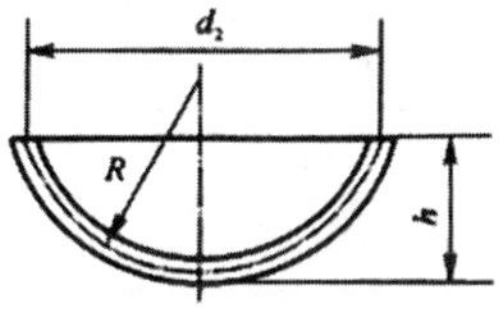	$D_{毛}=\sqrt{d_2^2+4h^2}$
3	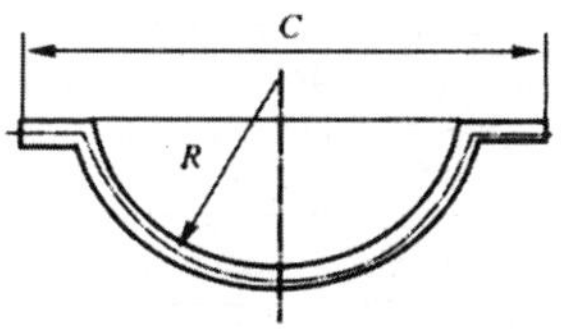	$D_{毛}=\sqrt{C^2+4h^2}$
4	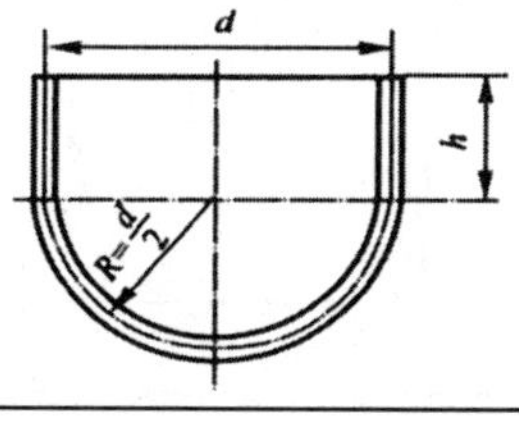	$D_{毛}=\sqrt{2(d^2+2dh)}$

7.2 技能训练

表 7-2 技能训练工卡

标题	钣金件的拱曲			
实训目的	通过项目训练，掌握拱曲毛料尺寸的计算，拱曲的基本方法、操作技巧、质量控制以及拱曲操作过程中常见的质量故障分析及排除方法。			
参考技术文件	《飞机钣金技术规范》《飞机钣金与铆接》《航空器维修基本技能》《钣金通用技术规范》			
注意事项	1. 坚持安全、文明生产规范，严格遵守实训制度和劳动纪律。 2. 开工前穿戴好劳动保护用品。 3. 检查计量器具校验日期。 4. 操作时，操作者站立姿势要稳定，掌握正确的拱曲操作方法。 5. 拱曲成型时，尽量使用毛榔头敲制，以免造成表面凸凹不平、材料变形不均等缺陷。 6. 夹在台钳上的顶棒要夹紧，防止敲打过程中顶杆移位掉落。 7. 操作中，要经常对木榔头进行检查，不能有裂纹、松动、掉头现象。 8. 模具、平板等工具搬卸过程中要注意动作协调，放置平稳。			
工具/设备/材料/防护用品				
类别	名称	型号/规格	单位	数量
工具	直口剪	10″	把	1
	顶杆	标准	把	1
	铁砧	标准	把	1
	芯棒	Φ40 mm	个	1
	木榔头	Φ40 mm	把	1
	橡皮拍板	标准	把	1
	钢板尺	0～300 mm	把	1
	游标卡尺	0～150 mm	把	1
	划针	标准	把	1
	划规	标准	把	1
	直角尺	标准	把	1
	平锉刀（砂纸）	8″	把	1
	刮边器	标准	个	1
	塞尺	标准	把	1
	样板	标准	块	1

续表

设备	工作台钳	标准	台	1
材料	板料	LF21CZ-δ1.0 mm×120 mm×120 mm	块	1
	清洁剂	酒精	瓶	1
防护用品	棉布	N/A	块	1
	护目镜	符合个人防护标准	副	1
	耳罩/耳塞	符合个人防护标准	副	1
	防护手套	符合航空使用标准	副	1

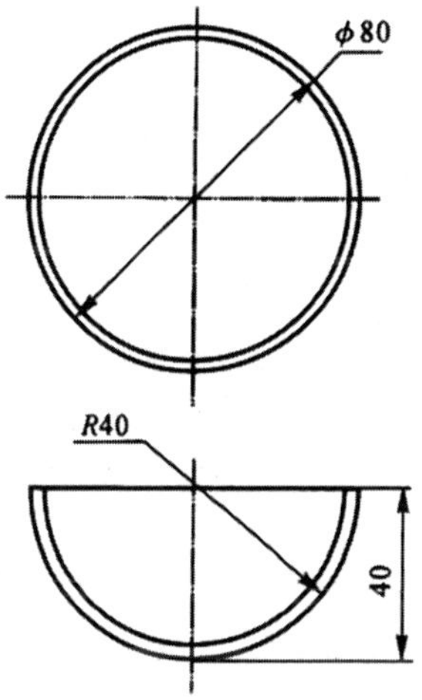

技术要求：

1. 无模具手工成型。
2. 未注尺寸公差为±0.5 mm。
3. 自制切面样板。
4. 拱曲面与切面样板间隙≤0.5mm。
5. 表面光滑，无明显锤痕。

任务	实训内容
	一、准备工作
1	查询资料，查找与任务相关的内容。
2	检查工作场地和设备的运行安全。
3	按照工具清单清点工具，准备实训材料。
4	按照实训要求穿戴劳动保护用品，做好个人安全防护。
	二、下料
1	计算毛料尺寸：$D=\sqrt{2d^2}=1.41\,d=118.1$ mm
2	按照计算的毛料尺寸划线、剪切，并去除边缘毛刺。

续表

三、拱曲	
1	在毛料边缘敲出皱褶。
2	在顶杆上将皱褶敲平，使边缘的毛料因收缩而向内弯曲。
3	用木榔头依次锤击零件中部，锤击点要均匀、稠密，应稍超过支撑点，边锤边转动零件，使中间的毛料伸展拱曲。
4	成型中要用切面样板控制拱曲度，直到符合要求。因修光时要产生回弹变形，一般拱曲度要大些。
5	用平头榔头在半球形铁砧上修光零件表面。
6	按照图纸划线切割，修光边缘。
四、检查	
1	用样板测量拱曲外形尺寸，符合图纸要求，满足技术条件。
2	用卡尺测量端面尺寸，符合 Φ80 mm±0.5 mm 尺寸要求。
3	测量拱曲面与切面样板间隙，要求间隙≤0.5 mm。
4	目测工件表面，不得有压痕、锤痕、裂纹。
五、结束工作	
1	用记号笔或钢印做好标记，提交工件和工卡。
2	清点工具，按要求维护后摆放规范、整齐。
3	清扫工作现场，保持工位干净、整洁，符合安全、文明生产要求。

项目8　钣金件的卷边

8.1　理论基础

8.1.1　卷边的认知

为了增加工件边缘的刚性和强度，将工件的边缘卷曲起来的操作称为卷边。整流罩、机罩，日常用的锅、盆、桶的边沿通过卷边，能起到增加刚度和强度以及美观的作用。

卷边分夹丝卷边和空心卷边两种。夹丝卷边是指在卷边内嵌入一根铁丝，以加强边缘的刚性。所夹铁丝的粗细要根据工件的尺寸和所受的力来确定。一般铁丝的直径为板料厚度的3倍以上。包卷铁丝的边缘应不大于铁丝直径的5.1倍。空心卷边的操作过程与夹丝卷边一样，但最后要将卷边的铁丝抽出，方法是将铁丝一端固定，将工件边旋转边向外拉。卷边过程示意图如图8-1所示。

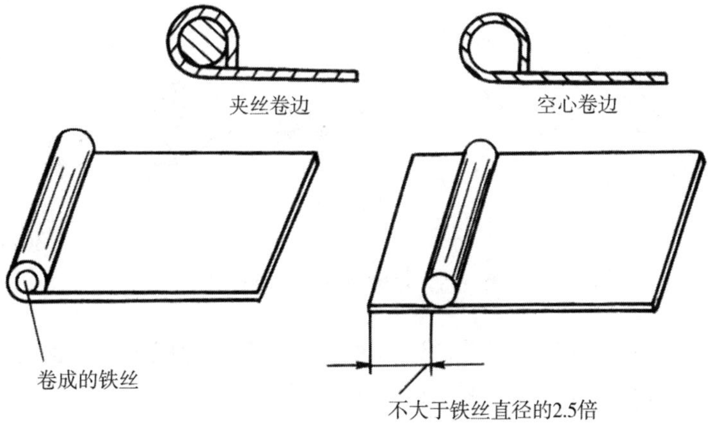

图8-1　卷边过程示意图

8.1.2 卷边工件展开长度的计算

卷边工件的展开长度为卷曲部分长度与直线部分长度之和，如图 8-2 所示。

$$L = L_1 + \frac{d}{2} + L_2$$

式中：L 为卷边工件展开长度，$L_1 + d/2$ 为直线段长度，d 为铁丝直径，L_2 为卷曲部分展开长度。

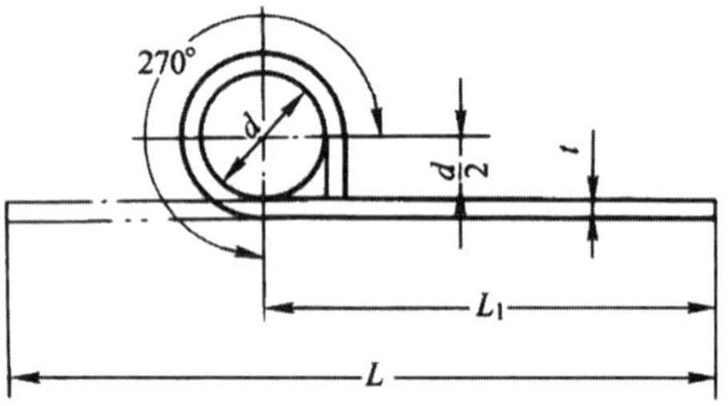

图 8-2 卷边工件展开长度计算示意图

8.1.3 手工卷边操作过程及要点

1. 卷边操作过程

（1）在毛料上划出卷边始线（开始卷曲的线）、终线（卷曲终止的线），并修光毛刺。

（2）在平台上露出卷边始线 2 mm 左右，向下弯成 85°～90°。敲打时，先在板料两端弯折，将弯折处钩住工作台边缘，然后再敲打中间部分，如图 8-3（a）（b）所示。

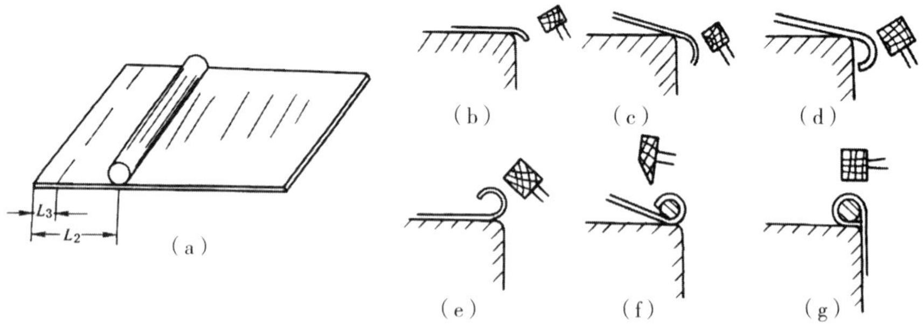

图 8-3 卷边操作过程示意图

（3）将毛料外伸，直到弯至平台边缘对准第二条卷边线为止。敲打时，应注意板料要卷成圆形，不能敲打成直角形，如图 8-3（c）（d）所示。

（4）翻转毛料，将卷边朝上，轻而均匀敲打，使卷边向里扣，卷曲部分将逐渐呈圆弧形，直至开口部位的间隙只能将铁丝（夹丝）放进，如图 8-3（e）所示。

（5）将铁丝（夹丝）放入卷边内，先将两端扣合（曲线卷边先扣一段），防止夹丝外跑，再从头至尾逐一扣合，完全扣合后再轻轻敲打卷边，使之靠紧铁丝，如图 8-3（f）所示。

（6）翻转工件，使卷边接合口靠在平台的边缘上，轻轻敲打，使接口咬紧，如图 8-3（g）所示。

2. 卷边操作要点

（1）毛料展开长要算准，否则卷边尺寸不对，无法修复。

（2）校圆校直采用特种顶铁效果好，如图 8-4 所示。

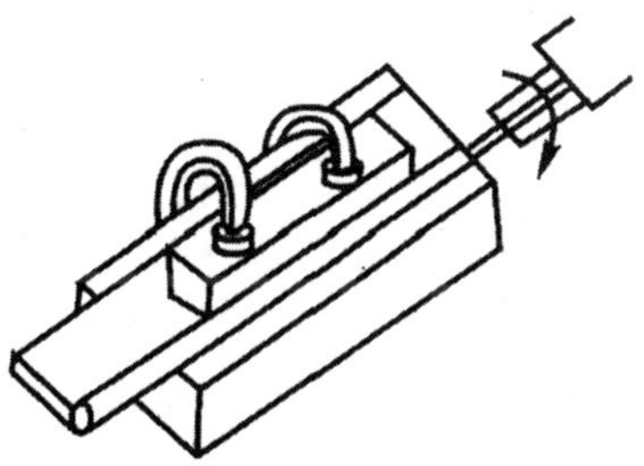

图 8-4　特种顶铁校圆校直示意图

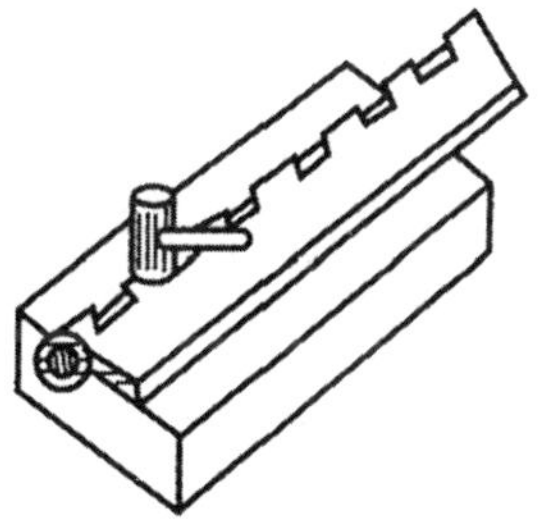

图 8-5　气钻取夹丝示意图

（3）长的空心卷边工件，抽丝困难时，可在卷边前将铁丝表面涂油，取丝时将工件一头固定，用气钻夹紧铁丝，开动气钻向外抽出铁丝，如图 8-5 所示。

8.2　技能训练

表 8-1　技能训练工卡

标题	钣金件的卷边
实训目的	通过项目训练，掌握卷边展开尺寸的计算、卷边的基本方法、操作技巧、质量控制以及卷边操作过程中常见的质量故障分析及排除方法。
参考技术文件	《飞机钣金技术规范》《飞机钣金与铆接》《航空器维修基本技能》《钣金通用技术规范》
注意事项	1. 坚持安全、文明生产规范，严格遵守实训制度和劳动纪律。 2. 开工前穿戴好劳动保护用品。 3. 检查计量器具校验日期。 4. 操作时，操作者站立姿势要稳定，掌握正确的卷边操作方法。 5. 长的卷边零件，抽丝困难时可在卷边前将夹丝表面涂上油。 6. 毛料的被卷边缘要锉修平直，光滑无毛刺，否则会影响卷边质量。 7. 操作中，要经常对木榔头进行检查，不能有裂纹、松动、掉头现象。

续表

工具/设备/材料/防护用品				
类别	名称	型号/规格	单位	数量
工具	直口剪	10″	把	1
	顶铁	标准	把	1
	夹丝	Φ4.0 mm	把	按需
	木榔头	Φ40 mm	把	1
	橡皮拍板	标准	把	1
	钢板尺	0～300 mm	把	1
	游标卡尺	0～150 mm	把	1
	划针	标准	把	1
	划规	标准	把	1
	直角尺	标准	把	1
	平锉刀（砂纸）	8″	把	1
	刮边器	标准	个	1
	塞尺	标准	把	1
设备	工作台钳	标准	台	1
材料	板料	LF21CZ-δ1.0 mm×160 mm×60 mm	块	2
	清洁剂	酒精	瓶	1
防护用品	棉布	N/A	块	1
	护目镜	符合个人防护标准	副	1
	耳罩/耳塞	符合个人防护标准	副	1
	防护手套	符合航空使用标准	副	1

技术要求：

1. 手工成型。
2. 未注公差为±0.5 mm。
3. 间隙≤0.5 mm。
4. 表面平整光滑，无明显压伤、锤痕等。
5. 铰链自由翻转。

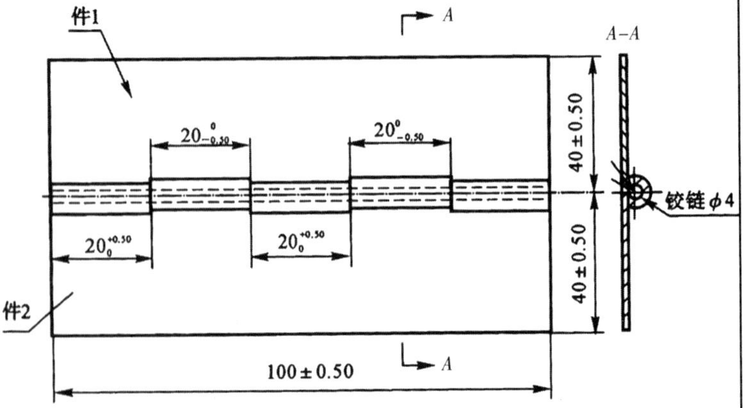

续表

任务	实训内容
一、准备工作	
1	查询资料，查找与任务相关的内容。
2	检查工作场地和设备的运行安全。
3	按照工具清单清点工具，准备实训材料。
4	按照实训要求穿戴劳动保护用品，做好个人安全防护。
二、卷边计算下料	
1	卷边展开长度：$L=40+\frac{d}{2}+\frac{3}{4}\pi(d+t)=53.75$ mm
2	卷曲部分长度：$L_1=\frac{d}{2}+\frac{3}{4}\pi(d+t)=13.775$ mm $L_2=\frac{d}{2}=2$ mm
3	根据计算数据，在毛料上量取卷边长度展开尺寸 53.75 mm 和卷曲部分长度尺寸 13.775 mm，依据图纸量取卷边宽度线 $20_{-0.5}^{0}$ mm，$20_{0}^{+0.5}$ mm。 注意：尺寸公差要符合技术条件。
4	在毛料上划出卷边始线和终线，如图所示。件 1：卷边为 2 个。件 2：卷边为 3 个。 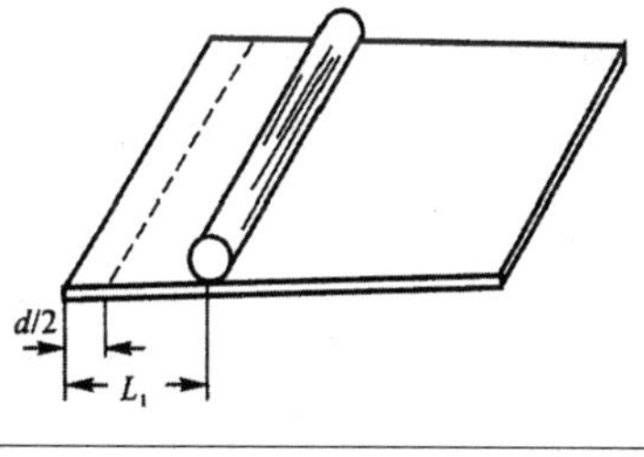
5	按线剪切并修光毛刺。 注意：卷边部分毛料根部要清根并锉修光滑，否则卷边时易产生裂纹。
三、卷曲成型	
1	将毛料放在平台（或方铁、铁轨）上，并使卷边始线（$d/2$）露出平台的边缘。左手压住毛料，右手敲打露出平台的那部分材料，使其向下弯曲成 85°～90°的小弯边，如图所示。 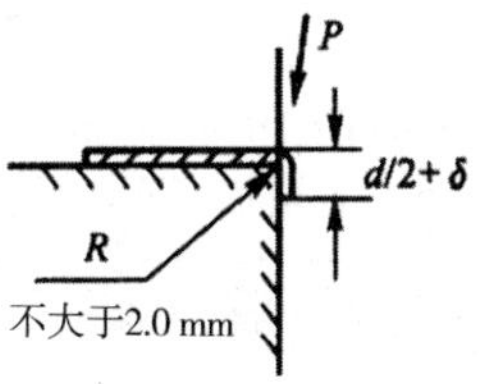

续表

2	将毛料逐次外伸并敲打弯曲，直至平台边缘对准卷边终线为止（即 L_1），并使第一次敲打的弯边边缘靠上平台，如图所示。 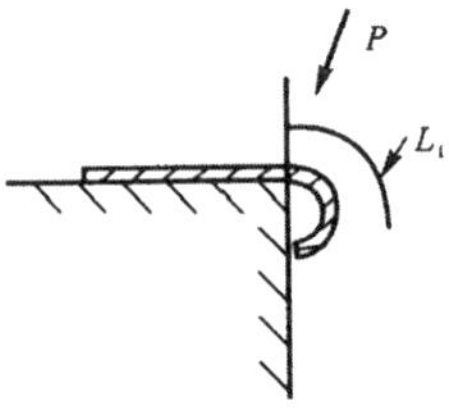
3	将毛料翻转，使毛料的弯边向上，继续轻而均匀地敲打弯边，使其卷曲向里扣，使卷曲部分逐渐成圆弧形，如图所示。 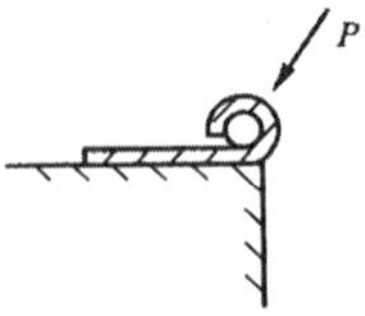
4	将夹丝放入卷曲部分，为防止夹丝弹出，先将一端扣合，然后放一段扣一段，逐一扣合，完全扣合后再轻轻敲打卷边，使之包紧钢丝，如图所示。 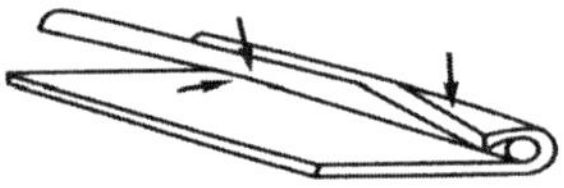
5	翻转零件，使卷边接合口靠在平台的边缘，轻轻地敲打，使接口咬紧，卷边光滑，间隙均匀，如图所示。 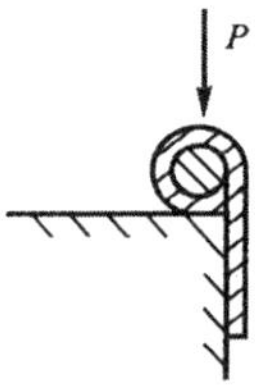
6	检查卷边是否圆滑、平直、在同一轴线上，如有误差，可将零件放在顶铁上，用木尖和榔头轻轻地修整，直到符合图纸要求，如图所示。 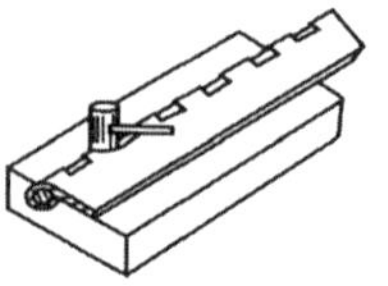
7	修整卷边尺寸。将零件卷边向上夹在虎钳上（钳口要用角材保护起来，以免夹伤零件），锉修卷边尺寸，直至符合公差要求。
8	配合。要求件 1 和件 2 配合间隙≤0.5 mm，并能自由开合。件 2 的加工方法与步骤与件 1 相同。

续表

9	按图纸检查，符合技术要求。
四、结束工作	
1	用记号笔或钢印做好标记，提交工件和工卡。
2	清点工具，按要求维护后摆放规范、整齐。
3	清扫工作现场，保持工位干净、整洁，符合安全、文明生产要求。

项目 9　钣金件的咬缝

9.1　理论基础

9.1.1　咬缝的认知

咬缝是将两块板材边缘或一块板材的两边缘弯折、扣合，并彼此压紧的连接方法。咬缝连接是薄板的主要连接方式。

1. 咬缝的结构形式

常用的咬缝结构形式如表 9-1 所示。

表 **9-1**　常用的咬缝结构形式

序号	种类	图示结构	特点及应用范围
1	立式单咬缝		连接强度不高
2	立式双咬缝		咬缝较困难，用于刚性大且牢靠处
3	卧式单咬缝		有一定强度且平滑，应用最多，用于盆桶、水壶等
4	卧式双咬缝		连接强度高、牢靠，用于水槽等
5	角式咬缝	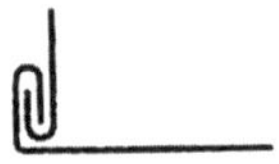	用于角形的连接处，具有较高的连接强度，如用于壶、桶底部连接
6	匹兹堡咬缝	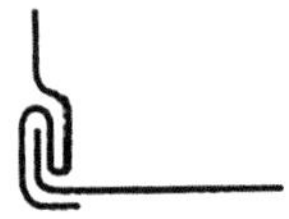	外表面平整、光滑，刚性好，适用于矩形弯管和各种罩壳结构连接

2. 咬缝工具

手工弯制咬缝要用锤击和支撑工具，常用的咬缝工具有硬木制成的手锤、压缝器以及固定在钳桌上的轨铁等，如图 9-1 所示。

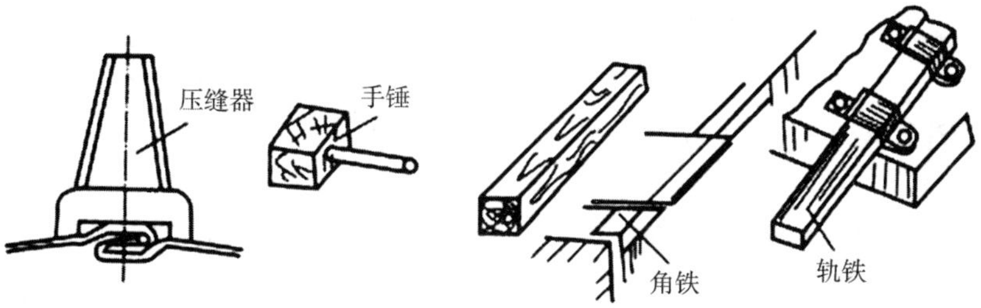

图 9-1　常见的咬缝工具示意图

9.1.2　咬缝的操作过程及要点

1. 咬缝余量的选取

咬缝毛料要根据咬缝形式留适当余量，否则不能保证咬缝工件的尺寸。咬缝余量分配如表 9-2 所示，每层的具体宽度尺寸应根据图纸要求确定。

表 **9-2**　咬缝余量分配

咬缝形式	咬缝层数	留余量层数	余量分配/层	
			第一个边	第二个边
立式单咬缝	3	3	2	1
立式双咬缝	5	5	3	2
卧式单咬缝	4	3	2	1
卧式双咬缝	6	5	3	2
备注	咬缝余量＝咬缝宽度×留余量层数			

2. 咬缝的操作方法

（1）卧式单咬缝过程示意图如图 9-2 所示。在板料上划出扣缝的弯折线。把板料放在角钢或轨铁上，按弯折线把板料边折成 90°。

翻转板料，使弯边朝上继续将边向里折成 30°。将板料伸出咬缝宽度，将板料拍打到与角钢或轨铁约成 45°，将咬口拍打至与板料的间隙稍大于材料厚度。这样就完成了一边咬口的制作。用同样的方法弯折另一边，注意弯折方向。两边弯折好之后，扣起来对正。用锤或拍板在角钢或轨铁上敲打压合，可先将两端和中部咬合死，再咬合其他部位。

（2）卧式双咬缝过程示意图如图 9-3 所示。

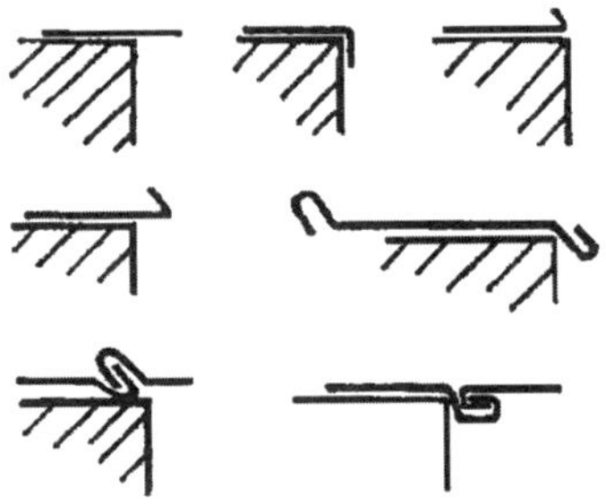

图 9-2　卧式单咬缝过程示意图

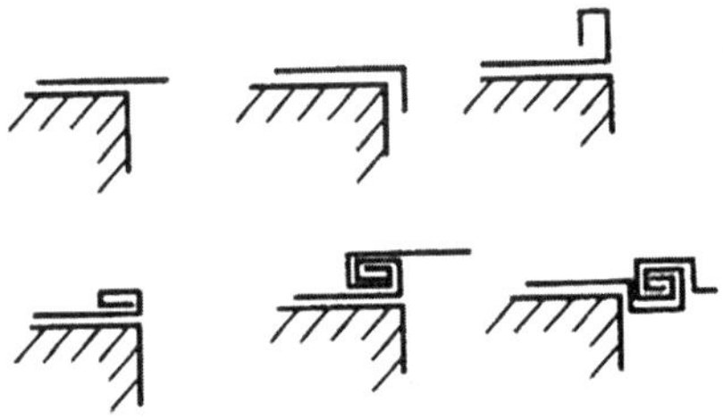

图 9-3　卧式双咬缝过程示意图

（3）立式单咬缝过程示意图如图 9-4 所示。

（4）立式双咬缝过程示意图如图 9-5 所示。

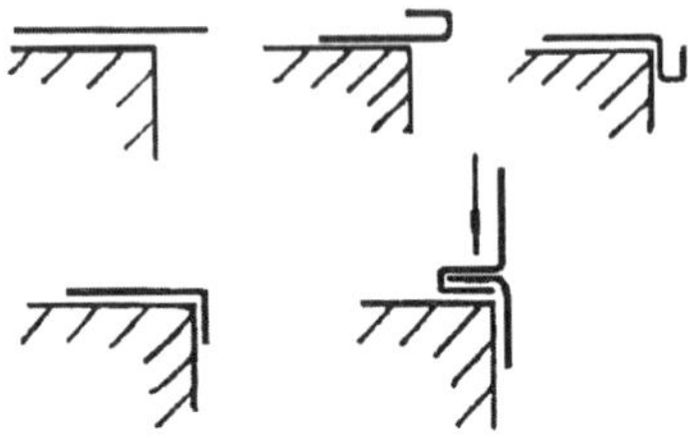

图 9-4　立式单咬缝过程示意图

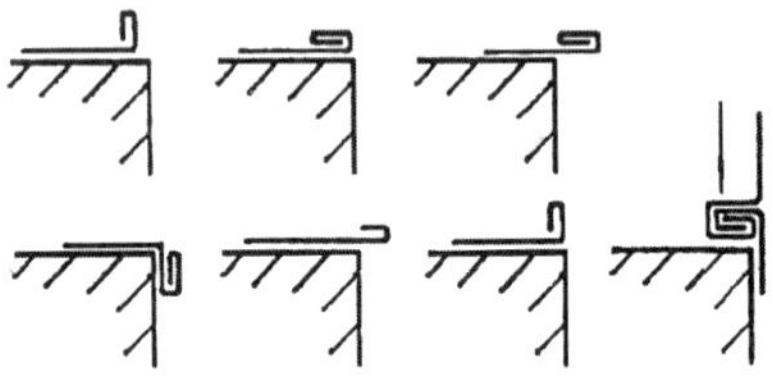

图 9-5　立式双咬缝过程示意图

（5）角式咬缝过程示意图如图 9-6 所示。

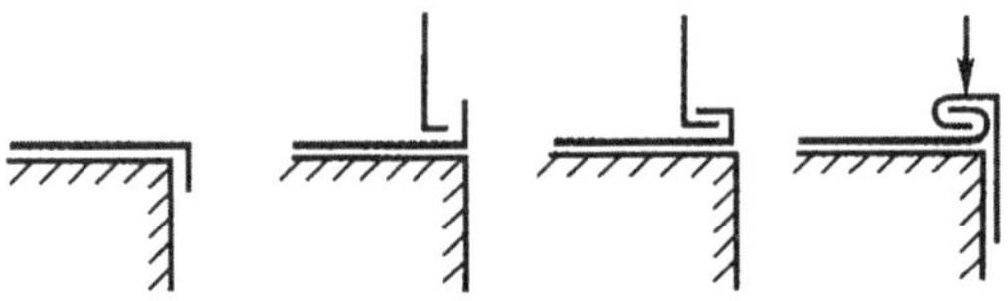

图 9-6　角式咬缝过程示意图

（6）匹兹堡咬缝过程示意图如图 9-7 所示。

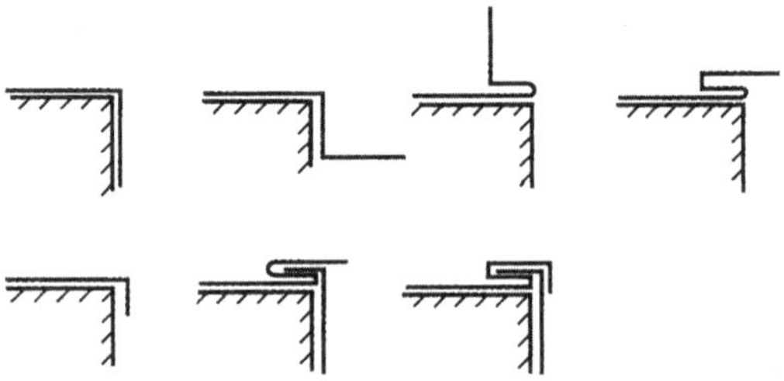

图 9-7　匹兹堡咬缝过程示意图

9.2 技能训练

表 9-3　技能训练工卡

标题	钣金件的咬缝			
实训目的	通过项目训练，掌握咬缝毛料尺寸的计算、基本方法、操作技巧、质量控制以及操作过程中常见的质量故障分析及排除方法。			
参考技术文件	《飞机钣金技术规范》《飞机钣金与铆接》《航空器维修基本技能》《钣金通用技术规范》			
注意事项	1. 坚持安全、文明生产规范，严格遵守实训制度和劳动纪律。 2. 开工前穿戴好劳动保护用品。 3. 检查计量器具校验日期。 4. 画弯折线时要用铅笔，避免划针刺入板料太深，弯折时产生裂纹。 5. 在下零件毛料时，要根据咬缝形式留出咬缝余量，否则会造成零件尺寸变小，造成废品。 6. 咬缝时，不宜用力敲打弯边的根部，否则弯边因回弹而张开不能扣紧。 7. 咬扣时，先将两端和中间咬合死，再咬合其他部位，这样便于限位或在整体咬扣时不易脱扣，保证咬扣质量。			
工具/设备/材料/防护用品				
类别	名称	型号/规格	单位	数量
工具	直口剪	10″	把	1
	木榔头	Φ40 mm	把	1
	橡皮拍板	标准	把	1
	钢板尺	0～300 mm	把	1
	游标卡尺	0～150 mm	把	1
	划针	标准	把	1
	划规	标准	把	1
	直角尺	标准	把	1
	平锉刀（砂纸）	8″	把	1
	刮边器	标准	个	1
	塞尺	标准	把	1
	金属铅笔（红、蓝）	2B	支	各 1
	芯棒	Φ40 mm	个	1
设备	工作台钳	标准	台	1

续表

材料	板料	LF21CZ-δ1.0 mm×150 mm×80 mm	块	2
	清洁剂	酒精	瓶	1
防护用品	棉布	N/A	块	1
	护目镜	符合个人防护标准	副	1
	耳罩/耳塞	符合个人防护标准	副	1
	防护手套	符合航空使用标准	副	1

技术要求：
1. 咬缝平整。
2. 未注尺寸公差为±0.5 mm。
3. 咬扣直线度为±0.5 mm。
4. 筒面光滑无明棱。
5. 表面不得有划痕、压伤、裂纹、锤痕等。

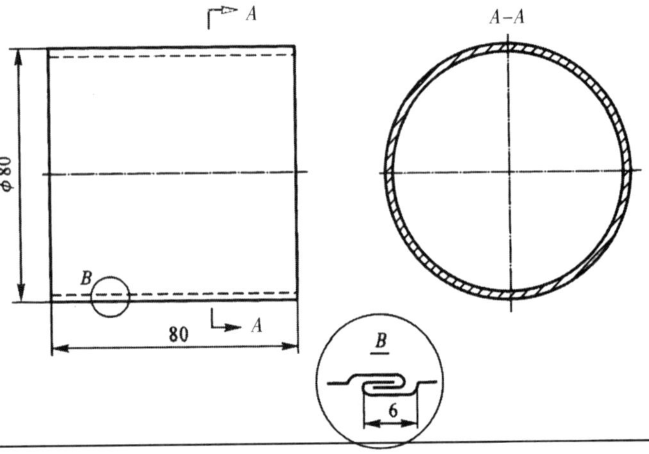

任务	实训内容
	一、准备工作
1	查询资料，查找与任务相关的内容。
2	检查工作场地和设备的运行安全。
3	按照工具清单清点工具，准备实训材料。
4	按照实训要求穿戴劳动保护用品，做好个人安全防护。
	二、毛料尺寸的计算和划线下料
1	毛料展开尺寸的计算如图所示。咬扣毛料的确定：在计算好的展开尺寸上另外留出3倍于单扣缝的余量，根据要求可得两边共留咬缝余量 $L=6\times3$ mm$=18$ mm，毛料长度尺寸 $C=\frac{\pi d}{2}+L=143.6$ mm。 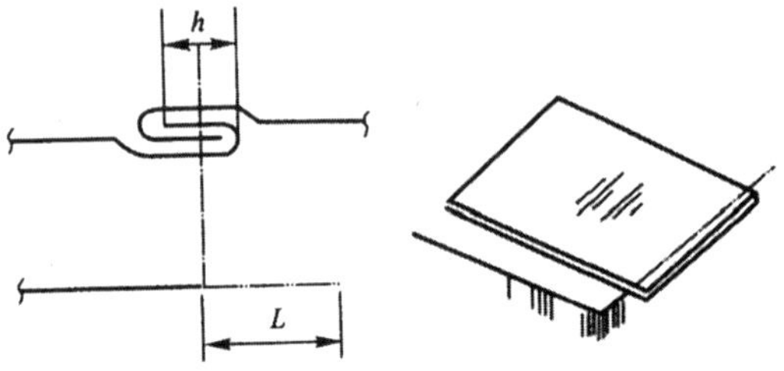

续表

2	划线下料。根据图纸和计算，在毛料上制出展开料，满足尺寸 143.6 mm×80 mm，并在板料上划出扣缝的弯折线 6 mm。
三、弯边	
1	把板料放在角铁或轨铁上，按弯折线弯制成 90°的弯边，弯边高度等于弯边宽度（h=6 mm），如图所示。弯制时，应先将板料的两端弯成足以限位的弯边，然后通长弯制，可选用木打板进行操作。 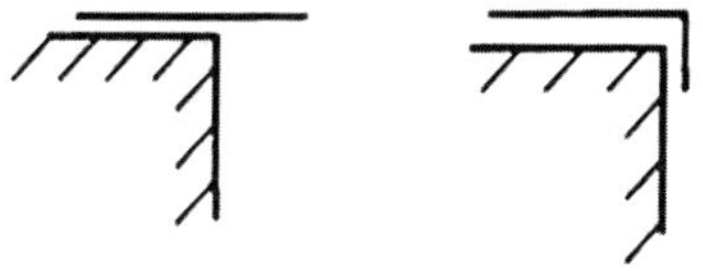
2	将已弯制好的弯边翻转向上，再使弯边继续向里弯折 30°，如图所示。 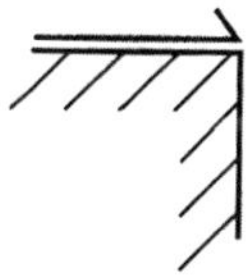 注意：保持弯边边缘平直，不得出现大的波浪，并保持略大于一个料的间隙，以便进行下一个工序的操作。
3	将已成型好的弯边向外伸出一个咬扣的宽度（h=6 mm），仍然用木打板施加一个侧向力，将板料拍打到与角钢或轨铁约成 45°角，完成一个咬口的弯制，如图所示。 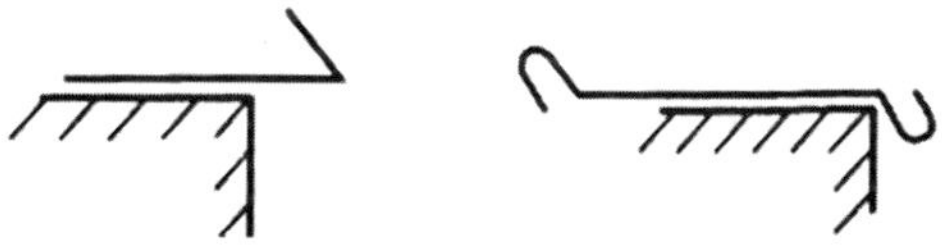 该弯边的作用：一是便于下一步咬扣，使两弯边不易滑出。二是咬扣完毕后能使两个平面平整美观，不易泄漏。
4	用同样方法弯折另一边咬口，弯折中要注意弯折方向。
四、咬扣	
1	将两弯边拍打扣上，使板料的间隙稍大于材料厚度，完成一边咬扣的制作，如图所示。 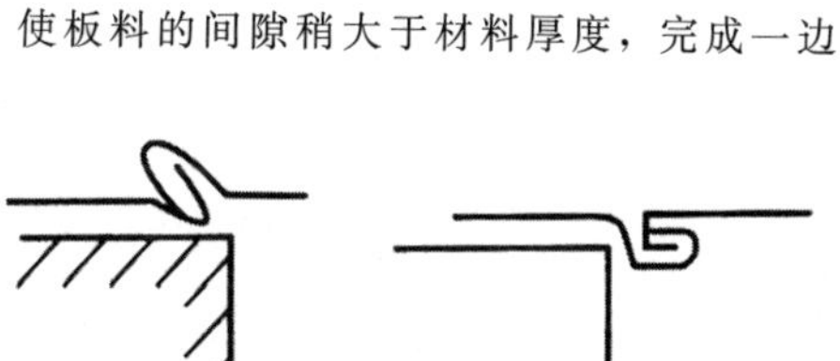
五、弯制圆筒	
1	将毛料在芯棒上弯制成圆筒，要求筒面光滑，无锤痕。弯制时选用毛面旧木榔头。
2	制筒后用同样的方法弯制扣合另一边咬缝。弯折另一边时，应注意弯折方向。

续表

3	两边扣合好后，修整圆筒的圆度，保证符合图纸要求。
六、检查	
1	观察扣缝是否光滑、均匀、平整，无明显硬棱。
2	用游标卡尺检测圆筒尺寸，确定符合图纸尺寸 Φ80 mm×80 mm。
3	目测咬扣平直度，满足公差±0.5 mm。
4	目测咬缝间隙均匀，公差≤0.5 mm。
5	目测零件表面无划伤、压痕、锤痕等缺陷。
七、结束工作	
1	用记号笔或钢印做好标记，提交工件和工卡。
2	清点工具，按要求维护后摆放规范、整齐。
3	清扫工作现场，保持工位干净、整洁，符合安全、文明生产要求。

项目 10　钣金件的校正

10.1　理论基础

10.1.1　变形校正的认知

材料在加工过程中，很难避免由于去掉外力后产生的回弹变形、材料相互牵制引起的变形、热处理产生的变形、原材料本身不规矩产生的变形等。为了保证工件形状尺寸符合使用及装配要求，校正工作必不可少。

对几何形状不合乎产品要求的钣金件或原材料进行修正，即消除不必要的形变，使其产生一定程度的塑性变形，从而达到要求的几何形状，称为校正。

钣金工件的形状复杂，品种繁多，加工过程中产生的变形也是多种多样的，因此任何形式的校正，无论是在操作前还是操作中，都要根据材料的状态选择正确的校正工具，确定敲击点、敲击范围和锤击力量。盲目的胡乱敲打，除了耗时耗力外，还会导致工件变形加剧，甚至报废。

变形校正主要包括以下方面：

(1) 下料前对原材料的校正。如卷筒板料，要经过开卷、矫平，才能下料。有些板材、型材，由于运输、存放不当，可能产生了畸变，也要调平矫直后才能下料。

(2) 对金属结构工件的校正。如对板件的矫平、对型钢件的矫直，一般是在下料以后或成型以后进行。

(3) 对焊接变形的校正。部件及产品的焊接变形，都要进行校正。

(4) 金属结构产品在使用过程中的校正。

在钣金加工过程中，校正工序常常根据实际情况穿插在下料、组装、焊接等工序间多次进行。

校正常用工具如图 10-1 所示。

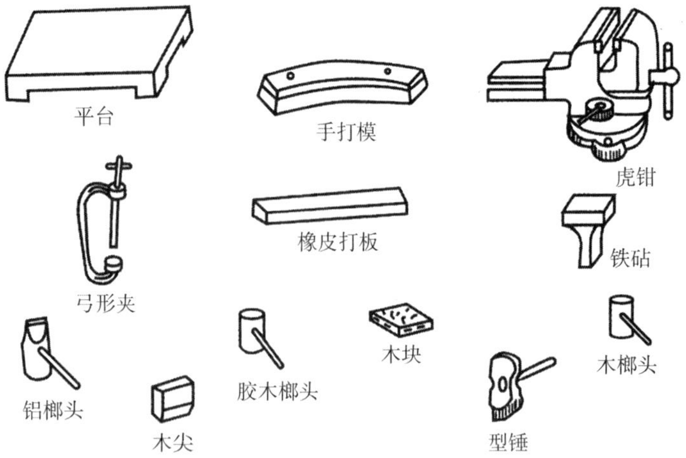

图 10-1　校正常用工具示意图

校正常用的设备有收缩机、空气式点击锤、油压床等。

10.1.2　变形校正的操作方法及要点

工件变形一般有两种情况：一种是受外力后产生的变形，另一种是由于内应力而引起的变形。对于受外力而产生塑性变形的工件，一般是针对变形部位采取校正措施。对于由内应力引起变形的工件，一般是针对产生应力的部位采取措施，消除其内应力，或使内应力达到平衡。

有些钢结构由许多梁柱组成，这些梁柱互相联系，互相牵制，形成了一个有机的整体。校正时，既要看到它们的表面联系，又要分析它们互相制约的内在因素，这样才能得到较好的校正效果。

校正时，要找准变形的位置和变形的方向，按照实际情况采用相应的校正方法。

平板工件常见的变形为中间鼓动和周边松动两种。

1. 平板件中间鼓动

平板件中间鼓动的原因是中间松四周紧。消除中间鼓动的方法是使中间的料收缩，使周边的料伸展。

（1）判断变形部位。检查平板工件是否有鼓动，可用双手反复掰动，松动处会有响声。沿工件几个方向反复检查，就能准确地找到松动处，同时也能发现板料较紧部位。

（2）合理选用工具。对于铝合金工件可用铝榔头、胶木榔头或橡皮打板进行校正。

（3）用橡皮条抽打整个板面并使橡皮条盖过鼓动区，使鼓动收缩，边缘放松，如图 10-2 所示。

（4）用榔头由内向外锤放鼓动四周，越往外锤击点越密，锤击要均匀，如图 10-3 所示。

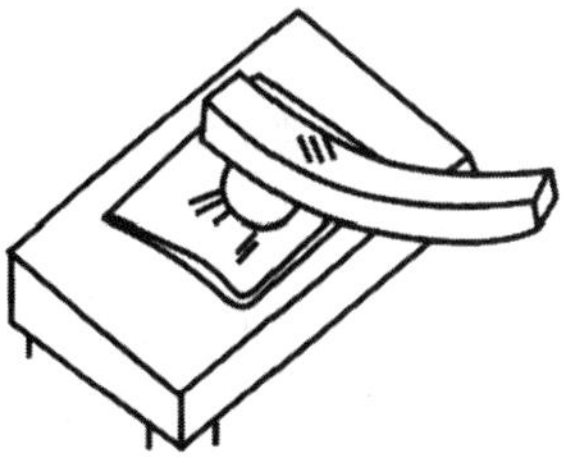

图 10-2　橡皮条抽收示意图

图 10-3　锤放四周示意图

2. 平板件周边松动

周边松动的原因是中间紧周边松。消除周边松动的方法是使中间的料伸展，周边的料收缩。

（1）判断变形部位。周边松动呈波浪式，中间贴平台。

（2）合理选用工具。对于铝合金工件可用铝榔头、胶木榔头或橡皮打板进行校正。

（3）将松动侧起小弯，再把板翻过来在平台上用橡皮打板拍打收缩边缘，如图 10-4 所示。

（4）用榔头由外向内锤放，锤击点越往内越密，锤击要均匀，如图 10-5 所示。

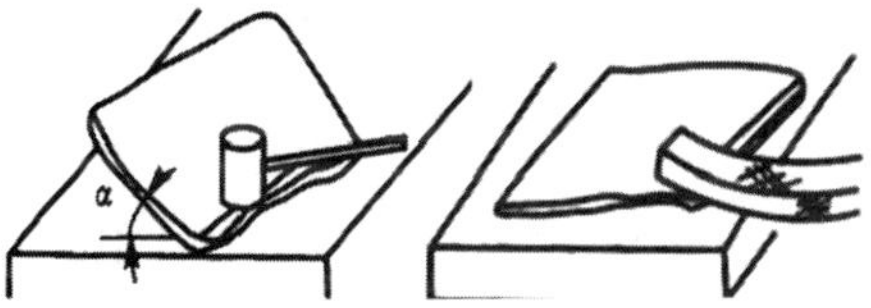

图 10-4　橡皮条收四周示意图

图 10-5　由外向内锤放示意图

当孔周边松动时，用橡皮抽打孔的四周，使材料排开，达到校正要求，松动严重处可放在橡皮垫上收缩。当加强孔周边“发紧”时，可将工件弯边朝下放在模具上或弯边朝上在平台上锤放孔的四周，其他部分用橡皮板抽打。

10.2　技能训练

表 10-1　技能训练工卡

标题	钣金件的校正
实训目的	通过项目训练，掌握校正的方法、操作技巧、质量控制以及操作过程中常见的质量故障分析及排除方法。
参考技术文件	《飞机钣金技术规范》《飞机钣金与铆接》《航空器维修基本技能》《钣金通用技术规范》

续表

标题	钣金件的校正
注意事项	1. 坚持安全、文明生产规范，严格遵守实训制度和劳动纪律。 2. 开工前穿戴好劳动保护用品。 3. 检查计量器具校验日期。 4. 操作时，操作者站立姿势要稳定，掌握正确的钣金操作方法。 5. 校平时，榔头表面要光滑，以免造成零件表面凸凹不平、锤痕等缺陷。 6. 操作中要经常对榔头进行检查，不能有松动、掉头现象。 7. 划弯折线时要用铅笔，避免划针刺入板料太深，弯折时产生裂纹。

工具/设备/材料/防护用品

类别	名称	型号/规格	单位	数量
工具	直口剪	10″	把	1
	曲口剪	8″	把	1
	铝榔头	Φ40 mm	把	1
	胶木榔头	Φ40 mm	把	1
	木榔头	Φ30 mm，Φ40 mm	把	各 1
	橡皮拍板	标准	把	1
	钢板尺	0～300 mm	把	1
	游标卡尺	0～150 mm	把	1
	划针	标准	把	1
	划规	标准	把	1
	直角尺	标准	把	1
	半径规	R1.0～6.0 mm	把	1
	平锉刀（砂纸）	8″	把	1
	角度尺	320°	把	1
	塞尺	标准	把	1
	金属铅笔（红、蓝）	2B	支	各 1
	芯棒	Φ40 mm	个	1
设备	工作台钳	标准	台	1
材料	板料	LF21CZ-δ1.0 mm×320 mm×260 mm	块	1
	清洁剂	酒精	瓶	1
防护用品	棉布	N/A	块	1
	护目镜	符合个人防护标准	副	1
	耳罩/耳塞	符合个人防护标准	副	1
	防护手套	符合航空使用标准	副	1

续表

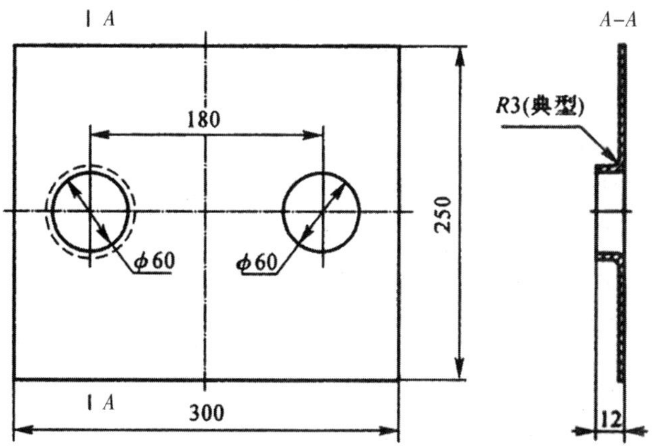

技术要求：
1. 无载贴合度≤0.5 mm。
2. 未注长度公差为±0.5 mm。
3. 角度公差为±30′。
4. 表面无手感痕迹。
5. 表面无锤痕、划伤、压痕等缺陷。

任务	实训内容
	一、准备工作
1	查询资料，查找与任务相关的内容。
2	检查工作场地和设备的运行安全。
3	按照工具清单清点工具，准备实训材料。
4	按照实训要求穿戴劳动保护用品，做好个人安全防护。
	二、划线
1	根据图纸以零件外形 300 mm×250 mm 为对称中心，划零件外形线 300 mm×250 mm，确定圆 Φ60 mm 的中心线，划出孔拔缘弯边线 Φ40 mm，并按剪切线开出内孔 Φ40 mm，去除毛刺并用砂纸修光内孔边缘。
	三、孔（内）拔缘
1	先在顶铁或芯棒上用尖头木榔头制出拔缘根部，然后制弯边。制弯边时零件要握稳，调整好毛料角度，弯边与顶铁表面要保持水平，锤击点要外密内疏，锤痕要均匀，不能锤击 *R* 根部，否则在放边过程中零件变形较大，易产生裂纹。在操作中要常用样板检查外形，符合要求后，要进行修正和校正。
	四、去除余量
1	按照图纸划出 12 mm 的弯边高度线，剪切去除余量，去毛刺，按照图纸检查尺寸，应符合技术要求。

续表

五、热处理	
1	对零件进行淬火处理。
六、校正	
1	初校。零件经过淬火后，板料周边形成波纹或产生扭动。这时，不能胡敲乱打，应先将零件放在平台上用橡皮板反复拍打，经过拍打的零件，部分鼓动会收缩，波浪变形减小，零件板面逐渐趋于平整。
2	精校。将拍打过的零件放在平台上，用双手轻压，如孔周围出现收缩拉紧现象，要用胶木榔头或铝榔头锤放孔的四周，锤击点要均匀且内密外疏，使孔周的材料伸展放松。操作时，锤击点要落在 R 切点 5 mm 以外，锤击力视变形情况而定。 如周边出现“扭动”（波浪）现象，要由波纹的根部向里敲打，锤击点要均匀且越往中间越密，锤击力由轻到重，锤击与平台接触的那部分材料，使板料中间材料伸展，周边收缩，消除周边松动。 注意：不可敲击波纹边缘（零件边缘），必要时，零件边缘可轻而疏地点几下。 如中间出现“鼓动”现象，可选用胶木榔头或铝榔头敲击鼓包周围与平台贴合的那部分材料，逐渐向边缘一圈一圈地锤击，锤击点由疏渐密，力量由小到大，反复进行，直到板料完全校平为止。 注意：上述校正操作应在两个面上交替进行，敲要敲到实处，拍要拍到虚处。零件越接近校平时，越要谨慎，不能操之过急，尽量减少敲击面积。如果敲击时间过长，则会使材料变硬，有可能导致零件报废。 如在校平过程中，零件板面与平台因摩擦出现黑色印记或擦伤的局部小包，应随时将小包隆起处朝上放在铅板或硬橡皮上，用榔头敲击鼓起的小包，迫使材料压缩，然后在它的四周用铝锤轻点，使材料纤维伸长，形状稳定。切忌在平台上敲，否则越敲越鼓，有可能因小包而引起大面积的复校。
七、修整	
1	修整零件平面度，使之达到技术要求。
2	修整零件外形尺寸，使之符合尺寸要求。
3	测量平孔 Φ60 mm 尺寸线，保证平孔与拔缘孔的间距满足技术要求。
4	加工平孔 Φ60 mm，锉修孔边缘，使之符合公差要求。
5	手工剪切制孔过程中会使零件产生新的扭曲、鼓动、松动等变形，可先用木榔头消除制孔时的剪切变形，再用橡皮板抽打整个板面，然后用双手轻压零件，确认材料变形形式及所在位置并逐一排除，直至完全校平。
八、检查	
1	用卡尺测量拔缘弯边尺寸，符合图纸要求，满足技术条件。
2	用半径规测量弯曲半径 R3 mm，符合公差 $\pm$0.5 mm。
3	用角度尺测量弯边角度，符合图纸要求 $90^\circ \pm 30'$。
4	用卡尺测量开孔尺寸，符合图纸要求，满足技术条件。

续表

5	用塞尺测量零件平面与平台的接触面，要求间隙＜0.5 mm。
6	用钢板尺检测零件外形，符合图纸要求。
7	目视工件表面，不得有压痕、锤痕、裂纹等痕迹。
九、结束工作	
1	用记号笔或钢印做好标记，提交工件和工卡。
2	清点工具，按要求维护后摆放规范、整齐。
3	清扫工作现场，保持工位干净、整洁，符合安全、文明生产要求。

飞机铆接

项目 11　普通铆接

11.1　理论基础

11.1.1　铆接的整体认知

利用铆钉，通过手工或机械等方法，将两个或两个以上的工件连接成为一个组合件或部件的工作称为铆接。在飞机制造和飞机修理中，铆接工作占据着重要的地位。如飞机蒙皮与隔框、梁、桁条和肋板的连接，大梁和桁条与隔框的连接以及它们的修补工作等都要应用铆接。

1. 铆接的种类

（1）根据铆接后组成组合件的工件之间能否相对运动，可分为活动铆接和固定铆接。

卡钳、划规和铰链等的铆接为活动铆接。飞机上的大梁、翼肋、长桁、蒙皮连接等的铆接为固定铆接。在飞机制造和修理中，铆接几乎都是固定铆接。

注意：如没有明确表明是活动铆接，则均指固定铆接。

（2）根据铆接工艺的特点，铆接可分为普通铆接和特种铆接两大类。

普通铆接是指结构没有特殊要求的部位，采用普通铆钉进行的铆接。普通铆接的工艺过程比较简单，方法成熟，连接强度稳定可靠，广泛应用于各种钣金工件的连接。普通铆接包括冲击铆接和压铆。

特种铆接是指在结构不开敞、封闭或者要求密封等某些特殊要求的部位，采用专用铆钉或者使用密封材料进行的铆接。特种铆接主要应用于普通铆接无法完成或者结构有特殊要求部位的铆接。特种铆接包括单面铆接、干涉铆接和密封铆接。

（3）根据铆接工作方式可分为双面铆接和单面铆接。

双面铆接是最普通的铆接方法。这种铆接是在被铆接工件的两面进行施工，即在被铆接工件的一面用顶铁顶住铆钉，在另一面用铆枪或铁锤击打铆钉，使工件铆接在一起。双面铆接适用于铆接工作空间宽敞的部位。

单面铆接又称为盲铆接。这种铆接采用盲固式铆钉（如拉铆钉等），仅在工件的一面即可实施铆接。单面铆接适用于铆接通路不好的不敞开或封闭部位。

（4）根据工件的工作性能和应用范围，铆接可分为强固铆接、密固铆接和紧密铆接。

强固铆接只要求铆钉和结构件有足够的强度以承受较大的载荷，而对接缝处的严密性无特殊要求。如飞机内部隔框、桁梁类构件的铆接，均属这类铆接。

密固铆接既要具备足够的强度以承受一定的作用力，同时还要求接缝处有良好的严密性，保证在一定压力的作用下，液体和气体不致渗漏。这类铆接常用于高压容器构件，如锅炉、压缩气罐、压力管路等。飞机机翼结构油箱部位的铆接属于此类铆接。

紧密铆接不能承受较大的作用力，对接缝处的严密性要求较高，以防止漏水、漏油或漏气，一般多用于薄壁容器构件的铆接，如水箱、油箱和油罐等。

（5）根据铆接时作用在铆钉上力的形式，铆接可分为冲击铆接、压铆和拉铆三种。

冲击铆接是用顶铁顶住铆钉的一端、铆枪的冲击力作用在铆钉的另一端而完成铆接的一种方法。

压铆是利用压铆机产生的静压力镦粗铆钉杆形成镦头的一种铆接方法。

拉铆是采用拉铆钉，利用拉铆枪产生的拉力，使铆钉芯杆尾端挤入杆体形成镦头的一种铆接方法。

2. 铆接的形式

（1）根据被连接件的相对位置不同，铆接形式有搭接、对接和角接三种。

搭接是将一块钢板（或型钢）搭在另一块钢板上进行铆接，如图 11-1 所示。

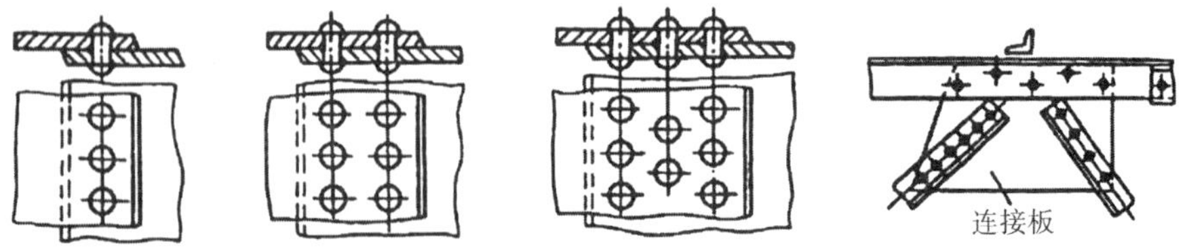

（a）单排搭接　（b）双排搭接　（c）多排交错搭接　（d）板材与型材搭接

图 11-1　搭接形式示意图

对接是将两块钢板（或型钢）的接头置于同一平面，用盖板做连接件，把接头铆在一起。盖板有单盖板和双盖板两种形式，每种形式根据接头一侧铆钉的排数有单排、双排和多排之分，如图 11-2 所示。铆钉的排列形式分为平行和交错两种。

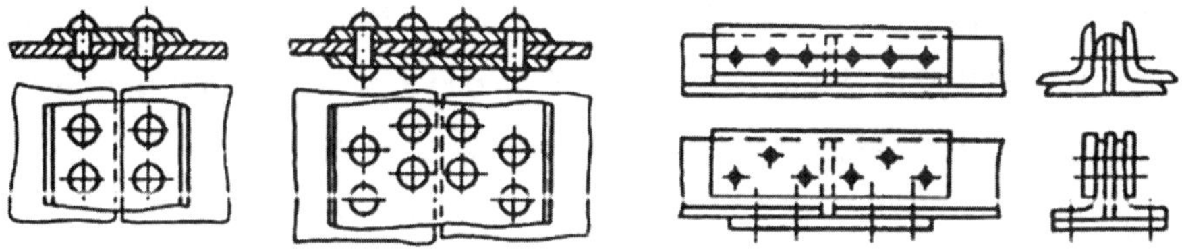

（a）单排单盖板对接　（b）双排双盖板对接　（c）型材对接

图 11-2　对接形式示意图

角接是两板件互相垂直或成一定角度的连接，在接合处用角钢做连接件，有单面和双面两种形式，如图 11-3 所示。

（a）单面角接　（b）双面角接

图 11-3　角接形式示意图

（2）按照铆钉所受剪切力的情况，铆接可分为单剪切、双剪切和多剪切三种连接形式。

（3）按照每一主板上铆钉的行列，铆接可分为单排、双排、三排和多排等连接形式。三排连接既可以用搭接，也可以用一块盖板或两块盖板的对接。

（4）按照连接板上铆钉的排列形式，铆接可分为平行排列和交错排列两种连接形式。

11.1.2　铆钉的认知

在铆接工艺中，铆钉以一个金属销钉的形式将两件或多件板材铆合在一起，形成牢固的连接。应用于飞机制造和修理的铆钉主要有两大类，即普通实心铆钉和专用铆钉。

1. 普通实心铆钉

普通实心铆钉的一端为铆钉头，另一端为待成型铆头，又称镦头。铆钉头在生产时已成型，镦头则是铆钉杆身插入待铆合件的铆孔中后，通过敲击或挤压，使铆钉杆身尾端头形成的铆钉头。普通实心铆钉主要承受剪力。

1）铆钉类型

铆钉按装配后铆钉头是否凸出被连接件表面，分为凸头铆钉和埋头铆钉。

凸头铆钉按铆钉头的截面形状又分为半圆头铆钉、扁圆头铆钉、通用头铆钉和平头铆钉等。凸头铆钉主要用来铆接飞机内部结构工件以及气动外形要求低的蒙皮。

埋头铆钉又称沉头铆钉，它的头型为平顶锥面式，埋头锥角有 78°、100°和 120°等几种，其中应用最广泛的是 100°埋头铆钉。埋头铆钉主要用于气动外形要求较高的外表面及要求平整的内部结构。

2）铆钉材料

航空用的实心铆钉通常由铝合金、不锈钢和蒙乃尔合金等材料制成。不同材料制成的铆钉，其性能不一样。为了区别铆钉材料的不同，通常在铆钉头端面上制出规定的标记，以便识别。如在铆钉头端面上制有凹点、凸点、凸划、凸十字等标志来表示铆钉的材料。

3）铆钉的型号规格标记

普通铆钉的型号规格标记由铆钉制造标准代号、头型代号、材料代号、铆钉杆直径和铆钉杆长五个部分组成。常见的铆钉制造标准代号有：AN、MS 和 NAS 三种。头型代号按各自的制造标准用 3～5 位数字表示。材料代号用英文字母表示。铆钉杆直径用数字表示并以 1/32 in（1 in＝2.54 cm）为计量单位。铆钉杆长用数字表示，并以 1/16 in为计量单位。铆钉尺寸的度量如图 11-4 所示。

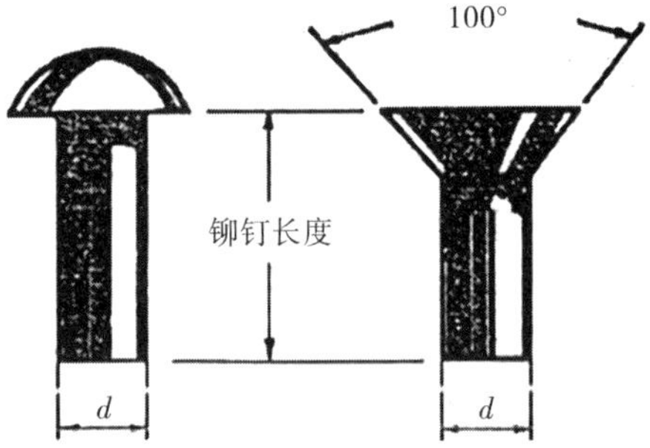

图 11-4　铆钉尺寸示意图

2. 专用铆钉

飞机上有一些部位，由于空间限制，无法采用普通实心铆钉进行铆接。另外，有些部位可能有某些特殊要求。这时，可根据具体情况采用专用铆钉进行铆接。常用的专用铆钉类型有拉铆钉、高强度铆钉和螺纹铆钉三大类。专用铆钉因为形状差异明显，一般不作标记。

1）拉铆钉

拉铆钉又称盲铆钉、抽芯铆钉，是最常用的专用铆钉。拉铆钉的承剪能力较低，主要用于受力较小或工作面不开敞处。拉铆钉须使用专门的拉铆工具进行铆接。常见的拉铆钉有自塞摩擦锁紧式拉铆钉和自塞机械锁紧式拉铆钉两类。

自塞摩擦锁紧式拉铆钉由带铆钉头的空心杆体和穿过杆体的芯杆两部分组成，如图 11-5 所示。该类铆钉的头型有通用头型和 100°埋头两种。

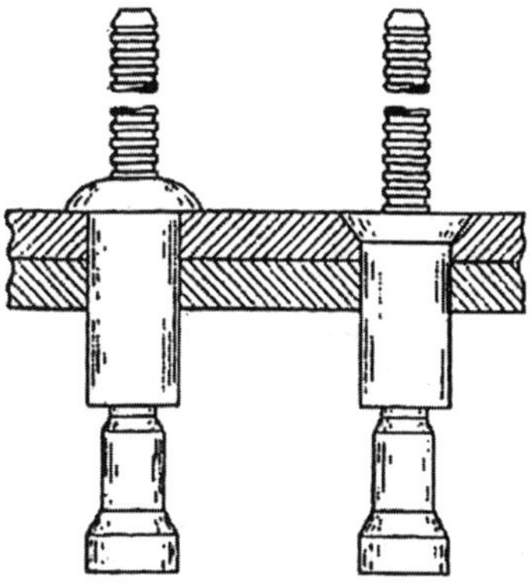

图 11-5　自塞摩擦锁紧式拉铆钉示意图

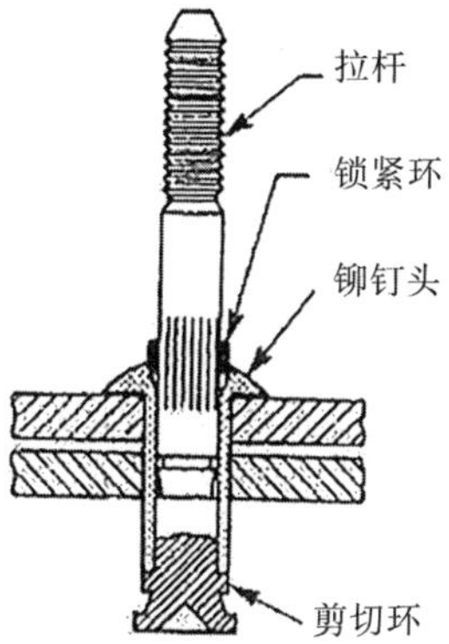

图 11-6　自塞机械锁紧式拉铆钉示意图

铆钉空心杆体材料有 2117 和 5056 铝合金两种，芯杆材料一般为 2117 铝合金。

铆接时，铆钉芯杆肩端被拉，逐渐挤入杆体尾端，将杆体尾端挤胀变粗，芯杆受到的拉铆力（即摩擦阻力）逐渐增大。当拉铆力达到预定值时，芯杆在其刻有断裂槽纹的位置突然断裂，即完成了铆接。铆接后，芯杆断口略高出铆钉头端面，断口需用修整剪修整。

自塞摩擦锁紧式拉铆钉不宜用在剧烈振动的部位，因为在这种情况下，铆钉可能会发生松动甚至脱落。目前，自塞摩擦锁紧式拉铆钉只用于小型飞机的修理。

自塞机械锁紧式拉铆钉在结构上比自塞摩擦锁紧式拉铆钉多了一个锁紧环，如图 11-6 所示。这种铆钉即使受到剧烈振动也不会松脱，而且这种铆钉的拉杆断口与铆钉头平齐，不需要修整。

自塞机械锁紧式拉铆钉一般用于受振动、疲劳载荷等重要结构的单面铆接，被广泛用于现代飞机的制造和修理中。自塞机械锁紧式拉铆钉的铆接过程如图 11-7 所示。

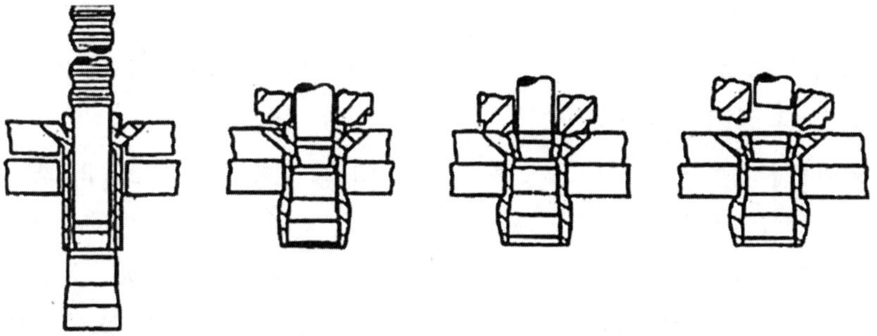

图 11-7　自塞机械锁紧式拉铆钉铆接过程示意图

2）高强度铆钉

常见的高强度铆钉是高剪切应力铆钉，又称为销桩式铆钉或高抗剪铆钉，如图 11-8 所示。高强度铆钉广泛应用于飞机高强度结构区域，主要用于承受高剪切载荷，如在飞机中央翼、大翼根部上翼面及水平安定面根部上翼面的各肋与蒙皮连接处。

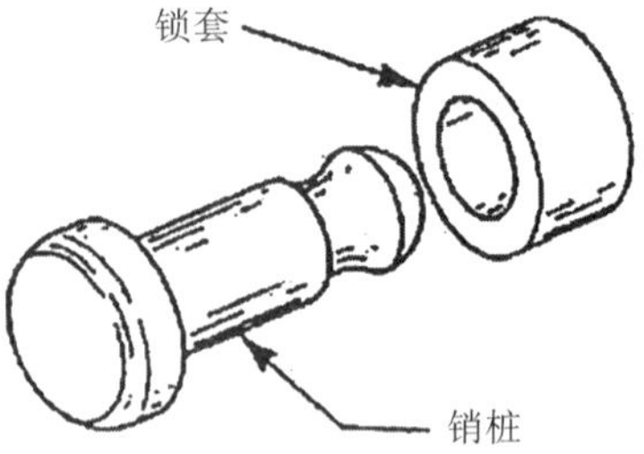

图 11-8　高剪切应力铆钉结构示意图

高剪切应力铆钉在波音公司的代号有 BACR15AZ-100°埋头高剪切应力铆钉和 BACR15BE-凸平头高剪切应力铆钉等。

3）螺纹铆钉

螺纹铆钉又称为铆钉螺帽，是一种带有内螺纹的空心盲铆钉。螺纹铆钉最早是用来将橡胶防冰套安装到机翼或飞机尾部表面上，现已推广于飞机次要结构上，如安装仪表、托架和隔音材料等。

螺纹铆钉的头型通常有平头和 100°埋头两种。100°埋头螺纹铆钉头的高度有 0.048 in和 0.063 in 两种。当在较薄材料的埋头窝上安装该铆钉时，使用钉头高度较薄的一种。无论平头还是埋头螺纹铆钉均具有凸齿和不带凸齿两种型式的铆钉头型式。使用钉头上具有单凸齿的螺纹铆钉时，需用专用的凹槽剪在铆孔周围剪一小缺槽口，以容纳钉头上的凸齿，从而防止铆钉转动。这种铆钉尤其适合用作螺帽集装板。不带凸齿的螺纹铆钉仅用在不受扭转负荷的部位。

螺纹铆钉的钉尾有尾部通孔和盲孔两种型式。一般场合多用尾部通孔型式的螺纹铆钉。钉尾为盲孔型式的螺纹铆钉主要用于要求气密的场合，如气密舱。

螺纹铆钉杆的直径有三种：3/16 in、7/32 in 和 1/4 in，其内孔依次制有 2-32、8-32和 10-32 的美国国家标准螺纹。

螺纹铆钉杆长有六种尺寸，每一种尺寸杆长的螺纹铆钉有其适合的铆接厚度范围。从铆钉头端面的径向短划标记可辨别其属于哪一种。铆接厚度最小的一种，钉头端面无任何标记。厚度稍大的，钉头端面上有一道径向短划。厚度越大，径向短划根数越多。如果铆钉头端面上有五道径向短划，表明这是能铆接最大厚度的一种螺纹铆钉。钉头标记、杆号及铆接厚度范围如表 11-1 所示。

表 11-1 螺纹铆钉规格

螺纹铆钉类型及规格		螺纹铆钉标记					
平头	杆号	45	75	100	120	140	160
	铆接厚度/in	0.010～0.045	0.046～0.075	0.076～0.100	0.101～0.120	0.121～0.140	0.141～0.160
100°埋头	杆号	91	121	146	166	186	206
	铆接厚度/in	0.048～0.091	0.092～0.121	0.122～0.146	0.147～0.166	0.167～0.186	0.187～0.206
	杆号	106	136	161	181	201	221
	铆接厚度/in	0.063～0.106	0.107～0.136	0.137～0.161	0.162～0.181	0.182～0.201	0.202～0.221

11.1.3 铆钉的配置及强度计算

1. 铆钉的配置

铆钉的配置包括类型、材料、直径、长度、间距、边距、行距等要素的选择和设置。

1）铆钉类型

选择铆钉的类型时，应考虑到连接处的静强度、气动光滑性、腐蚀控制、要铆接材料的种类和厚度以及铆接件在飞机上的位置等方面的因素。

铆钉的钉头类型应该由安装位置确定。对于具体修理作业，选用的铆钉头类型可参照修理部位周围区域的铆钉头类型来确定。对于要求光滑气动外形的部位，如从机翼前缘到翼剖面最厚处，从机身头部到其横截面最大处等部位，应当使用埋头铆钉。在其余的大部分部位，可使用扁圆钉头的凸头铆钉。内部结构则使用平头铆钉。

2）铆钉材料

通常情况下，应选择与被铆接件材料相同的铆钉。如在 2017 和 2024 铝合金制造的零构件上使用 2117-T3 和 2017-T3 铆钉。在一般修理件上，通常使用 2117-T3 铆钉，因为它无须热处理，一般情况下，柔韧性和强度也可满足要求，且具有较高的耐腐蚀性能。要注意，决不能用 2117-T3 铆钉代替 2021-T3 铆钉。2024-T3 铆钉是高强度铝合金铆钉，可用在高应力的零构件上。

3）铆钉直径

一般说来，所选择的铆钉直径应当与铆接厚度相对应。铆接厚度是指被铆接件的总厚度。如果在薄板材上采用直径过大的铆钉，即使使用适当的铆接力也可能会在铆钉头周围造成不良的皱纹。如果对厚板材选择太小直径的铆钉，则铆钉的剪切强度不能满足传递连接载荷的要求。按一般规律，铆钉直径应当不小于所连接板件中较厚板的 3 倍厚度，因此，铆钉直径一般取被连接板件中较厚板的 3 倍。在飞机装配和修理中，最经常选用的铆钉直径范围是从 3/32 in 到 3/8 in。当用铆钉穿透铆接管形构件时，选择的铆钉直径应至少等于管子外径的 1/8。如果一个管子套在另一个管子上，则取外管外径的 1/8 作为铆钉的最小直径。

在飞机修理中，铆钉杆直径通常与损伤处相邻构件的铆钉直径相同。如果是更换旧铆钉，一般应将铆钉直径加大一级。如果受力不大或原孔完好，也可用原尺寸的铆钉。

4）铆钉长度

铆钉长度是指铆钉杆的长度。对于凸头铆钉来说，是指铆钉头以下的杆长；对于埋头铆钉，则是指它的全长。铆钉长度必须保证能做出完整的铆钉镦头，铆钉杆过长或过短都会造成铆接废品。铆钉长度应按图样给定的长度尺寸选择。如果没有给定铆钉长度尺寸，应根据具体情况，按公式计算选择。

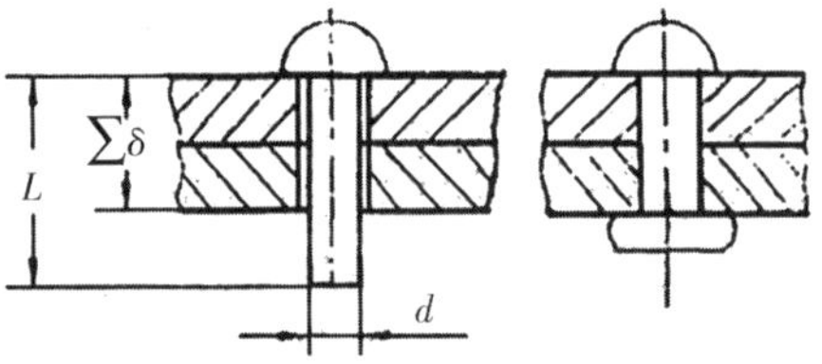

图 11-9　普通标准镦头铆钉长度计算示意图

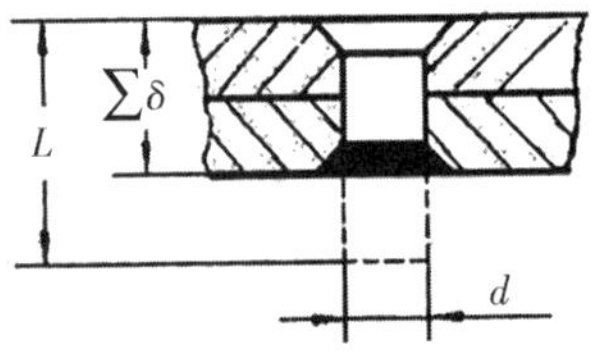

图 11-10　双面沉头铆接铆钉长度计算示意图

如图 11-9 所示，普通标准镦头铆钉长度的经验公式为：

$$L = \sum\delta + C$$

式中：L 为铆钉长度，$\sum\delta$ 为被连接板料的总厚度，C 为成型适当镦头所需的钉杆长度。C 的取值如表 11-2 所示。

表 11-2　适当镦头所需的钉杆长度

铆钉直径 d/mm	2.6	3	3.5	4	5	6	7	8
C	$1.4d$		$1.3d$		$1.2d$		$1.1d$	

如图 11-10 所示，双面沉头铆接铆钉长度的经验计算公式为：

$$L = \sum\delta + (0.6 \sim 0.8)d$$

一般情况选 $0.6d$；当镦头窝较大或者被连接件材料与铆钉材料的强度值相差较大时取 $0.8d$。

如图 11-11 所示，压窝件标准镦头铆钉长度的经验计算公式为：

$$L = \sum\delta + \delta_1 + 1.3d$$

式中：δ_1 为表面层的厚度。

如图 11-12 所示，外蒙皮压窝而骨架上锪窝的铆钉长度的经验计算公式为：

$$L=\sum\delta_1+\delta_2+1.3d$$

式中：δ_1 为第一层工件厚度，δ_2 为第二层工件厚度。

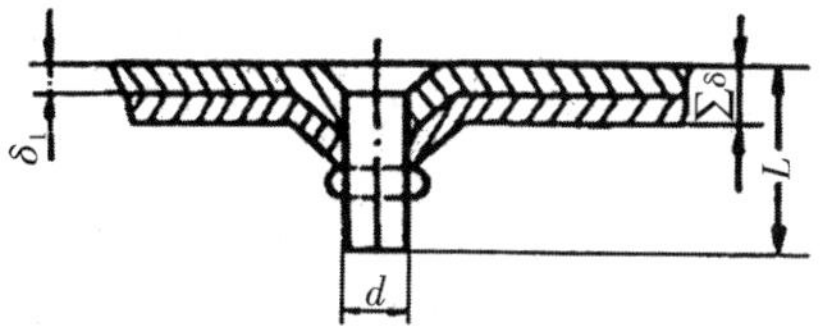

图 11-11　压窝件标准镦头铆钉长度计算示意图

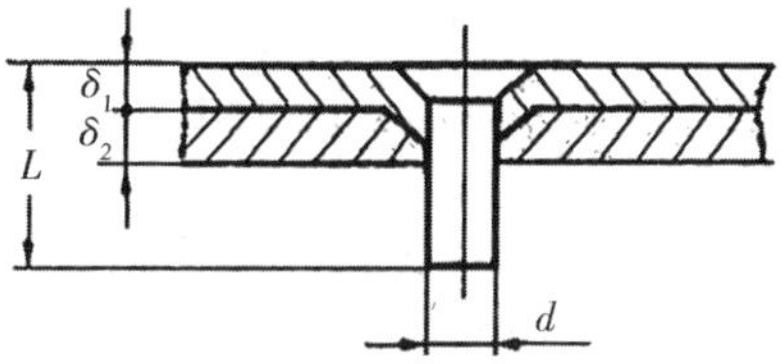

图 11-12　外蒙皮压窝铆钉长度计算示意图

高抗剪铆钉长度的确定，按铆钉杆露出被铆接件厚度 0.4～1.0 mm，如图 11-13 所示。

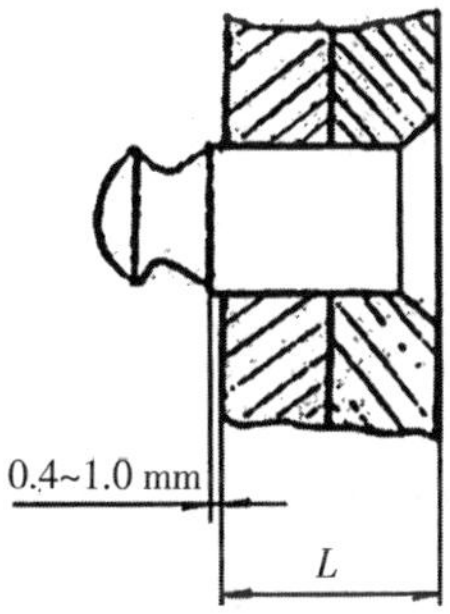

图 11-13　高抗剪铆钉长度示意图

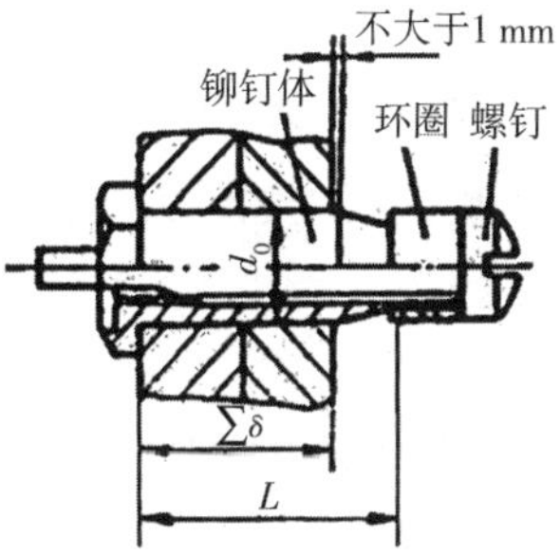

图 11-14　环槽铆钉长度示意图

拉铆钉长度的确定方法有两种：一种是用专用钩尺测量得到；另一种是将拉铆钉装入被连接件的孔中，拉铆钉杆体下端露出被连接件 3/64～1/8 in。

环槽铆钉按被连接件的夹层厚度选择铆钉的长度，其铆钉体的光杆部分露出夹层量应不大于 1 mm，且不允许凹入，如图 11-14 所示。

5）铆钉间距

间距又称铆距，是指同一行相邻两个铆钉中心之间的距离。铆钉间距通常为铆钉直径的 6～8 倍，最小铆钉间距是铆钉直径的 3 倍。在飞机修理中，修理部位的铆钉间距应与损坏部位周围区域原先采用的铆钉间距一致。

当拼接损坏的管子且铆钉完全透过管壁时，如果相邻铆钉互相垂直，则铆钉间距为 4～7 倍的铆钉直径。如果铆钉在一直线上（互相平行），则铆钉间距为 5～7 倍的铆钉直径。

铆钉排最后一个间距，不允许大于图样上规定的间距或小于规定间距的 50%。若超出，则应将最后两个间距等分，该间距不应小于铆钉直径的 3 倍。

6）铆钉边距

铆钉中心至铆接件边缘的距离称为边距。边距或从第一个铆钉中心到边缘的距离不应小于 2 倍铆钉直径，也不应大于 4 倍铆钉直径。一般取最小边距为 2 倍铆钉直径，推荐使用的边距为 5.1 倍铆钉直径。如果铆钉安排得太靠近板的边缘，板件就可能在铆钉孔处出现裂纹或断开。如果把铆钉安排得距板边缘太远，则板的边缘易于翘曲。

7）铆钉行距

行距又称为排距，它是相邻两行（排）中心的距离。行距一般等于 75％的铆钉间距。

8）铆钉总数的确定

在确定连接铆钉的类型和钉杆直径后，可根据等强度修理准则确定所需要的铆钉数目。如图 11-15 所示板件 A 受拉时，拉力 P 通过铆钉受剪传给补强件。根据等强度修理准则，半边铆钉总的破坏剪力应当与构件的损伤处横截面上的最大承载能力 P_{max} 相等，由此就可确定出半边铆钉总数 n_1，即

$$n_1 = \frac{P_{max}}{Q_c}$$

式中：Q_c 是单个铆钉的破坏剪力，对于国产材料，该值可从有关手册中查得。

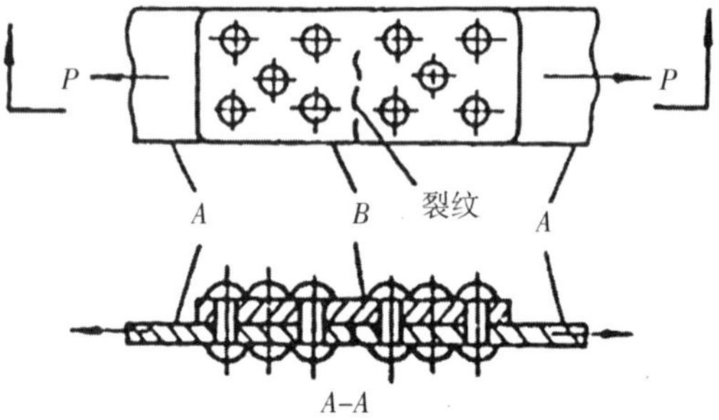

图 11-15　铆钉总数的确定示意图

确定铆钉数目时，还必须考虑到由于钉杆与板件之间的挤压作用可能产生的破坏情况。也就是说，要根据钉孔挤压强度总和与构件的损伤处最大承载能力相等的关系校核铆钉的数目，即

$$n_2 = \frac{P_{max}}{N_c}$$

式中：N_c 为最薄板件的铆钉孔挤压破坏力，对国产材料，可从有关手册中查得。

一般说来，按剪切计算出的铆钉数与按挤压计算出的铆钉数不相等（通常 $n_1 > n_2$），应选择其中较大的铆钉数。

9）铆钉排列

确定了连接铆钉的个数后，应合理地布置铆钉。一般说来，应尽量利用构件中的原铆钉孔铆接补强件。铆钉应尽量成排成行，且最好为平行排列。随意地、无规律地布置铆钉将会降低其连接疲劳强度。飞机上铆钉排列的形式有单排排列、双排平行排列、双排交错式排列等。

布置铆钉时，被铆钉孔减少的横截面面积应不超过原横截面面积的 10%。

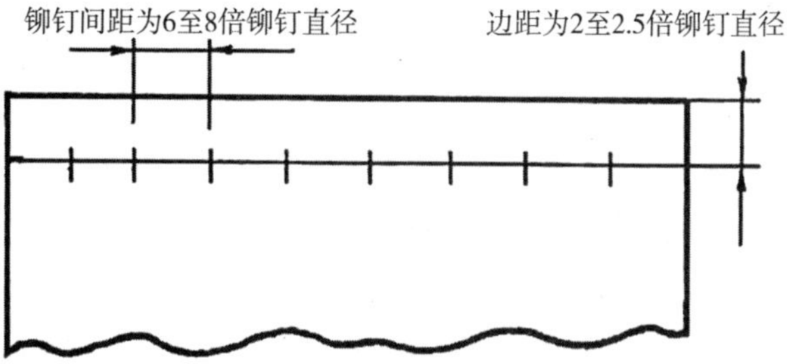

（a）单行铆钉布局示意图

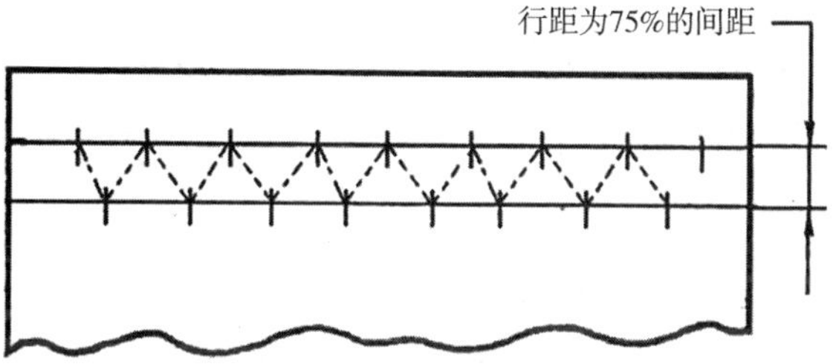

（b）双行铆钉布局示意图

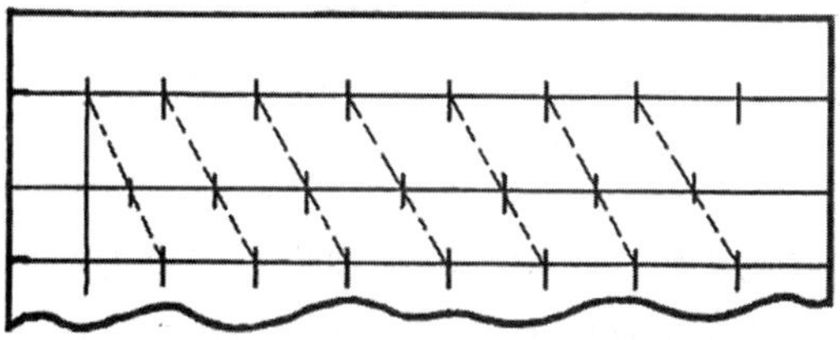

（c）三行铆钉布局示意图

图 11-16　铆钉排列方式示意图

对于单排铆钉，首先确定该行每端的边距，然后画出铆钉间距，如图 11-16（a）所示。对于采用双排交错式排列的铆钉，首先画出第一行，然后根据适当的行距安排第二行。接着在第二行中画出铆钉位置，要使每个铆钉恰好落在第一行的两铆钉的中间位置上，如图 11-16（b）所示。对于三行铆钉，首先画出第一行和第二行，然后利用直尺确定第三行铆钉的位置，如图 11-16（c）所示。

埋头紧固件孔的平均直径大于普通紧固件杆的直径，所以埋头紧固件的边距要比非埋头紧固件的边距大一些。

铆钉边距、间距、排距的允许偏差如表11-3所示。

表11-3 铆钉边距、间距、排距的允许偏差

边距偏差/mm	间距偏差/mm		排距偏差/mm
	≤30	>30	
±1.0	±1.0	±1.5	±1.0

2. 铆接镦头的形成

1）镦头的形成过程

具有良好塑性的铆钉杆在常温下连续受锤击时，杆长缩短，杆身膨胀。由于铆钉头对铆钉杆变形的牵制作用，铆钉杆尾部将首先开始塑性变形。当塑性变形范围逐渐扩大，导致整个铆钉杆逐渐地挤满铆钉孔时，就形成了铆钉镦头。在镦头形成的过程中，杆身膨胀是不均匀的，这是因为铆钉杆承受的锤击力大，每次锤击中受力的时间非常短促，当整个长度上的塑性变形尚未趋近均匀之前，镦头已完成，从而使得铆钉杆在靠近镦头的地方变形较多，而靠近铆钉头的地方变形较少。在铆接工作中，铆钉镦头的好坏对铆接质量有很大的影响。

2）镦头的布置

合理布置镦头，能有效地提高铆接质量。

（1）在铆接较薄的铆接件时，应将铆钉头和镦头在铆接件两面交替布置。

（2）在铆接不同强度材料时，镦头应布置在材料强度较大的一面。

（3）铆接同一材料而厚度不等的构件时，镦头应布置在材料较厚的一面。

3）镦头的规格

镦头需要有一定的直径与高度，以保证铆接强度。若镦头过小，则会影响铆接处的强度；若镦头过大，则会增加铆接过程中的变形，容易出现裂纹。一般要求镦头直径 $D=1.5d$，镦头高度 $h=0.4d$，镦头形状呈鼓形。

3. 铆钉连接的强度计算

1）铆钉的剪切强度

当一个铆钉承受单面剪切时，它的单剪破坏剪力为：

$$P_j=(\pi d^2/4)\tau$$

式中：d 为铆钉直径，τ 为铆钉材料的剪切强度极限。

如果铆接中，铆钉有 K 个剪切面，则每个铆钉的破坏剪力为：

$$P_j=(\pi d^2/4)\tau K$$

通常，在计算铆接的连接强度时，铆钉材料的剪切强度极限可以直接由表查出。

2）铆钉的挤压强度

一般地，铆钉的破坏挤压力为：

$$P_y = d\delta_{min}\sigma$$

式中：δ_{min}为被连接板件的最小厚度，σ为被连接板件或铆钉材料的破坏挤压应力（取二者中较小者）。

3）铆钉的排列形式

（1）铆钉的布置应尽可能采用简单的排列形式。通常采用平行排列的铆接，不宜采用交错排列的铆接。各排铆钉的大小和数量应尽可能相同。

（2）双排和三排铆钉连接比单排铆钉连接疲劳强度高。从提高疲劳强度的角度，连接接头应避免采用单排连接，而尽可能采用双排或三排连接。

11.1.4　铆接工具及设备的认知

在铆接工作中，通常要用到各种工具，如弓形夹、手虎钳、定位钳、定位销、铆钉剪断器、顶杆、钻、锪钻、铆枪、拉铆枪、压窝模，或锪窝设备、压铆机等专用工具和设备。

1. 夹紧工具的认知

夹紧工具主要用来夹紧固定被铆接件，以便在钻孔以及钻孔后的铆接施工中，被铆接件不至于松动移位。有的夹紧工具还有定位的功能，如定位销夹。

1）弓形夹和定位钳

如图11-17所示为弓形夹和定位钳示意图。弓形夹和定位钳可用来夹持不同厚度的工件。定位钳的一个钳口是固定的，另一个钳口具有螺纹。可调节两钳口之间的距离，以便夹紧不同厚度的板料。定位钳利用机构死点进行工作，当工件被夹紧后，定位钳处于死点，作用在定位钳把手上的夹紧外力去掉后，仍能夹紧工件，在这种状态下，无论工件的反作用力多大，都不能使其松开，若要松开工件，则需给定位钳把手施加向外的力。

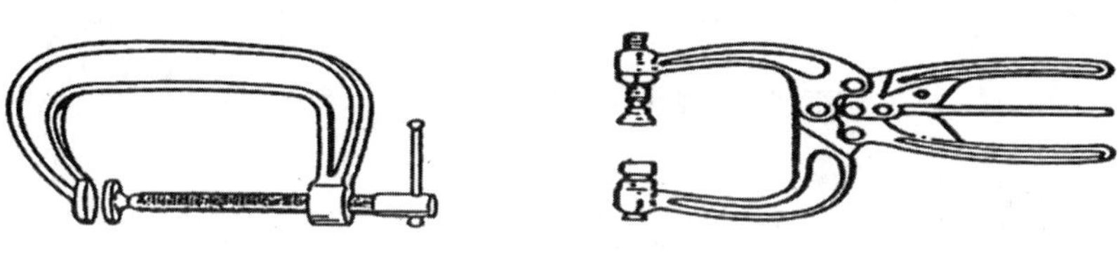

图11-17　弓形夹和定位钳示意图

2）压钳

压钳是一种专用钳子，它具有一个带开口的钳口和一个压钳口，用来夹压安装具有弹簧的定位销。压钳工作过程示意图如图 11-18 所示。

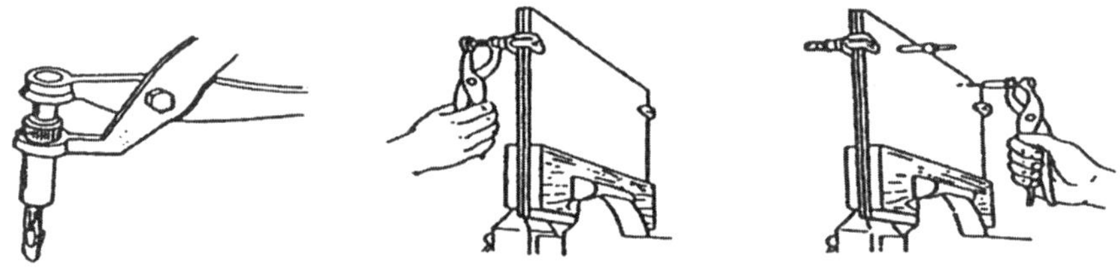

图 11-18　压钳工作过程示意图

3）定位夹和定位销

定位夹是利用弹簧力来夹紧工件的，能快捷方便地夹紧工件。常见的定位夹为可利克定位夹，一般用来夹持薄板件。采用定位夹夹持工件时要使用专用的压钳，压下压钳使夹口张开，同时将夹口伸向被夹持部位，松开压钳，由定位夹弹簧的张力夹紧工件。

定位销又称穿心夹、弹簧销、可利克定位销。典型的定位销由壳体、压杆、弹簧、2 片锁夹片和撑杆组成。定位销常用于薄板件的临时紧固和定位，一般用于总厚度在 2 mm以内的连接件上。

典型的定位夹和定位销如图 11-19 所示。具有螺纹带翼形螺帽的定位销和动力可利克定位销是通过松紧自身的螺帽来实现夹持工件的。对于带翼形螺帽的定位销，只需用手转动翼形螺帽即可拆装。动力可利克定位销可以用扳手或专用的气动定位销枪进行拆装。

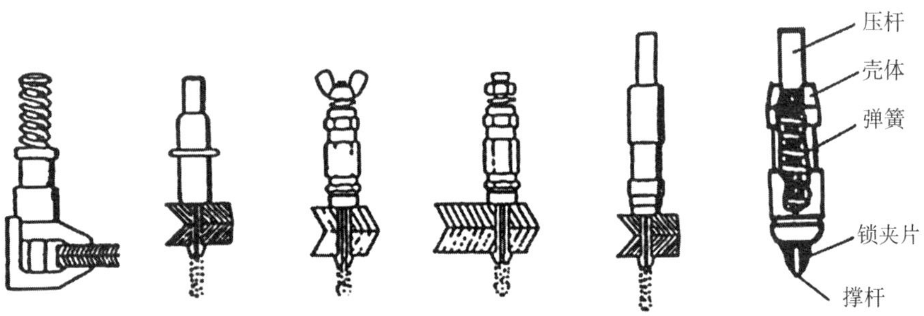

图 11-19　典型的定位夹和定位销示意图

2. 制孔工具的认知

1）孔复制器

当用新的蒙皮替换损坏的蒙皮时，替换板或补片上铆钉孔的位置应与原结构件上的孔位置一致，可以用如图 11-20 所示的孔复制器标定出其位置或复制出孔。

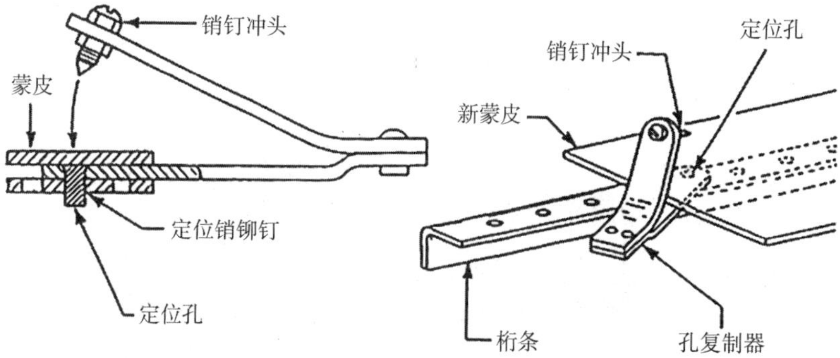

图 11-20　孔复制器标定位置和复制出孔过程示意图

孔复制器底部的定位销插入原结构件上的铆钉孔中，将新蒙皮按装配位置放好对准，然后用锤敲打中心冲头，这样就在新蒙皮上作出了孔的标记，然后对准孔标记处钻孔至符合要求。有的孔复制器用钻套取代中心冲，从而可在新蒙皮上直接钻出铆钉孔。

注意：对于每种直径的铆钉，必须使用相应的孔复制器。

2）维特尼冲孔器

维特尼冲孔器是一种手提冲孔器。它的上模（冲头）和下模是可更换的。有一套直径以 1/32 in 递增的自 3/32 in 至 9/32 in 的冲头和下模，以适应制作不同孔径的需要。上下模的拆装十分快速方便，更换冲头时，将中间螺钉拆掉，向前滑动中间臂，拿出带槽的柄，即可更换冲头。下模是靠螺纹连接到下颚模座上的，松开螺纹即可拆换下模。维特尼冲孔器只能用于冲制材料边缘附近的孔。喉深挡块可通过松动螺钉来调节，当调节到所需距离后，拧紧螺钉固定喉深挡块以便得到边距一致的孔。

维特尼冲孔器的冲裁能力有限，对于 7075T6 铝合金，在厚度为 0.048 in 的板料上，可冲裁直径 0.281（9/32）in 的孔，若厚度为 0.075 in，可冲裁直径 0.188（3/16）in 的孔。

3. 冲击铆接工具的认知

1）冲击铆枪

铆枪按其外形不同，可分为直式、闭合式、手枪式、弯式等类型，其中手枪式铆枪应用比较广泛。

国产铆枪用规定的代号来表示其型号和性能规格，如 MQ5、MZ4 等。一般情况下，第一位字母为 M 表示铆枪，第二位字母可变化，不同字母表示不同型号的铆枪。“M”后面无字母时，表示为其他型号铆枪，如“弯式”等。

能铆铝铆钉的铆枪，一般也能铆钢铆钉，但铆钢铆钉的直径要比铆铝铆钉的直径小一级。要根据铆钉的材料、直径和产品结构形式选用铆枪。材料硬、直径大的铆钉应选用功率大的铆枪。应根据产品结构的开敞与否选用体积大小不同的铆枪。

铆枪的结构示意图如图 11-21 所示。

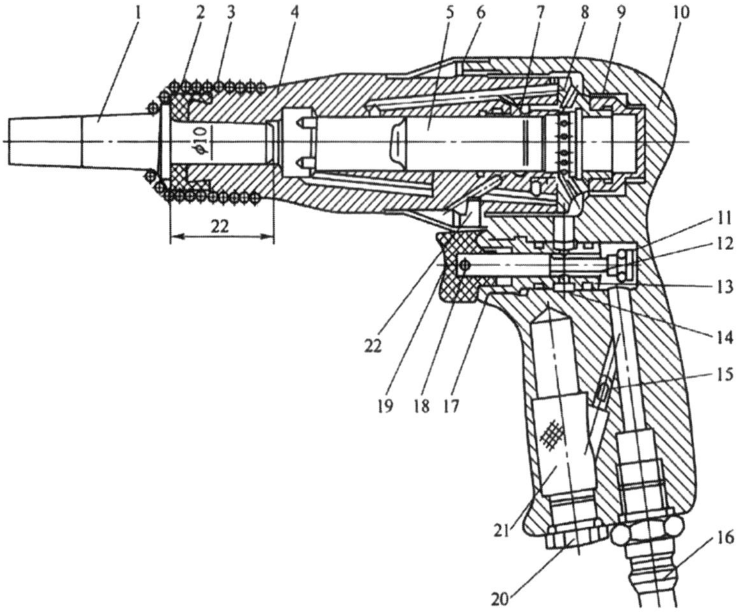

1—冲头；2—缓冲胶垫；3—防护弹簧；4—汽缸；5—活塞；6—导气圈；7—活动阀；8—导气块；9—导气块盖；10—手柄；11—密封垫；12—阀杆；13—阀套；14—O 形密封圈；15—油嘴；16—风接嘴；17—锁紧垫片；18—弹性圆柱销；19—按钮；20—油堵；21—润滑油腔；22—锁紧销

图 11-21　铆枪的结构示意图

铆枪的工作原理：扣动扳机后，将进气道打开，压缩空气自手柄孔道进入导气块的四周小孔，压缩空气靠活动阀上下活动打开或关闭各个不同的风道，使之交替进入缸体的前腔或后腔，推动活塞体进行往复运动，活塞体在工作行程结束时，冲击铆窝尾部，铆窝又冲击铆钉，在顶把的配合下，将铆钉镦粗成型，完成铆接工作。

2）铆窝

铆窝分手工铆接用铆窝和铆枪铆接用铆窝两种。铆枪铆接用铆窝按不同的冲击铆接方法又可分为正铆用铆窝和反铆用铆窝。图 11-22（a）为手工铆接用铆窝，图 11-22（b）为不开敞部位专用铆窝，图 11-22（c）为正铆用铆窝，图 11-22（d）为反铆用铆窝。

铆窝的外形以及接触铆钉部位的工作面形状和尺寸，是根据铆接结构件的构造、通路以及各种不同型号的铆钉头形状和铆接方法而设计的。铆窝的尾杆直径（d）和长度（L）是根据不同型号、不同功率的铆枪枪筒直径大小以及铆枪枪筒中活塞对铆窝尾杆冲击力的大小而设计的。使用时，铆窝被安装在铆枪筒中，活塞的冲击力传递给铆窝，打击铆钉，完成铆接工作。

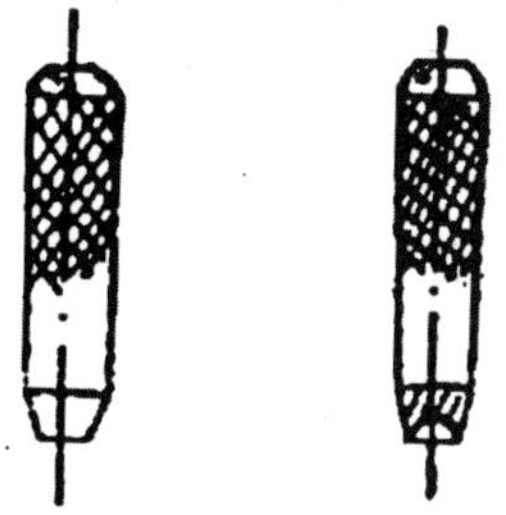

（a）手工铆接用铆窝

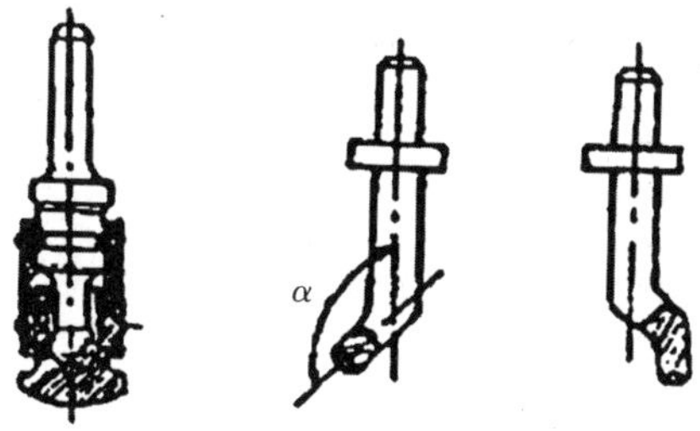

（b）不开敞部位专业铆窝

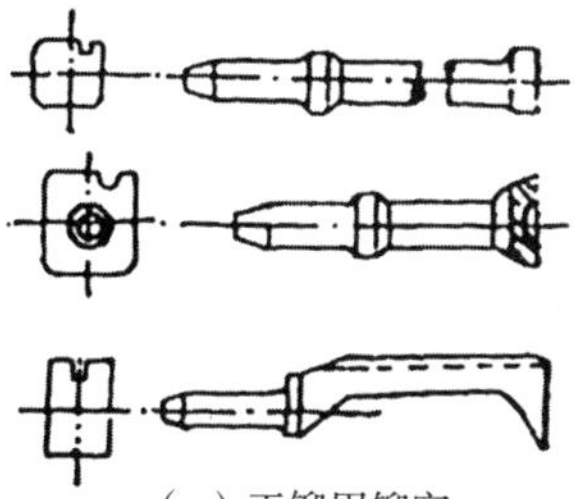

（c）正铆用铆窝

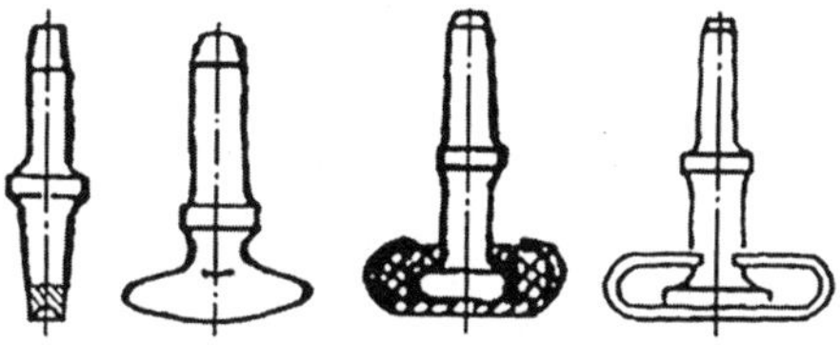

（d）反铆用铆窝

图 11-22　铆窝示意图

3）顶把

顶把是支撑铆钉或在铆枪冲击时产生反作用力而完成铆钉镦头成型的主要工具。根据铆接时所使用的铆钉直径、材料的不同以及铆接方法的不同，所选用的顶把也不同，常见的顶把如图 11-23 所示。

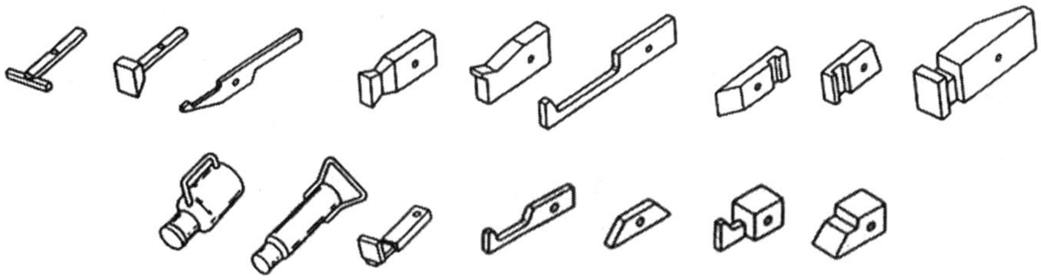

图 11-23　常见顶把示意图

顶把质量计算如表 11-4 所示，其中，d 表示铆钉直径。

表 11-4　顶把质量计算

铆接方法	正铆法		反铆法	
铆钉材料	铝合金	钢	铝合金	钢
顶把质量/kg	$2d$	$4d$	$0.5d$	$1d$

顶把形状是根据铆接部位的结构特点确定的，其要求是容易接近铆钉、握持方便、不易碰伤附近工件。一般铆接结构通路均可使用通用顶把，其特点是顶把质量能满足

理论质量要求，能够保证铆接质量要求。专用顶把一般用于铆接结构通路不开敞部位，其特点是顶把形状满足通路要求，顶把质量不易完全满足理论质量要求，因而铆接质量可能达不到理想要求。

4. 压铆机的认知

1）手提式压铆机

手提式压铆机结构简单、轻便、使用维护方便，但因钳口尺寸小，只能铆接结构边缘处的铆钉，其结构示意图如图 11-24 所示。

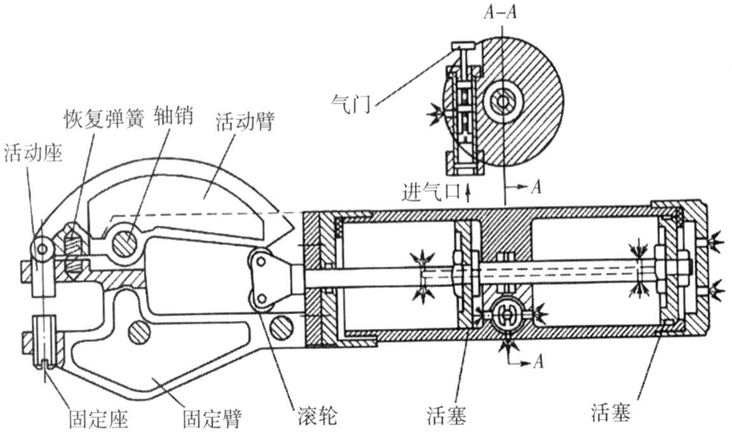

图 11-24　手提式压铆机结构示意图

按动气门开关，压缩空气通过分气开关进入气缸，推动活塞并拉动滚轮，使活动臂绕轴销转动，通过斜面杠杆作用产生压铆力。压铆力随着压铆行程的增加而增加，因此其具有较高的压铆力。

更换固定臂和活动臂，可以改变喉深 H 和钳口高度 M，以适应不同铆接结构和尺寸的铆接。

常用的手提式压铆机型号与性能如表 11-5 所示。

表 11-5　常用的手提式压铆机型号与性能

型号	压铆力/kg	可铆铝合金铆钉直径/mm	钳口高度/mm	喉深/mm	上模行程		质量/kg
					总行程/mm	有效行程/mm	
GSF-A	3 500	4.0	30	40	7	5	1.8
GSF-M	3 500	4.0	35	60	7	5	2.0

2）固定式单个压铆机

固定式单个压铆机主要由动力组、弯臂、机座、脚操纵机构等组成，其结构示意图如图 11-25 所示。

固定式单个压铆机每次只能压铆一个铆钉，适用于压铆中、小型组合件，如框、肋、大梁或小型板件等。压缩空气通过分气室进入气缸推动活塞，通过杠杆将压力传递给柱塞，达到压铆的目的。当空气压力为 5 个大气压时，压模上的作用力为 5 000 kg，可铆接直径 6 mm 的硬铝铆钉或直径 5 mm 的钢铆钉。

3）龙门式固定成组压铆机

龙门式固定成组压铆机属大型压铆设备，一般适用于压铆大型板件。根据其功率的大小，一次可压数十个铆钉。

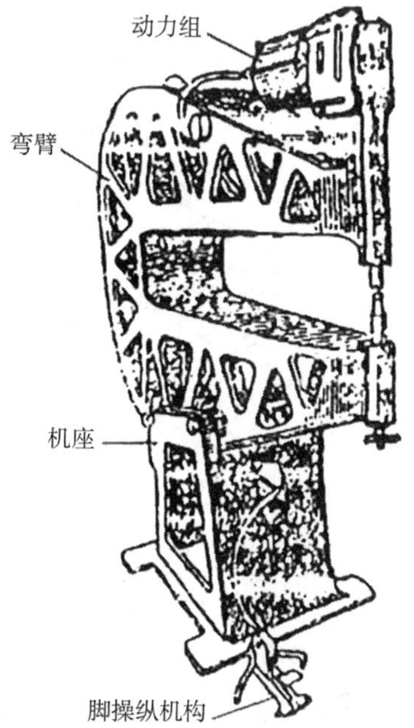

图 11-25 固定式单个压铆机结构示意图

5. 切割工具的认知

1）铆钉剪

在得不到所需长度的普通实心铆钉时，可使用铆钉剪把铆钉剪切成所需要的长度。

使用旋转式铆钉剪时，把铆钉插入适当的孔中，在铆钉头下面放上所需要数目的垫片，铆钉杆的长度取决于这些垫片的数目。铆钉剪好像一把钳子一样夹住铆钉杆，盘刀旋转就会把铆钉杆切成适当长度。当使用大铆钉切断器时，把铆钉杆插进适当的孔中，通过拉手柄切断铆钉杆。如果没有标准的铆钉剪，也可用普通剪钳代替。铆钉剪的结构示意图如图 11-26 所示。

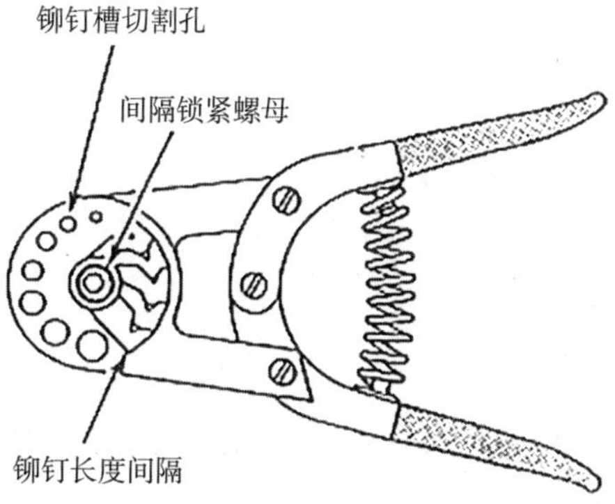

图 11-26 铆钉剪的结构示意图

2）铣平器

铣平器主要用来修整铆钉头或沉头镦头，其结构及工作过程示意图如图 11-27 所示。

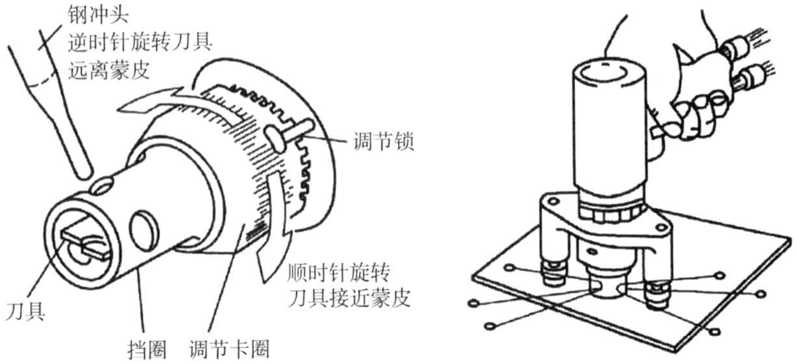

图 11-27　铣平器的结构及工作过程示意图

使用铣平器时，应正确选择刀具尺寸，刀具的直径要比修整的铆钉头或沉头镦头大 1.6～3.2 mm，刀具应比挡圈小 1.6～3.2 mm。安装刀具时，应用钢冲头插入刀具上的小孔，顺时针方向转动将刀具固紧，逆时针方向转动即可卸下刀具。安装刀具之前，应先将挡圈卸掉，安装好刀具后再将挡圈装上。挡圈的安装和拆卸与刀具的安装和拆卸方法类似。有的铣平器在拆装挡圈时，需要事先将调节卡圈卸掉，只要掀动调节锁上的轴销即可拆下卡圈。铣平器工作前应调整好挡圈、刀具及铆钉头或镦头三者之间的调节量，要先在一块平板上做调整试验。将挡圈调至与刀具端面处于同一平齐位置，进行试切削，如果刀具接触并划伤试验用的平板，则需调节挡圈向外延伸。调节时，压下调节锁，逆时针转动调节卡圈 1 扣，直到刀具碰不到试验板表面为止。调整好后，经检验合格方可在产品上修整铆钉，将刀具放在要修整的铆钉头上的位置，以均匀的压力压向铆钉铣切。一般实心沉头铆钉头的修整量不能超过头部直径的 5%。任何情况下修正铆钉头或镦头都不能取掉铣平器上的挡圈进行修整工作。铣平器只适合于修整铝材料。

11.1.5　铆钉孔和沉头铆钉窝的制作

1. 铆钉孔的制作

1）铆接孔制作的基本要求

（1）铆钉孔径应比铆钉杆径略大一点，一般铆钉孔径比铆钉杆径大 0.1 mm 左右。

（2）铆钉孔表面应光洁。

（3）铆钉孔不允许有棱角，铆钉孔圆度应在铆钉孔直径极限偏差内。

（4）铆钉孔边不允许有裂纹和毛刺。

（5）铆钉孔轴线应垂直于工件表面，允许由于孔的偏斜而引起铆钉头与工件贴合面的单向间隙不大于 0.05 mm，但在铆钉排内不得多于 10%。

（6）铆钉孔边缘不应进入板弯件和型材件圆角内，要保证铆钉头不搭在圆角上。

（7）镁合金工件制孔后，应在孔表面涂环氧锌黄底漆。

（8）对于复合材料上的铆钉孔，孔壁应光滑，不应有分层、划伤、劈裂和纤维松散等缺陷。

2）铆钉孔的制作方法

钻孔是制作铆钉孔的主要方法，对要求高的铆钉孔则需进行铰孔。

（1）对不同厚度和不同硬度的工件钻孔时，应按从厚到薄、从硬到软的顺序钻孔。

（2）对边距要求不同的工件钻孔时，应从边距小的一面往大的一面钻。

（3）按骨架上的导孔向蒙皮钻孔时，应先钻小孔，然后从蒙皮一面将孔扩大到最后尺寸。铆钉孔直径大于 4 mm 时也应如此。

（4）对不开敞结构部件钻孔时，可采用弯钻钻孔或采用长钻头钻孔。当以上两种方法都无法钻孔时，可采取引孔的方法，即先在长桁、框板或肋板上钻出小孔，安装蒙皮后，再用引孔器引孔或画线引孔，引出孔位后，钻孔至规定要求。

（5）对刚性较差的薄壁板工件钻孔时，要用木板顶住工件后面再钻孔。

（6）对复合材料钻孔，主要是防止钻孔中的轴向力产生层间分层和钻头钻透板料时出现的分层。

2. 沉头铆钉窝的制作

采用沉头铆钉铆接，需在工件上制作沉头铆钉窝，在此之前应先钻初孔。制作沉头铆钉窝的方法有锪窝法和压窝法两种。

1）制窝方法的选择

（1）根据蒙皮和骨架厚度确定制窝方法，如表 11-6 所示。

表 11-6　按蒙皮和骨架厚度确定制窝方法

蒙皮厚度/mm	骨架厚度/mm	制窝方法
≤0.8	≤0.8	蒙皮、骨架均压窝
	>0.8	蒙皮压窝、骨架锪窝
>0.8	不限	蒙皮锪窝

（2）如果蒙皮厚度不大于 0.8 mm，骨架为两层或两层以上，每层厚度都不大于 0.8 mm，总厚度不小于 1.2 mm，且不能分别压窝，则采用蒙皮压窝、骨架锪窝的方法。

（3）挤压型材不允许压窝，只能锪窝。

（4）多层工件压窝一般应分别进行，当必须一起压窝时，其夹层厚度不大于

1.6 mm。

(5) 镁合金、钛合金、超硬铝合金及 1 mm 以上厚度的工件压窝，都采用热压窝。

2）锪窝法

锪钻的选择：

(1) 根据孔径的大小、沉头窝的角度及部件结构，选择锪钻的大小、规格。

(2) 首选带限制器的锪钻锪窝，确保锪窝的深度和锪窝的垂直度。

(3) 若因锪窝处的空间大小或结构而不能使用带限制器的锪钻时，允许单独使用锪钻锪窝。

(4) 在斜面上锪窝时应使用带球形短导杆的锪钻。

(5) 当工件锪窝面用普通锪钻无法锪窝时，可以使用反锪钻锪窝。

(6) 在批量生产中，为提高生产效率，常采用复合钻，使钻孔锪窝一次完成。

锪窝的操作要点：

(1) 锪窝前，先检查锪钻的大小及角度是否符合要求，导销杆的大小是否符合要求，切屑刃是否锋利，然后调整限制器并在试件上试钻，使锪窝的深度达到要求。通常用铆钉或标准铆钉窝规检验窝的深度，最少要检验 5 个窝，合格后，再在工件上锪窝。工件上锪窝也要先检验合格后，才能继续锪窝。锪窝过程中，每锪 50～100 个窝，必须自检一次窝的质量。

(2) 使用带限制器的锪钻锪窝时，一手握紧气钻，另一手扶住限制器，防止导套旋转，磨伤工件表面。

(3) 锪窝过程中，气钻要稳，进给力要均匀，不要忽大忽小，否则易影响锪窝质量。

(4) 锪钻要垂直工件表面，限制器前端面应与工件锪窝表面相贴合。

(5) 在薄工件或刚性差的结构件上锪窝时，要防止进给压力太大，使工件反弹，影响锪窝质量。

(6) 在钢或钛合金工件上锪窝时，气钻转速要低。

(7) 使用不带限制器锪钻锪窝时，进给力要小，并且勤退锪钻，检查窝孔深度。

(8) 在复合材料上锪窝，应先启动气钻，再进行工件锪窝，防止表层拉毛。

3）压窝法

压窝法分为冷压窝和热压窝。冷压窝是在室温下压窝。热压窝是将材料加热到一定温度后再压窝。

(1) 冷压窝

根据工件结构、材料厚度、铆钉直径、钉头锥角，选择压窝设备、工具和压窝模。

尽可能地选用压铆机进行压窝，以确保窝孔质量。压窝钳适用于直径 3 mm 以下的铆钉窝，且窝的边距比较小。手工使用的压窝器一般应用于数量较少的窝，或无法用压铆机和压窝钳压窝的不开敞位置的窝，如在曲度较大的蒙皮或已安装的工件上压窝等。压窝工具应没有锈斑和腐蚀，符合质量要求。

在压窝前，工件均应先钻初孔，压窝后再将孔扩至最后尺寸。其目的是消除压窝后孔边发生的裂纹。初孔直径可按照表 11-7 进行选取。压窝前应将初孔去毛刺，防止窝孔边沿出现裂纹。

表 11-7　压窝件初孔直径的确定

铆钉直径/mm	2.0	2.5	3.0	3.5	4.0	5.0
初孔直径/mm	1.8	2.2	5.1			

冷压窝工艺过程：钻初孔→去除孔边毛刺→阳模准销插入工件孔中→阳模、阴模压紧工件→压窝→将初孔扩至铆钉孔最后尺寸。

(2) 热压窝

在铝合金、镁合金和钛合金材料工件上冷压窝时，常发生裂纹、边缘撕破或窝孔外形不正等现象，影响结构强度及表面光滑，因此必须在专用的热压窝机上进行热压窝。一般地，对厚度 1 mm 以上的工件压窝时，必须采用热压窝法压窝。

(3) 对压窝的技术要求

① 在产品上压窝前，应先在试验件上进行试压窝，试验件的材料、厚度、热处理状态、初孔孔径尺寸均与所要压窝的工件一致。试压合格后，方能在产品工件上压窝。

② 蒙皮压窝、骨架锪窝时，骨架上窝的深度应比蒙皮上的深，骨架上的 90°窝应加深 0.4δ，120°窝应加深 0.15δ，其中，δ 为压窝层的总厚度。

③ 压窝附近的工件表面不允许有局部高低不平，从工件表面到钉窝表面的过渡应光滑，窝的轮廓线应清晰。

④ 不允许将压好的窝翻过来重压。

(4) 对窝的质量要求

① 窝的表面应光滑，不允许有棱角和划伤，复合材料窝不应有分层和撕裂。

② 窝的锥角应与铆钉头锥角一致。

③ 允许窝的椭圆度 0.2 mm，个别可至 0.3 mm，但数量不能超过一排铆钉窝总数的 15%。

④ 窝的深度应比铆钉头最小高度小 0.02～0.05 mm。

⑤ 双面沉头铆接时，锪窝的镦头窝为 90°，其直径如表 11-8 所示，压窝的镦头窝为 120°。

表 11-8　90°沉头镦头窝的最小直径

铆钉直径/mm	5.1	2.1.1	3.0	3.5	4.0	5.0	2.1.0	7.0	8.0
镦头窝最小直径/mm	3.5	3.65	4.2	4.95	5.6	7.0	8.2	9.5	10.8

⑥ 铆钉窝周围不允许有锪窝限制器造成的工件表面痕迹、凹陷，轻微机械损伤等的深度应不大于材料包覆层的厚度，数量不能超过一排铆钉内窝数的 3%。

⑦ 压窝扩孔后，窝不能有毛刺、裂纹和破边。

⑧ 压窝件与窝件的套装之间不允许有间隙。

11.1.6　铆接装配时的定位与固定

1. 铆接装配的定位

1）铆接装配的定位原理

任何一个空间的自由物体在三个相互垂直的坐标系上都具有六个自由度，能够沿坐标轴平移及绕坐标轴旋转。

如图 11-28 所示，图中的长方体可采用三个平面定位，如将底面及两侧面定位在 *XOY*、*XOZ* 及 *YOZ* 平面内，那么这个长方体的位置就被确定了下来。三个定位面也可以用适当位置布置的六个支承点所代替，同样可以起到限制六个自由度的作用，这就是六点定位原理。

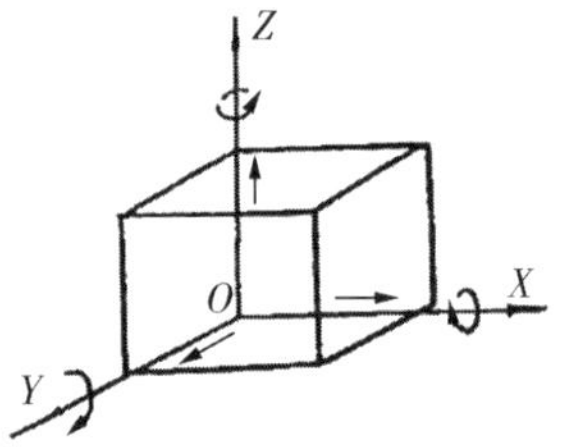

图 11-28　六自由度示意图

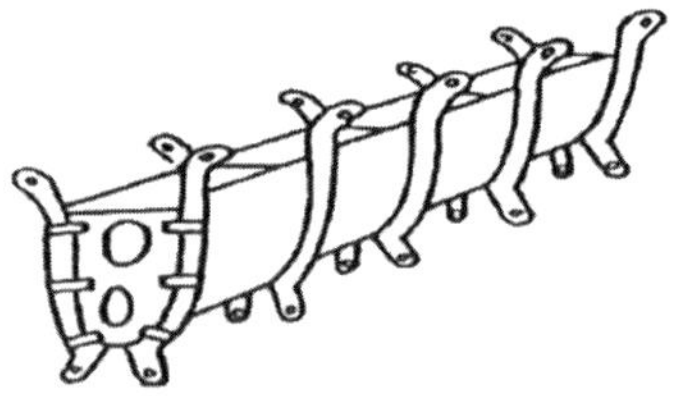

图 11-29　机翼前缘装配夹具的原理图

铆接装配夹具（型架）的定位器就是按照六点定位原理进行设计的。由于飞机机体结构大多是由钣金工件构成，刚性较差，为了保证其准确度，常常需要采用多于六点的过定位方式。如图 11-29 所示为机翼前缘装配夹具的原理图，从图中可以看到，前缘蒙皮共采用了五对卡板来确定其前后位置，根据六点定位原理，只需两对卡板。翼肋采用了六个定位件来确定其展向位置，根据六点定位原理，只需合理分布的两个定位件就可以。

2）铆接装配的定位方法

（1）划线定位法。根据图纸尺寸，用通用量具进行度量和划线，或利用样板划线来确定工件的安装位置的方法，称为划线定位法。该方法常用于修理或少量生产中，因划线的误差较大（约 1 mm）而使其定位准确度较低，一般用于刚性较好的工件且位置准确度要求不高的部位。

(2) 定位孔定位法。装配时，用预先在工件上制出的定位孔或利用构件上原有的孔来确定位置。这种定位方法一般适用于平板工件和单曲面工件。定位时，定位孔径应按照技术文件规定制取，每个工件上装配孔的数量不应少于两个，对于尺寸大、刚性差的工件，定位孔的数量应适量增加。

(3) 利用飞机结构件定位。利用飞机结构件，如构件上的耳子或叉子定位。或采用定位板定位，如在卡板上伸出定位板定位隔框或翼肋的轴线位置。如图 11-30 所示。

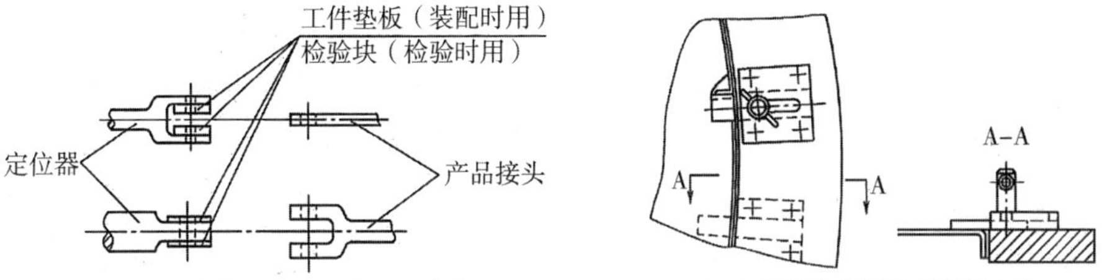

(a) 利用构件上的耳子或叉子定位　　(b) 利用定位隔框或翼肋定位

图 11-30　利用飞机结构件的定位示意图

2. 铆接装配的基准

飞机各个部件外形的准确度关系到飞机的飞行性能。在铆接装配中，选择不同的装配基准会出现不同的外形准确度。在飞机修理铆接装配中，要根据具体的情况选择合适的装配基准，以保证其外形的准确度。

通常，在飞机的铆接装配中使用的装配基准有三种，如图 11-31 所示。

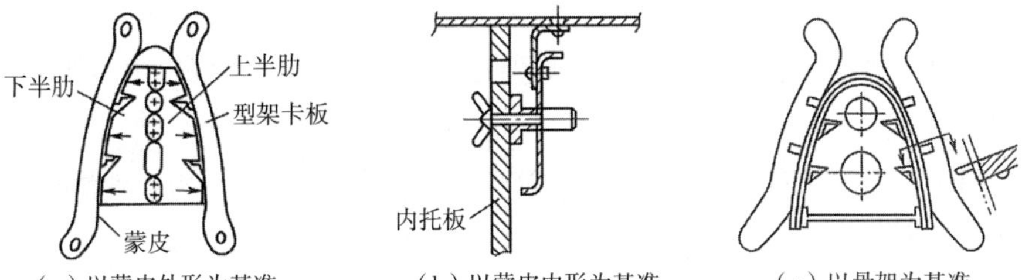

(a) 以蒙皮外形为基准　　(b) 以蒙皮内形为基准　　(c) 以骨架为基准

图 11-31　飞机铆接装配中的基准示意图

1) 以蒙皮外形为基准

先将蒙皮在型架的外形卡板上定好位，再将骨架工件（或组件）贴靠到蒙皮上，并施加一定的压力，使蒙皮紧贴于外形卡板上，之后将两半骨架连接起来，如图 11-31 (a) 所示。该方法的误差是由外向内积累的，故外形准确度高，一般适用于高速飞机。

2）以蒙皮内形为基准

先将蒙皮压紧在型架的内托板上，再将骨架工件（一般为补偿件）装到蒙皮上，最后将两半骨架工件与骨架相连接，如图 11-31（b）所示。

3）以骨架外形为基准

先将骨架在型架上定位好并进行铆接，使其具有一定的刚度，然后将蒙皮装上，并对蒙皮施加外力，使蒙皮紧紧贴在骨架上，再将蒙皮与骨架铆接，如图 11-31（c）所示。该方法的误差是从内向外积累的，故外形准确度差，一般适用于低速飞机。

3. 铆接装配定位后的固定

1）固定的认知

所有参加铆接装配的零组件，按照选用的定位方法定位后，都要在铆缝上隔一定数量的铆钉或隔一定距离，用铆钉或穿心夹等进行固紧连接的工作，称为固定。

固定的目的是使参加装配的零组件在铆接装配过程中始终符合定位要求，防止互相串位及因串位可能引起的变形。

对于为提高疲劳强度或要进行缝内涂密封胶铆接而要进行二次装配的部件来说，其预装配中更应注意固定，以保证钻孔、分解、除毛刺和涂胶后，能顺利地进行正式装配，不串位、不变形，符合定位要求。

2）固定的形式

固定的形式如图 11-32 所示。

（1）打固定铆钉。一般有两种形式：一种是在铆缝上打与图样一致的铆钉；另一种是在铆缝上打比图样小一号的铆钉，待铆接件铆接结束后分解掉该固定钉，再打与图样一致的铆钉。

（2）上固定螺栓（也叫工艺螺栓）。在铆接件铆缝部件的层数多又比较厚时，一般用工艺螺栓固定。

（3）用穿心夹（或弹簧销）固定。一般用于刚性小的超薄壁结构，总厚度在 2 mm 以内的连接件上。

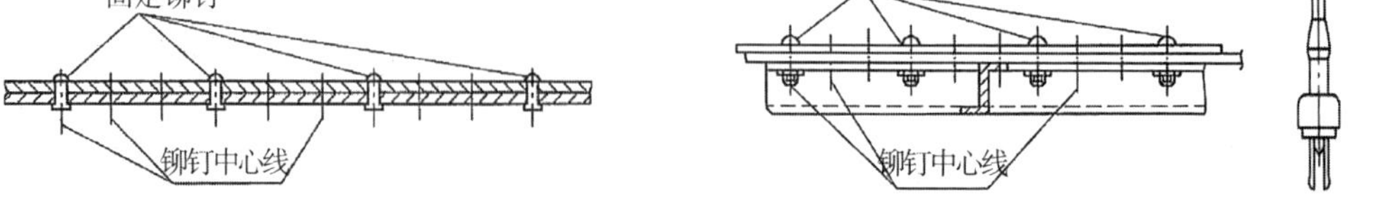

（a）固定铆钉　（b）固定螺栓　（c）穿心夹

图 11-32　铆接装配定位后的固定示意图

3）固定的操作要点

（1）安放固定螺栓进行固定时，应避免划伤工件表面，特别是蒙皮表面。可使用非金属材料做的垫圈保护产品表面。

（2）固定顺序与铆接顺序方法一样，可用中心法或边缘法进行固定，以避免连接件产生鼓起和波纹等变形。

（3）固定的距离，即固定点的数量由产品的形状和外廓尺寸而定。对于曲面形状、刚性较弱件和外形准确度要求较高的部位，所用固定铆钉或穿心夹的数量较多。对于平面形状件，刚性好时，固定距离一般取 200～300 mm；刚性差时，固定距离取 100～200 mm。对于单曲面件，刚性较好时，固定距离取 100～200 mm；曲率半径较小（如机翼、尾翼前缘）且刚性较差时，固定距离取 50～100 mm。对于双曲面件，曲率变化大的部件，要每隔一个孔就固定一点，即进行密集性固定。

（4）在型架（夹具）内进行固定铆接的要求：工件按型架（夹具）定位并修配好后，进行固定铆接，使工件固定牢靠，装配件具有一定的刚度，装配件从型架（夹具）中取出后，工件之间不会串位，也不会产生较大的变形，这样才能达到固定铆接的要求。经验证明，架内完成的固定铆接应占总铆接量的 25%～40%。

（5）在型架（夹具）内预装配的固定要求：首先进行初步固定，即按中心法或边缘法顺序要求，在铆缝上放置穿心夹或固定螺栓，然后在初步固定的固定点之间，按连接件的形状、尺寸和刚性增加固定点。对于超薄壁结构件和密封铆接件，在用中心法或边缘法进行初步固定时，一般采用密集性固定，即每隔一个孔固定一点，除了防止变形外，还便于插钉。二次装配时，一定要按照原固定孔固定。

（6）对于曲率较大的半开口结构，固定时要采取反变形措施，即沿铆接变形的相反方向，预先人为地改变工件的外形进行固定，如图 11-33 所示。

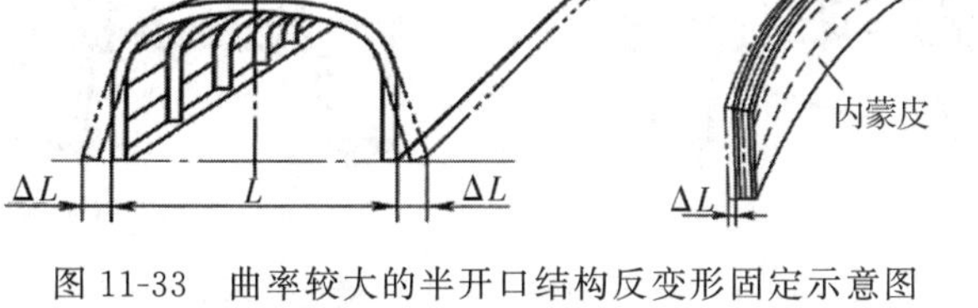

图 11-33 曲率较大的半开口结构反变形固定示意图

11.1.7 冲击铆接

1. 冲击铆接的认知

冲击铆接是利用铆枪冲击力作用在铆钉上、铆钉头上或铆钉杆上，在顶把的反作用力下形成镦头的铆接方法。冲击铆接是飞机装配连接的一种主要技术方法。

根据冲击力产生的方式，冲击铆接可分为手工锤击铆接和气动铆枪冲击铆接两种类型。

1）手工锤击铆接

手工锤击铆接是用手锤直接锤击铆钉杆的尾端或锤击铆窝头，使其变形而形成镦头的一种铆接方法。

典型的手工锤击铆接工艺流程：划线→钻铆钉孔（埋头铆钉需锪埋头窝）→去毛刺→重新装配→铆接。

手工锤击铆接注意事项：

（1）根据铆钉直径钻出相应合格的铆钉孔。

（2）将铆钉插入铆钉孔内，如果是半圆头铆钉，用顶模顶住铆钉头。如果是埋头铆钉或平头铆钉，用垫铁顶住铆钉头。

（3）用挤压器（罩模）将铆接件压紧。

（4）用手锤直接锤击铆钉杆的尾端，使其变形而形成镦头。若要形成扁圆头镦头，还要用铆窝头修整。

（5）操作时必须注意，开始锤击力量不能太大，同时，工具端头要垂直于铆接件的表面，否则会使铆钉杆偏歪，造成镦头不合格。

2）气动铆枪冲击铆接

气动铆枪冲击铆接是利用气动铆枪的冲击力来铆接工件的。根据铆枪冲击力作用在铆钉上的不同部位，气动铆枪冲击铆接可分为正铆法和反铆法两种，如图 11-34 所示。

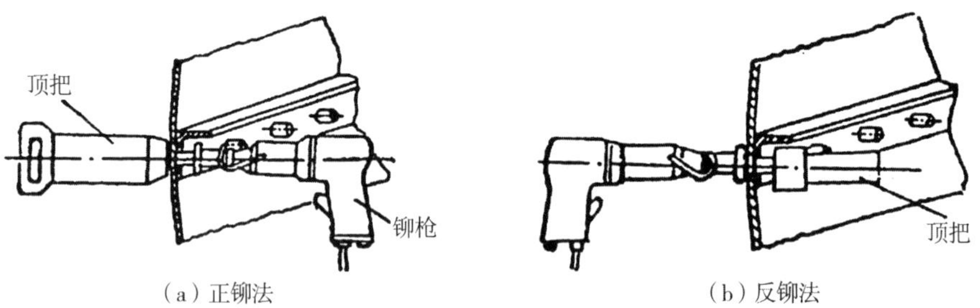

（a）正铆法　　（b）反铆法

图 11-34　气动铆枪冲击铆接过程示意图

正铆法是用顶把顶住铆钉头，铆枪驱动铆窝打在铆钉杆尾端，从而使铆钉杆尾端形成镦头的一种铆接方法，如图 11-34（a）所示。其特点是：铆接件变形小，表面质量好；铆钉杆镦粗形成镦头速度快；铆接较厚连接件效果好；顶把质量大，比反铆法用的顶把重 4 倍，顶紧力大，劳动强度大；只适用于开敞性较好的部位。

反铆法是用铆枪的冲击力作用在铆钉头部，顶铁顶在铆钉杆尾端，其反作用力使铆钉杆尾端镦粗形成镦头的铆接方法，如图 11-34（（b）所示。其特点是：受铆接通路限制少，应用广泛；顶把质量比正铆法用的顶把轻；压紧铆接件效果好，可减少连接件之间的间隙；表面容易产生质量缺陷，如铆缝变形、蒙皮磕伤、打伤等；较厚连接件形成镦头速度慢，且质量有时达不到要求。

2. 典型铆接工艺

1）凸头铆钉铆接

板材和板材连接，用凸头铆钉铆接的工艺过程如图 11-35（a）所示，包括定位、钻孔、去毛刺后放铆钉、铆接。板材和型材连接，用凸头铆钉铆接的工艺过程如图 11-35（b）所示，包括定位、制孔、去毛刺后重新定位、放铆钉、铆接。

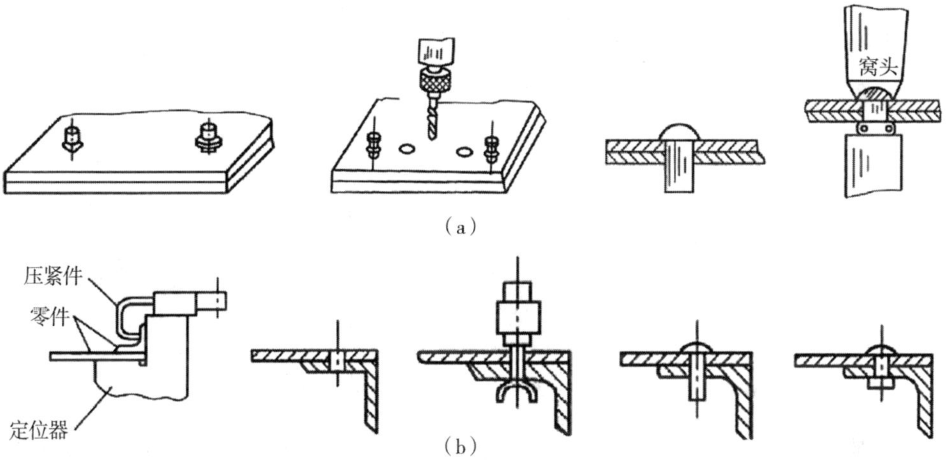

图 11-35　凸头铆钉铆接的工艺过程示意图

凸头铆钉铆接一般适用于飞机结构内部连接件铆接及低速飞机的外表面铆接，搭接铆缝、纵条结合铆缝绝大部分使用凸头铆钉进行铆接。

2）埋头铆钉铆接

埋头铆钉铆接又称沉头铆钉铆接，包括单面埋头铆钉铆接和双面埋头铆钉铆接两种形式。

（1）单面埋头铆钉铆接

单面埋头铆钉铆接（即埋头铆接）仅比凸头铆接多一道制窝工序，根据制窝方法的不同，可以分为 A、B、C、D 四种埋头铆接形式。

A 种埋头铆接的工艺过程示意图如图 11-36 所示，先钻出比最后孔径小一级直径的孔，再拆开蒙皮去孔边缘毛刺，然后用阳模和阴模分别在工件上冲窝或铆接件一起冲窝，扩最后直径孔后放入铆钉进行铆接。铆接件上的埋头铆钉窝均用压窝模压制，一般当外蒙皮厚度和骨架厚度均不超过 0.8 mm，铆件总厚度不超过 1.6 mm 时，采用这种形式。

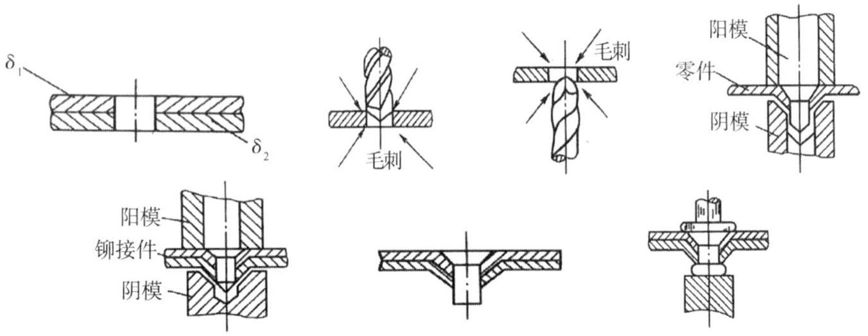

图 11-36　A 种埋头铆接的工艺过程示意图

B 种埋头铆接的工艺过程示意图如图 11-37 所示，先钻出与铆钉直径相符合的孔并去毛刺，放入铆钉后再冲窝，最后进行铆接。一般当蒙皮和骨架厚度均不超过 0.8 mm，铆件总厚度不超过 1.2 mm 时，采用这种形式。

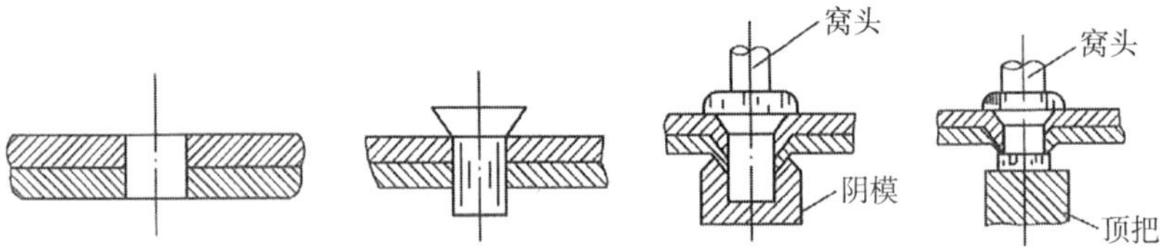

图 11-37　B 种埋头铆接的工艺过程示意图

C 种埋头铆接的工艺过程示意图如图 11-38 所示，先在蒙皮和骨架上一起钻初孔，再分解蒙皮、骨架、去毛刺，然后分别在蒙皮压窝、骨架锪窝，固定蒙皮和骨架，扩所有铆钉孔，最后放入铆钉进行铆接。这种方法适用于外表面蒙皮压窝、内部骨架锪窝的情形，一般蒙皮厚度小于 0.8 mm，骨架厚度大于埋头铆钉头高度。

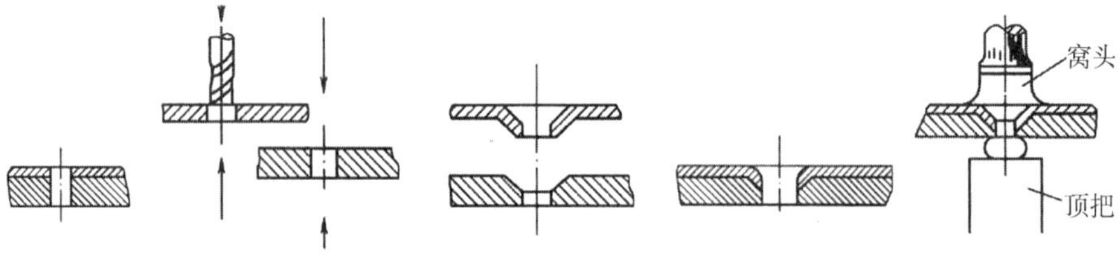

图 11-38　C 种埋头铆接的工艺过程示意图

D 种埋头铆接的工艺过程示意图如图 11-39 所示，包括钻孔、锪窝、放铆钉、铆接。通常，铆接件上的埋头铆钉窝都采用锪窝法，只要蒙皮厚度大于 0.8 mm 都可以采用这种形式，因此，高速飞机的外表面铆接绝大多数采用 D 种铆接形式。

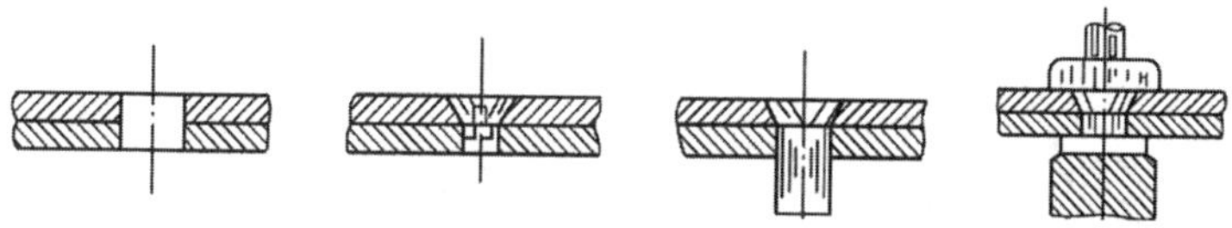

图 11-39　D 种埋头铆接的工艺过程示意图

上述四种埋头铆接形式，既可以采用冲击铆接，也可以在压铆机上进行铆接，压铆的铆接质量更可靠。

（2）双面埋头铆接

在飞机结构中，有的铆缝要求两面都是平滑的表面，一般采用双面埋头铆接。双面埋头铆接主要有三种形式，如图 11-40 所示。

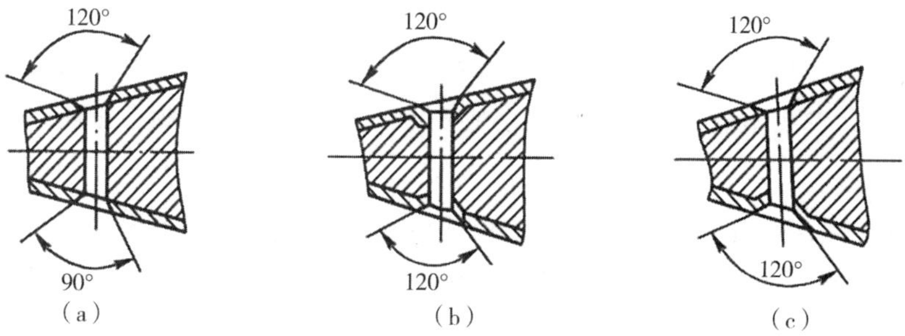

图 11-40　双面埋头铆接形式示意图

在上部蒙皮和底层蒙皮（或骨架）分别锪制埋头铆钉头窝和沉头镦头窝，如图 11-40（a）所示。这种形式适合于蒙皮厚度大于 0.8 mm 的结构件连接，其铆接工艺过程与 D 种沉头铆接工艺过程相似。

在较厚的骨架上锪制埋头钉窝，而在上蒙皮和下蒙皮上分别采用冲击铆钉头和钉杆镦粗成型直接压制成埋头钉窝及沉头镦头窝，如图 11-40（b）所示。这种形式适合于较薄的蒙皮（一般 0.8 mm 以下）结构的连接件铆接。

外蒙皮锪制窝孔，在骨架上锪制比铆钉头深 0.15δ 的窝，而在另一蒙皮上铆钉镦头的窝孔是在铆接时随钉杆镦粗压制而成的，如图 11-40（c）所示。这种形式是上述两种形式的结合，其铆接工艺过程是 D 种和 C 种埋头铆接工艺过程的综合。

3. 铆接操作的要点

冲击铆接工作大多由两个铆工共同完成，在结构件允许的条件下，也可由一名铆工来完成一定量的铆接工作。

根据铆钉的直径、材料、型号和铆接方法及结构件的特点，合理选择铆枪的型号、功率，窝头的规格、外形，顶把的形状、质量，目的就是减小铆接件变形，迅速形成合格的镦头。同时，还要检查窝头和顶把的工作面是否符合粗糙度要求。铆接前，安装好窝头，在木板上进行试枪，检查铆枪冲击是否正常，如图 11-41 所示。

图 11-41　空击铆枪试验示意图

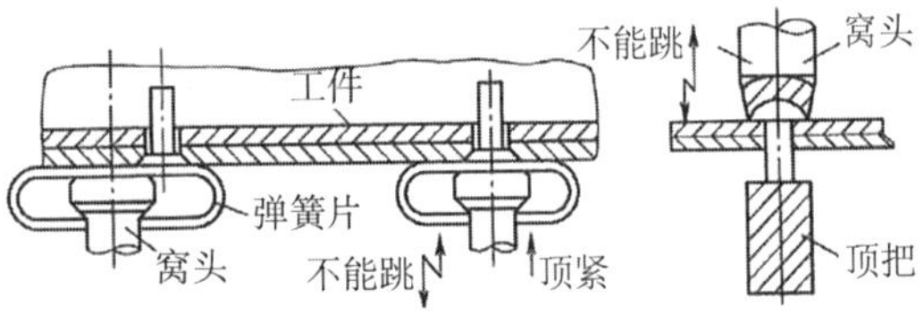

图 11-42　窝头、顶把在铆接过程中的位置示意图

铆接开始时，主枪手要先轻按铆枪扳机点铆一下，根据声响，确认对方顶好后，方可连续冲击铆接。尤其是对于薄蒙皮（$\delta \leqslant 0.8$ mm）铆接，二人必须配合默契，杜绝放空枪，防止蒙皮变形。铆接时，主枪手要掌握铆钉锤击成型时间的规律，使铆钉镦头成型在几乎一样的合格高度。

在铆接过程中，窝头中心线和顶把工作面应始终保持与铆钉中心线相一致（楔形件铆接例外），窝头不能在铆钉头上跳动或上下、左右滑动，否则会影响产品质量，如图 11-42 所示。

铆接时，右手握住铆枪手柄。在使用铆枪时一般都采用双手握枪，给窝头一定的压紧力和平衡力，防止窝头跳动，保持铆枪平稳。中指扳住进气按钮，无名指放在按钮下面，两个手指相互配合，根据所需冲力控制进气量。施铆时，用左手向铆钉孔内插入铆钉，两手相互配合，快速高效完成铆接过程，如图 11-43 所示。

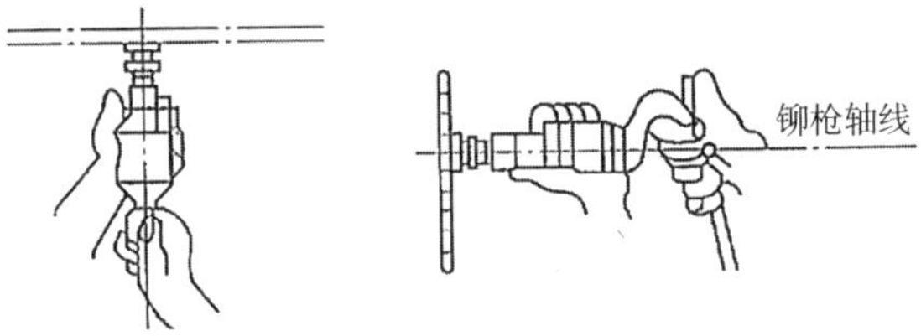

图 11-43　铆枪握持示意图

顶铆钉时，手握顶把的顶紧力开始时不要过大，待铆钉钉杆略微镦粗后，再向顶把加顶紧力，促进铆钉镦头成型，防止铆缝凹陷。同时，还要注意顶把不要顶伤或碰伤结构件。各种铆接姿态如图 11-44 所示。

图 11-44　铆接姿态示意图

在结构件不开敞的薄蒙皮铆接中，在看不到顶把是否顶住铆钉杆的情况下，一定

要在铆钉孔内看到顶把工作面，顶钉人和主枪手都确定已顶好，方可插入铆钉铆接。要一次成型，才能移动顶把。不开敞的薄蒙皮铆接的冲击铆接时间要短，多次冲击成型镦头，其目的是防止冲击铆接振动大，产生顶把位移，顶在顶杆周围，发生打凹、打裂现象。

消除连接件之间的间隙时，要先轻轻点铆，待铆钉杆略微镦粗后，再用顶把顶在钉杆周围，或把钉杆套在空心冲内，使空心冲紧贴钉杆根部工件表面，用顶把顶住空心冲，轻轻点铆，也可以用窝头或顶把顶住铆钉头，把钉杆套在空心冲内，敲打空心冲，消除间隙，保证平整的铆缝外形，如图 11-45 所示。

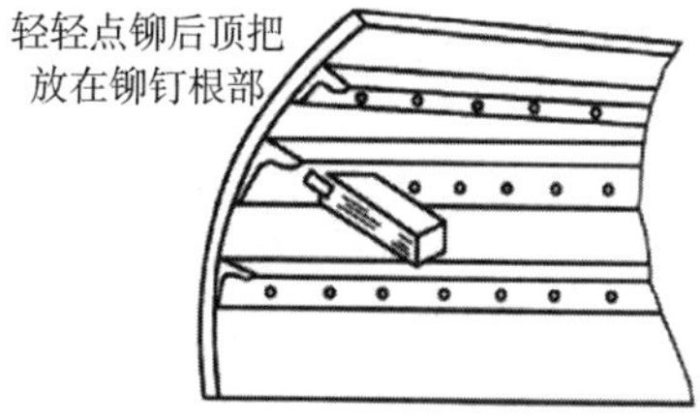

图 11-45　连接件之间的间隙消除示意图

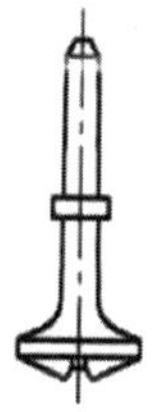

图 11-46　大面凸头钉窝头示意图

铆接时，应尽量采用正铆法。

反铆时，应尽量使用带防护胶皮的窝头或采取在窝头和铆钉之间铺垫防护物（如玻璃纸、塑料膜等）的方法，以获得良好的表面质量。

采用反铆法铆接较薄的连接件时，应尽量使用如图 11-46 所示的大面凸头钉窝头。同时，要控制好铆枪的进气量，功率不要过大，以防铆接变形。

采用反铆法铆接厚度大的连接件或铆接时放置顶把较难而又难以形成合格镦头的部位，在铆钉杆略微镦粗后，顶把可以轻轻晃动，加快镦头成型的速度，但在镦头最后成型前的瞬间，顶把工作面必须再次垂直于钉杆轴心线，以便获得较平整的镦头，如图 11-47 所示。

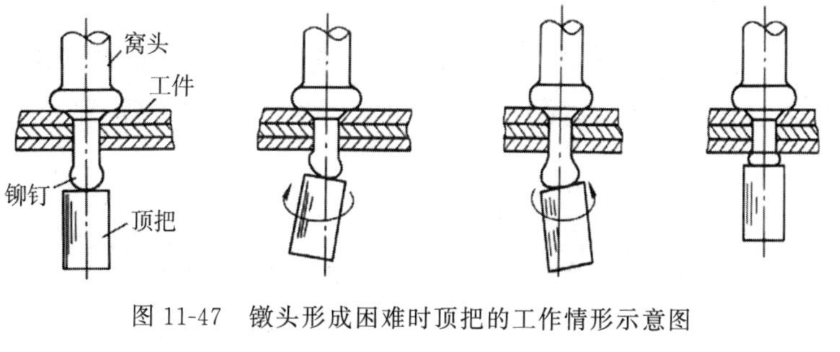

图 11-47　镦头形成困难时顶把的工作情形示意图

曲面连接件的埋头铆钉铆接应注意使铆钉头锥面紧密地贴合于窝孔锥面上。铆接开始时，窝头应轻轻地沿埋头铆钉头周围晃动或点铆，使其埋头铆钉头贴紧钉窝后再加大铆枪功率进行铆接，如图 11-48 所示。

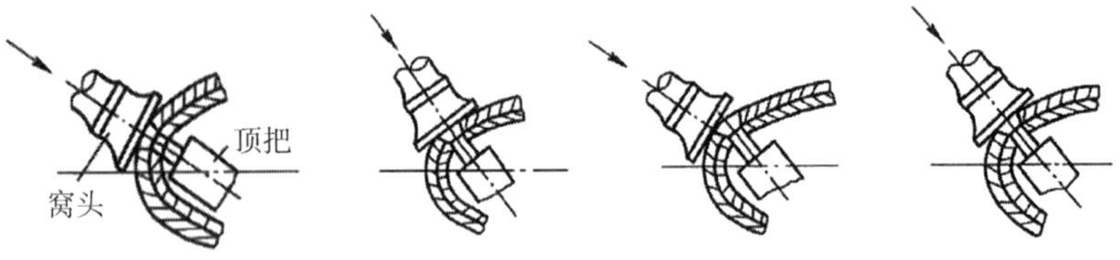

图 11-48　曲面连接件的埋头铆钉铆接示意图

楔形连接件的埋头铆钉铆接，窝头要紧贴蒙皮，顶把工作面向楔形的张开方向倾斜 2°～3°作用于铆钉杆上，镦头稍成型后，再把顶把垂直于钉杆端面。铆枪开始铆接时点铆，将突出于蒙皮的埋头铆钉头打靠于窝孔后，再进行连续铆接，如图 11-49 所示。

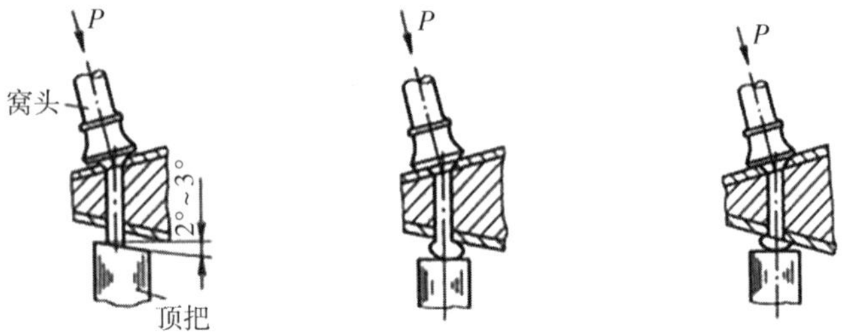

图 11-49　楔形连接件的埋头铆钉铆接示意图

铆钉杆初镦，钉杆有轻微顶歪的情况时，可将顶把工作面沿歪的方向逆顶，校正钉杆后，顶把工作面仍垂直于（或轻轻摇晃）钉杆铆接，直至镦头成型，如图 11-50 所示。

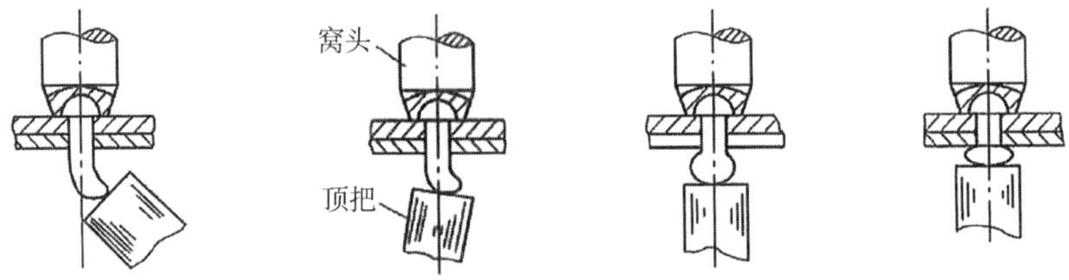

图 11-50　铆钉杆顶歪的校正示意图

当铆接两种不同材料的连接件或铆接材料相同而厚度不同的两个连接件时，为防止铆接变形，应尽量将镦头形成在较硬材料的那一面或材料较厚的那一面，如图 11-51 所示。

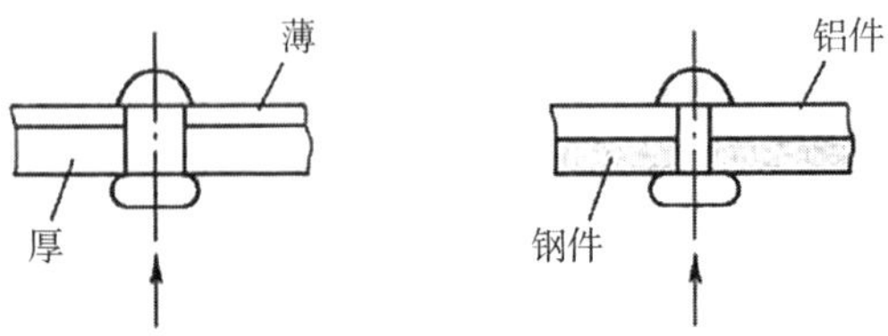

图 11-51　材料不同或厚度不同连接件铆接镦头形成示意图

铝合金材料上铆接钢铆钉时，为避免工件变形，在钢铆钉头下面和钉杆尾部那一面应放置相应直径的金属垫圈。为了防止尾部垫圈铆接时受振动而产生窜动，可自制叉片，按住垫圈后进行铆接，如图 11-52 所示。

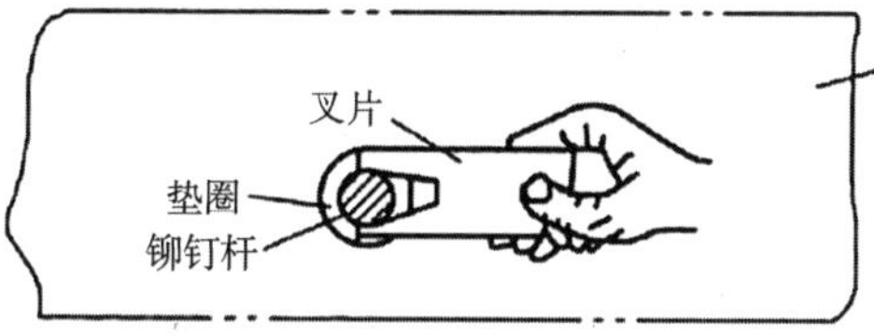

图 11-52　叉片按住垫圈后进行铆接示意图

在结构件通路较差，用手指无法直接向铆钉孔放铆钉时，可自行制作如图 11-53 所示的放钉器。

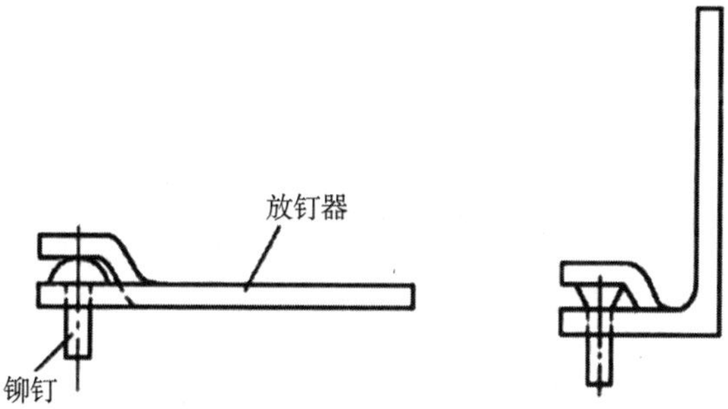

图 11-53　铆钉放钉器示意图

在铆接过程中，主枪手和顶钉手应配合、协调，预先商定铆接过程中的各种信号，如开始锤击、镦头高、镦头扁、镦头歪、更换铆钉、镦头成型合格等都要用信号通知对方，以掌握铆接情况，及时排除故障或继续铆接。

为了防止蒙皮铆接后产生鼓动或波纹，要尽量采用如图 11-54 所示的中心法铆接或边缘法铆接。

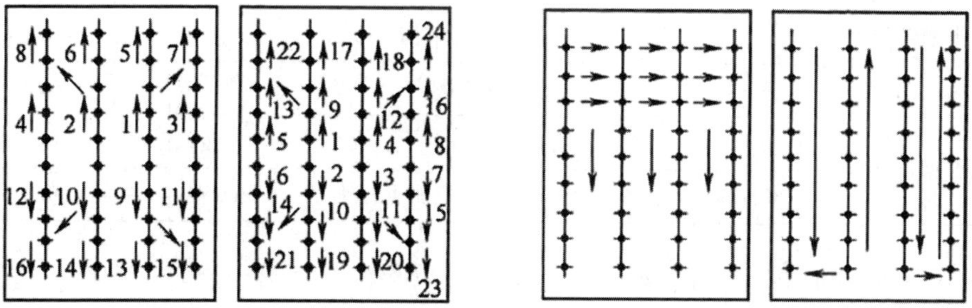

（a）中心法铆接　　（b）边缘法铆接

图 11-54　常规铆接方法示意图

为了获得良好的铆接表面，根据图样和技术要求，在埋头铆钉铆接后或埋头镦头铆接后，应采用铣平器修整铆钉头或埋头镦头至要求。

铝铆钉的热处理及热处理后冷藏是为了使铆钉镦头成型快，减少铆接变形。将2017D、2024DD铆钉放入恒温的盐炉中进行加温，在规定的时间内取出，立即放入清水中清洗后即可进行铆接。经过热处理的铆钉，要在材料硬化之前铆完。如果用不完，应在清洗后将铆钉放入冰箱内进行冷藏保管。

4. 铆接的质量要求

（1）铆钉的位置正确，即铆钉的边距、间距、排距应符合技术要求。

（2）铆接后的铆钉头表面不应有伤痕、压坑、裂纹等缺陷。

（3）所有外形的埋头铆钉都不得下沉，埋头铆钉头凸出蒙皮的高度应尽量控制在0.02～0.05 mm，或在各机种技术条件规定的偏差范围内。

（4）铆接后，被连接件的铆钉处不允许存在间隙，即贴铆钉处不允许有间隙，但在两个铆钉之间允许存在局部间隙，如表11-9所示。

表 11-9　铆接件铆钉间允许的间隙

蒙皮厚度/mm	铆钉间距/mm	允许间隙/mm
≤1.5	＞40	≤0.5
1.6～2.0	≤40	≤0.3
＞2.0	20～40	≤0.2

（5）铆钉周围的蒙皮以及两个铆钉之间的蒙皮，允许存在的下凹量如表11-10所示。

表 11-10　铆钉周围蒙皮允许的下凹量

测量单元	部位	下凹量/mm
一个铆钉间距	一般结构	≤0.2
	进气道内部结构	≤0.4
	难铆接处	≤0.3
两个铆钉间距	一般结构	≤0.2
	多排铆钉，间距小于30 mm，弯曲半径小于300 mm处	≤0.3

（6）铆钉镦头不允许有裂纹，标准镦头应呈如图11-55所示的鼓形，不允许出现喇叭形或马蹄形等形状。镦头尺寸应满足设计尺寸要求，可在表11-11所示的铆钉标准镦头尺寸及其极限偏差中查得或按公式计算得到。

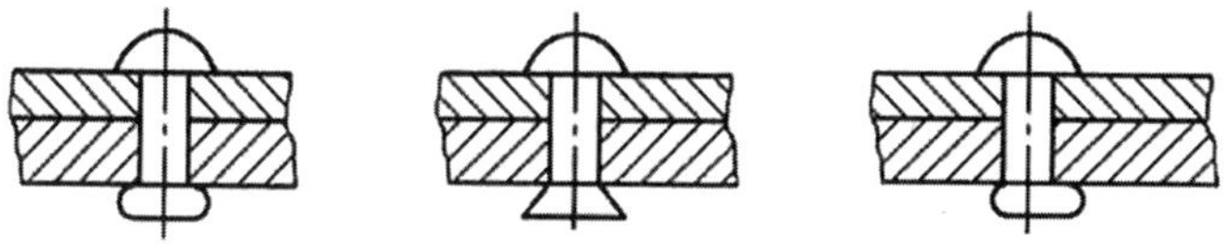

图 11-55　铆钉镦头形状示意图

表 11-11　铆钉标准镦头尺寸及其极限偏差

铆钉直径 d/mm	2.0	5.1	2.1.1	3.0	3.5	4.0	5.0	2.1.0	7.0	8.0	10.0
镦头直径 D/mm	3.0	3.8	3.9	4.5	5.2	2.1.0	7.5	8.7	10.2	11.6	14.5
镦头直径极限偏差/mm	±0.2	±0.25		±0.3		±0.4	±0.5	±0.6	±0.7	±0.8	±1.0
镦头最小高度 h/mm	0.3	1.0	1.1	1.2	1.4	1.6	2.0	2.4	8.1	3.2	4.0
镦头对钉杆轴线同轴度/mm	0.4				0.6		0.8	1.0	1.2		1.4
镦头圆度	在铆钉镦头直径极限偏差内										

① 当铆钉直径 $d \leqslant 5$ mm 时：

$$D=(1.5 \pm 0.1)\ d$$

② 当铆钉直径 $d>5$ mm 时：

$$D=(1.45 \pm 0.l)\ d$$

③ 镦头高度：

$$h=0.5d$$

④ 埋头镦头直径：

$$D=1.6d \sim 1.8d$$

通常，当埋头锥角 $\alpha=90°$ 时，D 选 $1.6d \sim 1.7d$。当 $\alpha=120°$ 时，D 选 $1.7d \sim 1.8d$。

埋头镦头尺寸示意图如图 11-56 所示。铆钉镦头尺寸是否合格，可用如图 11-57 所示的镦头样板进行检验。

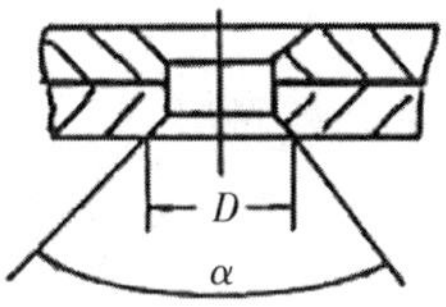

图 11-56　埋头镦头尺寸示意图

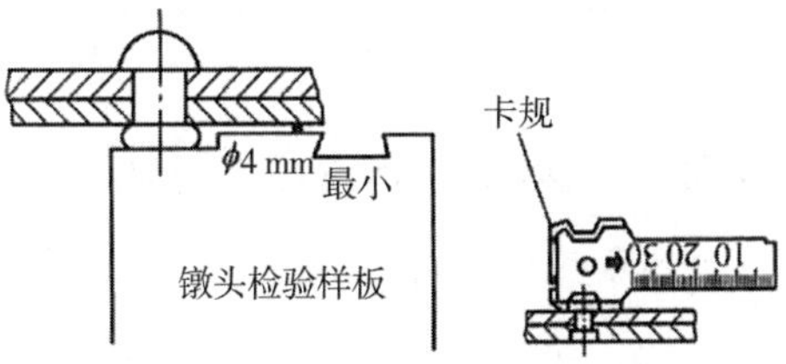

图 11-57　镦头检验样板示意图

双面埋头铆钉的镦头直径与铆钉头直径相同，铆钉头的凸出量如表 11-12 所示，测量示意图如图 11-58 所示。

表 11-12　双面埋头铆钉的铆钉头凸出量

部位	凸出量 Δ/mm		
	一般	局部 20%	双面沉头铆钉镦头
翼面类Ⅰ区	0<Δ≤0.1	0.1≤Δ≤0.15	+0.3
翼面类Ⅱ区	0<Δ≤0.15	0.15≤Δ≤0.2	

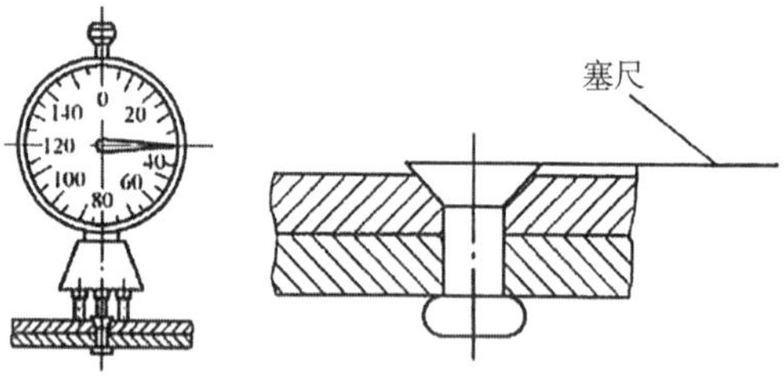

图 11-58　双面埋头铆钉头凸出量测量示意图

（7）铆钉分解的孔径值应在规定的公差范围内，如超出公差则应加大一级孔径，但加大铆钉直径的数量不能超过各机种技术条件规定的范围。

普通铆钉的分解过程示意图如图 11-59 所示。

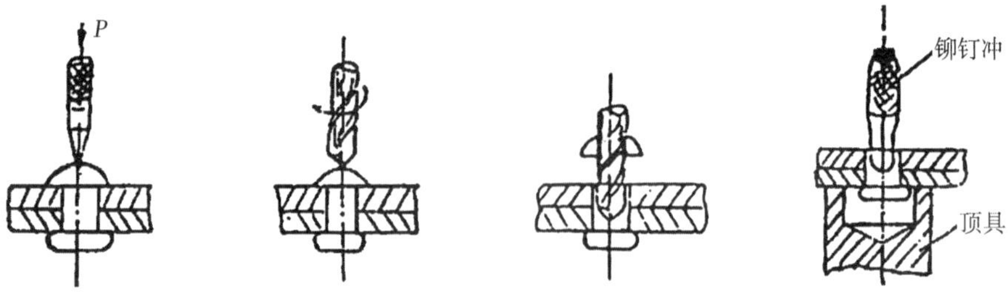

图 11-59　普通铆钉的分解过程示意图

① 先在铆钉头中心打一冲点或用手转动钻头，使钻头横刃在铆钉头上旋一小坑。

② 在冲点或钻坑上钻孔，钻至一定深度后，铆钉头脱离钉杆。

③ 用比铆钉直径小 0.1 mm 的铆钉冲出铆钉杆，此时钉杆尾端用带凹孔的顶具顶牢工件。

④ 若冲点偏离铆钉头中心，不要强行按偏离中心的冲点分解铆钉，应校正后再分解，否则会导致孔径超差。

11.1.8　压铆

1. 压铆的认知

利用压铆机产生的静压力镦粗铆钉杆形成镦头的铆接方法称为压铆。压铆的工件具有表面质量好、变形小、连接强度高等特点，只要结构工艺性允许，应优先采用压铆。

2. 压铆的操作

应根据产品结构形式和铆缝特点，正确选择压铆机型号和压铆模进行压铆。常用的压铆设备有手提式压铆机和固定式压铆机两类。

1）手提式压铆机压铆

手提式压铆机受到钳口尺寸和形状的制约，一般仅适用于结构边缘铆缝的单钉压铆。其操作程序为：

（1）按照压铆工艺规程或指令，根据产品结构特点选择所需压铆机钳口形式以及压铆冲头。

（2）用测量法和计算法确定铆缝夹层的厚度 $\sum\delta$ 。

（3）分别在固定臂和活动臂上安装压铆冲头，如图 11-60 所示。铆接平头铆钉时，铆钉头冲头安装在固定臂上，根据下列公式的计算值来调整上下冲头之间的距离。

$$H=\sum\delta+(0.5\pm0.1)d$$

式中：H 为上、下冲头之间的距离，$\sum\delta$ 为铆缝夹层厚度，d 为铆钉直径。

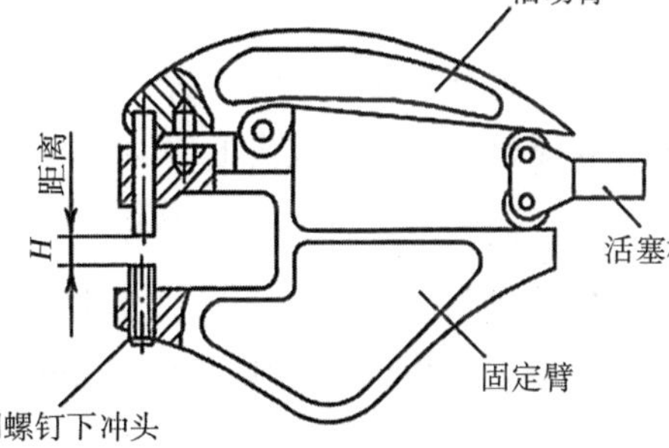

图 11-60　压铆冲头在固定臂和活动臂上的安装示意图

具体调整方法：先接通气源，扳动压铆机上的气门，试操作压铆机。当带有上冲头的活动臂至下死点位置（活塞杆伸出量最小位置）时，用旋具调整固定臂上的下冲头，用通用量具测量，得到所需要的距离，然后用扳手拧紧下冲头。

（4）压铆一般采用正铆法。铆接时，压铆机固定臂的下冲头首先接触铆钉头。调整铆接件，其外表面应与冲头垂直，然后扳动压铆机上的气门进行压铆。

（5）用与结构等厚度的试片试铆 1～3 个铆钉，经检查质量合格后，再在产品上进行铆接。

（6）在压铆过程中，手持压铆机应灵活，手握力不应太死板，否则会影响铆接质量。常见的手提式压铆机及其操作使用示意图如图 11-61 所示。

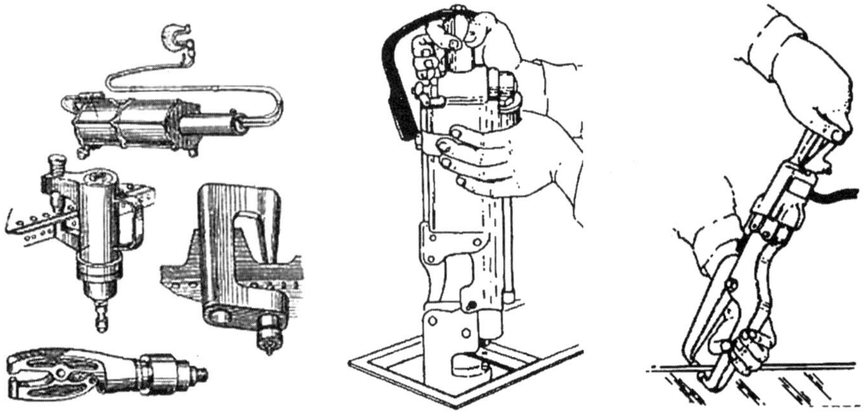

图 11-61　手提式压铆机及其操作使用示意图

2）KII-204 压铆机的压铆

KII-204 压铆机为气动杠杆固定式单钉压铆机，主要适用于框、梁、肋平面类以及小型组合件的压铆。KII-204 压铆机的压铆行程装置安装于弯臂的上部，为便于调整镦头的高度和观察镦头的质量，通常采用正铆法压铆。压铆时，铆钉由下向上穿入，每放入一个铆钉，压铆机完成一个压铆循环。

其操作程序为：

(1) 根据铆接件的结构形式合理选择压铆冲头。

(2) 将选择好的冲头分别安装于压铆机的上柱杆和下柱杆上。

(3) 接通压铆机的气源，调整上下冲头之间的距离，调整方法与手提式压铆机的调整方法相似，即先将带有上冲头的上柱杆下降至最低位置，再将带有下冲头的下柱杆通过转动螺杆上下移动下冲头，并按铆缝夹层厚度与铆钉镦头高度之和测得所需要的距离。

(4) 用与结构等厚度的试片试铆 1～3 个铆钉，经检查合格后，方可在产品上进行压铆。

(5) 铆接时，铆接件表面应保持与上下冲头垂直，以获得高质量的铆接。当铆接半圆头铆钉时，要用铆钉头作定位基准，采用正铆法进行铆接。当铆接沉头铆钉时，若铆接件为冲窝时，则以冲窝作为定位基准，采用反铆法进行铆接。当铆接平头铆钉时，一般采用反铆法进行铆接，也可用正铆法，但所选冲头的窝必须与铆钉头的形状相一致。

(6) 踩下脚踏板，动力组的上柱杆向下移动，弹簧冲头上的弹簧压紧器压紧铆接件，使上冲头压铆钉的钉杆形成镦头。在汽缸的作用下，上柱杆带上冲头返回原位，完成一次铆接。KII-204 压铆机压铆工作过程示意图如图 11-62 所示。

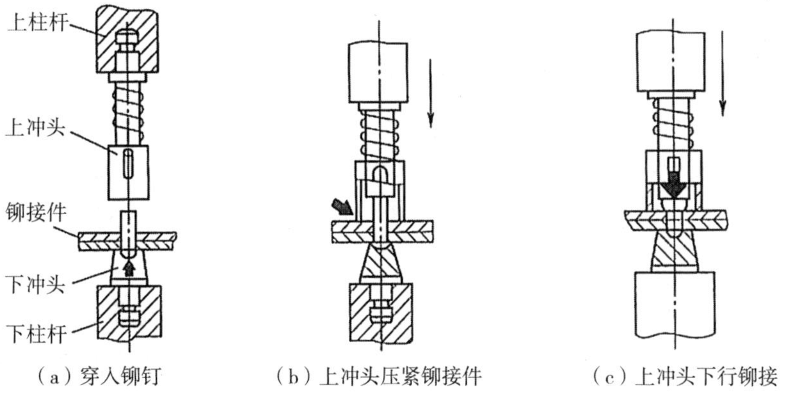

图 11-62　KII-204 压铆机压铆工作过程示意图

3）KII-503 压铆机的压铆

KII-503 压铆机为弓臂固定式半自动成组压铆机，主要适用于压铆外形为单曲度结构件，如翼面类部件的壁板。KII-503 压铆机的铆接过程是自动循环的，当踩下右踏板后，上铆模下降到接触铆接件时停止，下铆模上升到接触铆接件而继续上升，完成压铆过程后，上下铆模离开铆接件，退回到原来位置。若仅要下铆模上升，踩中踏板。如要临时将上下铆模离开铆接件，则踩左踏板。

KII-503 压铆机一次压铆的铆钉数量如表 11-13 所示。

表 11-13　KII-503 压铆机一次压铆的铆钉数量

铆钉直径/mm	3	3.5	4	5	6	7	8	10
铆钉数量（硬铝铆钉）/个	24	17	12	8	5	4	3	2

其操作程序为：

（1）踏下左踏板，使上下柱塞退回原位。

（2）根据铆接件的结构和一次压铆的铆钉数量选择好所需的上下压铆模，并将选好的压铆模固定在压铆机的上下柱塞内。

（3）将装好铆钉的铆接件安装固定在压铆托架上。操作者纵横移动托架，使铆接件的铆接部位置于上下铆模之间，即踏下中间踏板，下铆模上升，移动托架，使将要铆的铆钉对准在下铆模之上。再踏下左踏板，使下铆模退回原位。

（4）操作者踏下右踏板进行压铆，完成一次工作循环。上铆模下移接触铆接件后，触动气门停止，上气动机工作，同时下铆模开始上升，其铆模两侧的压板先接触铆接件并压紧，随后活塞汽缸工作，推动下铆模上升，将压力传给铆钉杆而形成镦头。当镦头高度达到要求时，上下铆模自动回到原位，完成一次压铆。操纵托架使铆接件移到下一个压铆部位，进入下一个压铆循环。

3. 自动钻铆技术

自动钻铆技术是指通过自动钻铆机来完成夹紧、钻孔、锪窝、喷涂密封剂、放铆钉、铆接和铣平等一整套工序，预先编制程序，全部工序由计算机控制操作。其特点是：制孔精度能控制在0.005 mm以内，窝的深度公差可控制在0.025 mm以内；铆钉镦头高度保持一致，不受人为因素影响，因此能确保铆接质量；疲劳强度高、寿命长、铆接质量好。

自动钻铆机的型号较多，不同型号的自动钻铆机其功能不尽相同，但钻铆的工艺过程大致相近。其工艺过程大致为：上下夹紧器移向定位的工件并夹紧工件，在整个循环过程中保持其夹紧压力，不使工件之间产生间隙和毛刺。当工件被牢固夹紧时，打开上动力头开关，对工件钻孔、锪窝。完成制孔后，钻轴返回到行程的最高点，然后送钉机构自动放置铆钉。上下铆头移向铆钉并镦粗铆钉，铆钉形成镦头后，上下铆头返回到原来的预定位置。

11.2 技能训练

表 11-14　技能训练工卡

标题	椭圆形口盖的修合与铆接
实训目的	通过椭圆形口盖的修合与铆接训练，掌握飞机结构钣金件的划线、加工后的检测、间隙修配以及常用铆接工具的操作使用方法。熟悉制孔、锪窝及铆接的技术要求和质量控制以及铝板加工内螺纹的方法及质量控制。
参考技术文件	《飞机铆接技术规范》《飞机钣金与铆接》《航空器维修基本技能》《铆接通用技术规范》
注意事项	1. 坚持安全、文明生产规范，严格遵守实训制度和劳动纪律。 2. 开工前穿戴好劳动保护用品。 3. 不同型号的铆钉分开存放，不要出现位置和铆钉型号不符的现象。 4. 铆枪严禁指向人，或非铆接零件时打空枪。 5. 铆接时，应对已经铆好的铆钉镦头和钉头进行保护，不要出现被虎钳夹伤的现象。 6. 椭圆形口盖划线一定要准确，当切点出现错位时一定要重划。 7. 在口框料上钻排孔去除余料时，一定要注意垂直度，避免钻成斜孔。 8. 口框铣削或锉削余料时，要将工具拿稳，不要将平面铣削成斜面。要依据线条加工，避免出现过线的情况。 9. 口框、底板定位夹紧时，保证外形一致，避免出现阶差。 10. 钻孔时，要严格按照加工方法，材料从厚往薄的方向钻孔，并将垂直钻套拿稳，不要出现倾斜现象。 11. 螺纹孔和精度孔加工时，一定要注意消除间隙，保持对称性，防止口盖窜动而达不到要求。

续表

工具/设备/材料/防护用品				
类别	名称	型号/规格	单位	数量
工具	风钻	Z801	把	1
	风钻	Z601	把	1
	铆枪	M301	把	1
	钻头	Φ3.6 mm	个	1
	钻头	Φ4.1 mm	个	1
	钻头	Φ2.7 mm	个	1
	钻头	Φ4.8 mm	个	1
	钻头	Φ5 mm	个	1
	钻头	Φ8 mm	个	1
	锪窝钻	Φ3.5 mm×90°	把	1
	锪窝钻	Φ4 mm×120°	把	1
	丝锥	M6	把	1
	铰刀	Φ5H7	把	1
	窝头	半圆、平	个	各 1
	平锉刀	200 mm	把	1
	半圆锉	200 mm	把	1
	弓形夹	标准	个	1
	顶铁	标准	个	1
	钢板尺	150 mm	把	1
	游标卡尺	150 mm	把	1
	直角尺	125 mm×200 mm	把	1
	半径规	R 1.5 mm	把	1
	铣枪	Φ20 mm	个	1
	快速定位销	Φ2.7 mm	个	1
	垂直钻套	Φ5 mm	个	1
	铅笔	2B	支	1
设备	工作钳台	标准	台	1
	折边机	1.5 m	台	1
	剪板机	1.5 m	台	1

续表

类别	名称	型号/规格	单位	数量
耗材	板料	LF21CZ-δ2 mm×125 mm×105 mm	块	按图样
	板料	LF21CZ-δ5 mm×125 mm×105 mm	块	按图样
	板料	LF21CZ-δ5 mm×85 mm×65 mm	块	按图样
	铆钉	按图样	个	按需
	机油		瓶	1
	煤油		瓶	1
	包装纸		包	若干
	清洁剂	酒精	瓶	1
防护用品	棉布	N/A	块	1
	耳罩/耳塞	符合个人防护标准	副	1
	防护手套	符合航空使用标准	副	1

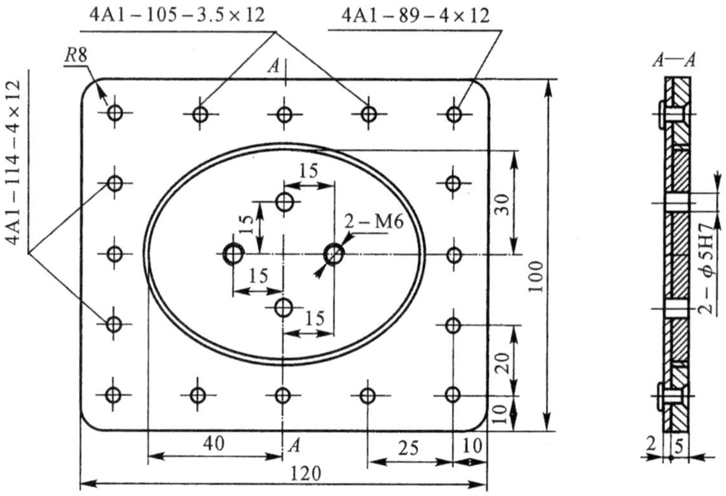

技术要求：

1. 外形尺寸、边距、间距公差为±0.5 mm，口盖尺寸公差为±0.5 mm，特殊孔距公差为±0.5 mm。
2. 口盖修合间隙为0.3～0.8 mm，要求口盖翻转间隙均匀。
3. 螺纹孔螺栓连接，Φ5H7孔不错位。
4. 制孔、锪窝、铆接按照技术文件要求执行。
5. 试板表面无损伤，棱边无毛刺。

任务	实训内容
一、准备工作	
1	查询资料，查找与项目相关的内容。
2	检查工作场地和设备的运行安全。

续表

3	按照工具清单清点工具，准备实训材料。
4	按照实训要求穿戴劳动保护用品，做好个人安全防护。
二、椭圆形口盖的加工	
1	在口盖毛坯料上按照图纸划出椭圆形轮廓线，要求线条清晰而准确，并且标注出四个切点 E、F、G、H 及相关位置点 A、B、C、D，如图所示。 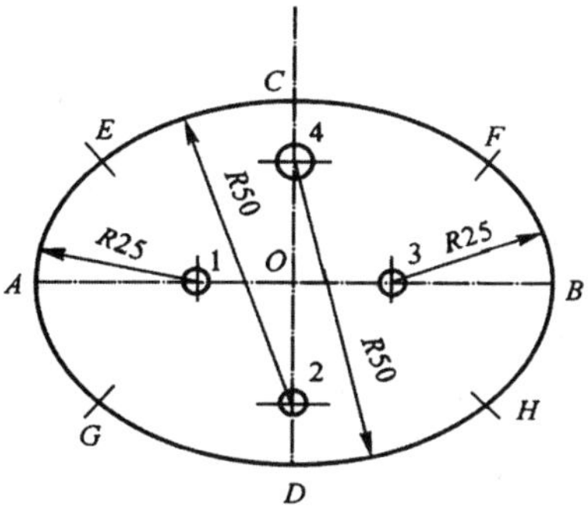
2	用钻排孔的方法去除周边的余料，粗加工铣削外形接近轮廓线后，精加工锉削修整外形到留 1/2 线宽。
3	将口盖放置在白纸上，贴近根部，画出轮廓线，转位检查外形的互换性，将有问题的位置进行修整，达到互换的要求。
三、口框加工	
1	将口框的外形尺寸加工到 120 mm×100 mm，四边相互垂直后划出对称中心线。将加工好的口盖放置在口框的材料上，将口盖的中心线与口框的中心线完全对齐后，用铅笔沿着口盖的外形根部划出轮廓线，并将线条向外侧均匀加粗 0.3 mm，如图所示。 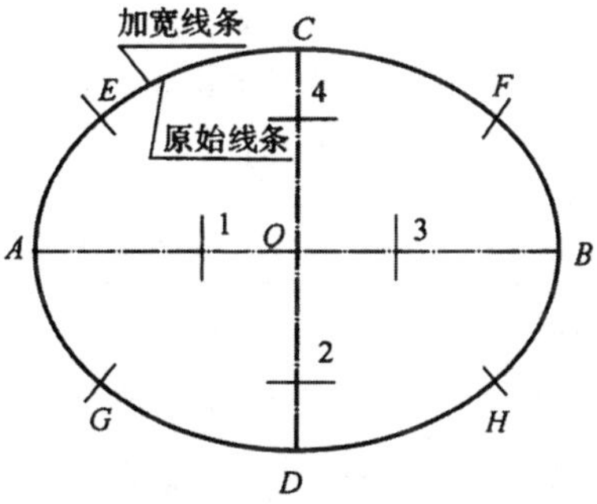
2	用钻排孔的方法去除口框中椭圆形的余料，再用铣轮铣削口框的内形余料到原始线条后，将口盖放置到口框内试配，达到能较紧配合到口框内并能够较均匀地转位。
3	用锉刀去除口框上加粗的线条，直到 0.3 mm 宽度线条全部均匀去除掉，再用口盖检查修合间隙，去除明显高点，达到图纸要求的口盖和口框的配合间隙，并且转位均匀。

续表

四、底板加工	
1	用铣轮铣削或用锉刀锉削 102 mm×122 mm 底板料外形，加工到口框的外形尺寸 100 mm×120 mm，保证外形垂直度为 90°±30′，去除棱边毛刺。
五、划线	
1	在口框上根据图样要求划出所有铆钉位置线。
六、制孔、锪窝、铆接	
1	操作时，弓形夹要将口框与底板定位夹紧，使用垂直钻套时要紧贴试板面，不要倾斜，按照图样上铆钉的规格进行制孔、锪窝、铆接，并保证质量。
七、螺纹孔及精度孔的加工	
1	在口盖上根据对称中心线划出四个特殊孔的位置线。
2	用垫纸消隙法固定好口盖在口框中的位置，并用弓形夹固定夹紧。
3	先用 Φ2.7 mm 钻头钻出相邻两个位置的导孔，再将口盖旋转 180°，采用引孔的方法将另外两个位置的导孔钻出。
4	用 Φ4.8 mm 钻头扩短轴上的两个孔，用 Φ5 mm 钻头扩长轴上的两个孔。
5	用 Φ5H7 手用铰刀加机油铰削 4.8 mm 精度孔。
6	用 Φ8 mm 钻头在 Φ5 mm 孔口两面倒 1.5×45°倒角，去除 Φ5H7 孔口毛刺。
7	用 M6 丝锥加煤油进行孔内螺纹加工。
八、修整检查	
1	在试板的四个角上分别划出 R 8 mm 的圆角轮廓线，锉削加工合格，并去除毛刺。
2	对加工结束的工件外观进行修整，包括去毛刺，对铆接不合格的铆钉进行分解后重新铆接，并用清洗剂将表面的划线全部清洗干净。
3	依据图样对全部的尺寸进行复检。
九、结束工作	
1	用记号笔或钢印做好标记，提交工件和工卡。
2	清点工具，按要求维护后摆放规范、整齐。
3	清扫工作现场，保持工位干净、整洁，符合安全、文明生产要求。

项目 12　特种铆接

12.1　理论基础

现代飞机结构复杂，有些需要铆接的部位空间狭小，或者由于结构无法从两面施工铆接，为了提高结构的强度和疲劳寿命、增强密封结构的可靠性等，在飞机制造和修理中广泛采用特种铆接。特种铆接包括单面铆接、高抗剪铆钉铆接、环槽铆钉铆接、钛合金铆钉铆接、干涉配合铆接和密封铆接等。

12.1.1　单面铆接

铆工从铆接件的一侧单人实施铆接操作，称为单面铆接。单面铆接常使用拉铆枪对拉铆钉进行铆接，所以单面铆接也常称为拉铆或盲铆。单面铆接适用于通路不好的封闭部位，如在机翼、尾翼前缘蒙皮和进气道蒙皮等处以及复合材料的连接。单面铆接具有节省人力、降低劳动强度、铆接变形小及无锤击噪声等优点。常见的单面铆接有拉铆钉铆接和螺纹空心铆接。

1. 拉铆钉铆接

1）拉铆所用的工具

拉铆所用工具为拉铆枪，分为手动与气动两大类。每一类都有很多形式及牌号，以适合各种不同形式和不同直径的铆钉以及各种不同通路的铆接部位，有的则附有很多种类的转接器。常见的手动拉铆枪和气动拉铆枪如图 12-1 所示。

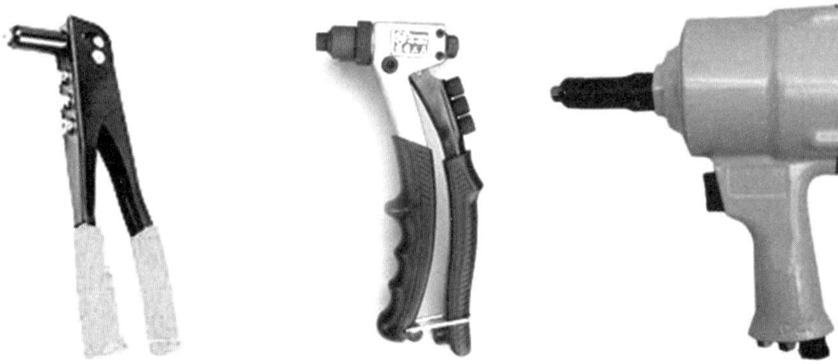

图 12-1 常见的手动拉铆枪和气动拉铆枪示意图

2）拉铆钉长度与夹层厚度的关系

英制拉铆钉的每一个长度号数都对应着一个可铆接的夹层厚度范围。如一个长度尺码为 4 的 CHERRYLOCK 拉铆钉，其可铆接的最小夹层厚度为 3/16 in，最大夹层厚度为 4/16 in。

英制拉铆钉的长度尺码可通过专用的拉铆钉长度钩尺测量被连接件厚度来确定。测量时，连接件应被夹紧、无间隙。另外，对于压窝件，测量长度应包括窝深。

3）拉铆钉施铆工艺

拉铆钉的铆接质量与制孔质量、操作技能以及铆钉长度的选择是否合适有着密切的关系。为了保证质量，铆接前应先在与工件厚度相等的试验件上试铆，合格后再到工件上铆接。

具体施铆工艺过程为：

（1）制孔。通常采用钻-扩或钻-铰一体的复合钻来完成制孔。若为埋头铆钉，则在制孔后还要进行锪窝或压窝。拉铆钉对孔的直径及垂直度要求较高，制孔应满足 BAC5001-3 的要求。

（2）选用合适的拉铆枪及拉头。按照铆钉的种类和直径选用合适的拉铆枪。普通拉铆钉选用单动作的拉铆枪，带锁紧环的拉铆钉（CHERRYMAX 铆钉除外）则必须使用双动作的拉铆枪。根据拉铆部位的可达性选用不同形状的拉头。

（3）施铆过程如图 12-2 所示。

① 将铆钉尾杆塞入拉铆枪的拉头内，拉头内的卡爪将铆钉夹住。有的拉铆枪的铆钉被夹住后就不可从中退出，除非卸下拉头。

② 将铆钉芯杆放入孔内，使拉铆枪垂直工件表面并压紧，以消除连接件之间的间隙。扣动板机芯杆被拉向上，使芯杆的较粗部分进入钉套内，将钉套由下而上逐渐胀粗，开始形成盲镦头，同时，铆接件被紧紧地靠合在一起。

③ 当拉铆枪继续将芯杆往上拉，逐渐将钉孔全部填满并产生一定程度的干涉量，形成盲镦头。此时，芯杆的断口处已停留在与钉头面齐平处。

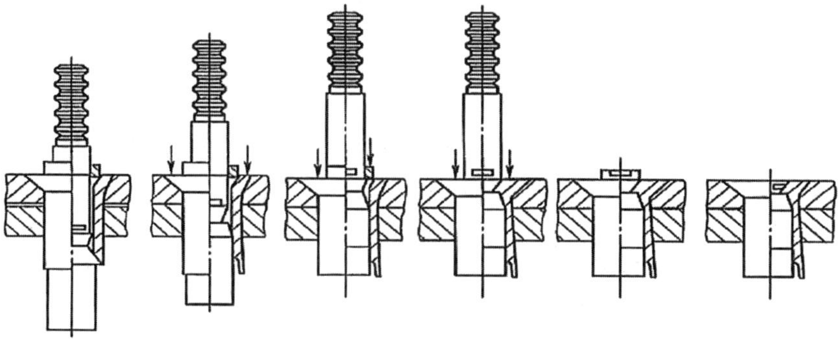

图 12-2　拉铆钉施铆过程示意图

④ 压入锁圈，拉铆枪的第二个动作将锁圈推入芯杆与钉套的锁紧环槽内。

⑤ 芯杆被拉断，完成拉铆。

⑥ 用铣平器将芯杆外露高出钉头的部分铣掉。有些种类的铆钉因其断口与钉头基本平齐，则不用铣切。

4）拉铆钉的拆卸

拉铆钉的拆卸过程示意图如图 12-3 所示。先用小钻头钻出中心点，再用与铆钉芯杆直径相同的钻头钻削芯杆至锁圈深度，将锁圈钻掉。用尖冲头将芯杆冲出，然后用与钉杆直径相同的钻头钻削掉拉铆钉的镦头。若钻偏了，则用錾子或尖冲头将铆钉头去掉。最后用销冲将铆钉杆冲掉。

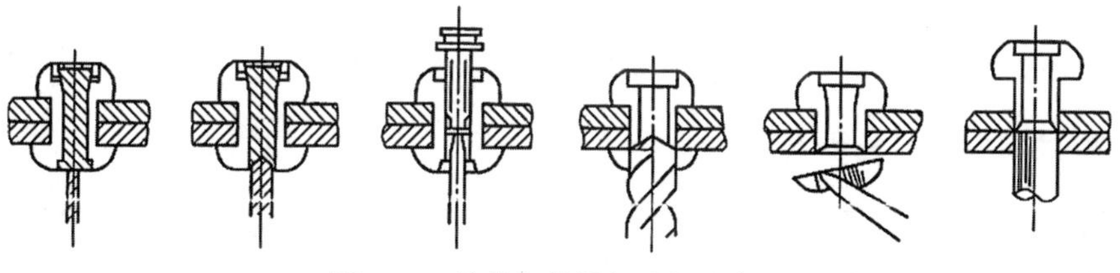

图 12-3　拉铆钉的拆卸过程示意图

2. 螺纹空心铆钉铆接

螺纹空心铆钉主要用于单面通路和受力较小结构部位的铆接（如软油箱槽内蒙皮的铆接），或需要利用螺纹空心铆钉的螺纹孔来安装各种小附件的结构上。

1）技术参数及要求

（1）螺纹空心铆钉孔的直径及其极限偏差如表 12-1 所示。孔的其他要求应符合普通铆钉孔的规定。

表 12-1　螺纹空心铆钉孔的直径及极限偏差

铆钉直径/mm	4	5	6
铆钉孔直径/mm	4.1	5.1	2.1.1
孔径极限偏差/mm	$^{+0.2}_{0}$		

（2）用于安装凸头铆钉的孔，在铆钉头一侧应制出深为 0.2 mm 的 45°倒角。

（3）镦头直径的确定如表 12-2 所示。

表 12-2　螺纹空心铆钉的镦头直径

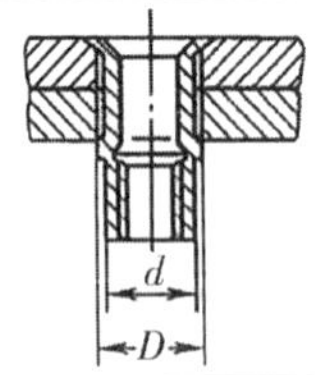	d/mm	4	5	6
	D_{min}/mm	5.5	2.1.5	8

（4）螺纹空心铆钉长度的选择。根据被连接件的厚度，按照经验公式确定螺纹空心铆钉的长度。

通孔螺纹空心铆钉的长度：

$$L = \sum\delta + 9^{+0.5}_{-0.4}$$

盲螺纹空心铆钉的长度：

$$L = \sum\delta + 12^{+0.5}_{-0.4}$$

式中：L 为所需要的铆钉长度，$\sum\delta$ 为被连接件的厚度。

2）螺纹空心铆钉施铆工艺

螺纹空心铆钉铆接过程示意图如图 12-4 所示。施铆前，应根据产品的开敞性以及铆钉的形状、直径和长度选择所需要的工具，然后在相同厚度的试件上试铆，合格后才能在正式产品上施铆。

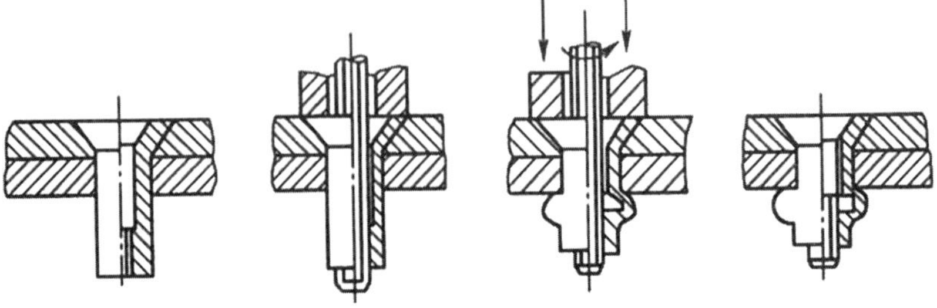

图 12-4　螺纹空心铆钉铆接过程示意图

（1）按照普通铆接制孔的方式制孔。若是埋头型螺纹空心铆钉，则要锪窝或压窝。如安装带有凸齿的螺纹空心铆钉，制孔后必须用专用剪剪制缺口。

（2）将螺纹空心铆钉安装在专用的铆枪上。安装通孔螺纹空心铆钉时，应将专用铆枪的拉芯杆旋露出螺纹空心铆钉的尾部。安装盲孔螺纹空心铆钉时，应将专用铆枪的拉芯杆旋到铆钉的底部。具体安装方法如图 12-5 所示。

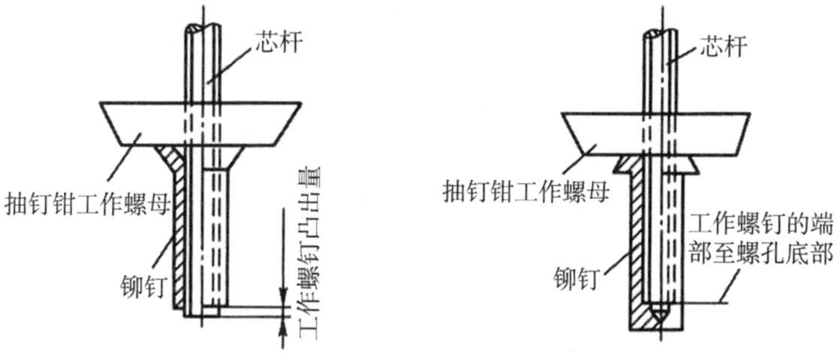

图 12-5　螺纹空心铆钉在铆枪拉杆上的安装示意图

采用抽钉钳抽铆时，用调节制孔螺母和止动块距离来控制抽拉芯杆的行程。使用长柄抽钉钳时，则用调节工作螺母来控制抽拉芯杆的行程。如图 12-6 所示。

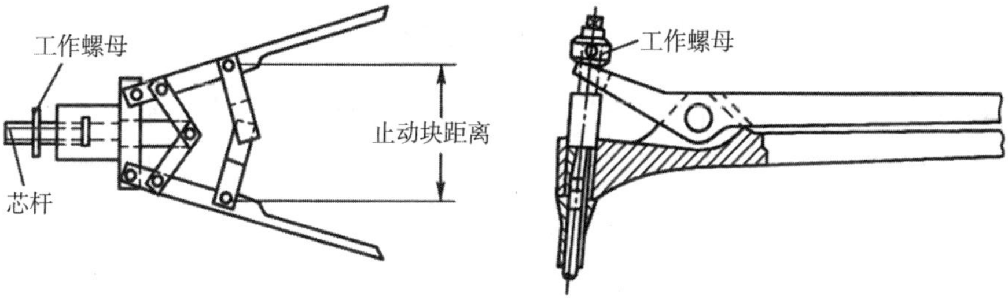

图 12-6　螺纹空心铆钉抽打钳抽铆示意图

（3）将铆钉放入孔内，若是带有凸齿的螺纹空心铆钉，应将凸齿对准缺口后放入孔内，压紧连接件并进行拉铆，注意保证垂直。

（4）按照技术参数和要求铆住铆钉，退出工作头，完成铆接。

12.1.2　高抗剪铆钉的铆接

高抗剪铆钉按照铆接方法分为拉铆型螺纹抽芯高抗剪铆钉和镦铆型高抗剪铆钉。不同结构形式的铆钉，其铆接方法也不相同。

1. 螺纹抽芯高抗剪铆钉的铆接

1）技术参数及要求

（1）铆钉孔的直径与铆钉直径相同，铆钉光杆部分的公差带和表面粗糙度如表 12-

3 所示。

表 12-3　高抗剪铆钉孔的公差带和表面粗糙度

铆接形式	铆钉光杆公差带	铆钉孔公差带	孔表面粗糙度/μm
镦铆型	h11 f9 r6	H11 H9 H7	3.2 1.6 0.8
拉铆型	h11	H11	≤1.6

(2) 螺纹抽芯高抗剪铆钉螺钉凸出铆钉体头部表面的量不得大于 0.2 mm，在非气动表面的部位不得大于 0.5 mm，凹进铆钉体头部表面的量不得大于 0.5 mm，如图 12-7所示。

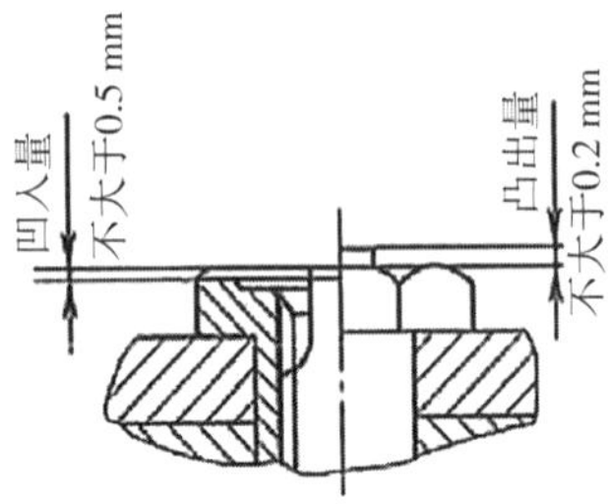

图 12-7　螺纹抽芯高抗剪铆钉铆接后螺钉断面凹凸量示意图

(3) 螺纹抽芯高抗剪铆钉铆接后镦头的环圈应呈喇叭形。允许呈双喇叭形，但不得超过铆钉排总数的 10%。不允许环圈呈非喇叭形、偏喇叭形或反喇叭形。螺纹抽芯高抗剪铆钉铆接后镦头环圈的形状示意图如图 12-8 所示。

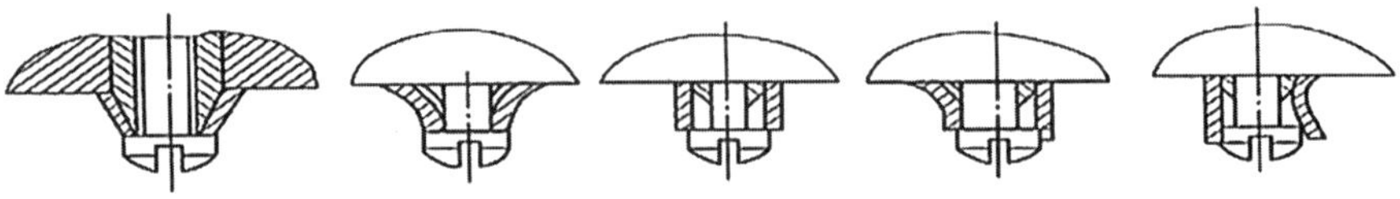

(a) 喇叭形　(b) 双喇叭形　(c) 非喇叭形　(d) 偏喇叭形　(e) 反喇叭形

图 12-8　螺纹抽芯高抗剪铆钉铆接后镦头环圈的形状示意图

(4) 顺时针方向转动扭矩扳手，铆钉不应转动。扭矩值如表 12-4 所示。

表 12-4　螺纹抽芯高抗剪铆钉扭矩值

铆钉直径/mm	5	6	7	8
扭矩/（N·cm）	115	166	217	266
扭矩允许误差/（N·cm）	±10			

2) 铆钉长度的选择

按照被连接件的夹层厚度选择铆钉的长度。铆钉体的光杆部分露出的夹层量不得大于 1.0 mm，且不允许凹入。

3）螺纹抽芯高抗剪铆钉铆接所使用的工具

螺纹抽芯高抗剪铆钉铆接所使用的工具有手动和风动两大类，其原理是将铆钉体固定不动，同时拧螺钉抽拉。

4）螺纹抽芯高抗剪铆钉的铆接方法

(1) 正式铆接前应先进行试铆。

(2) 组合高抗剪铆钉时，应在螺钉上涂 ZL7-2 润滑脂。

(3) 铆接六角头铆钉时，应使转接头六角方孔套在铆钉体头上。铆接 120°埋头铆钉时，应使转接头对准铆钉体头部的一字槽。

(4) 铆接工具的转接头应垂直且贴紧工件表面，如图 12-9 所示。

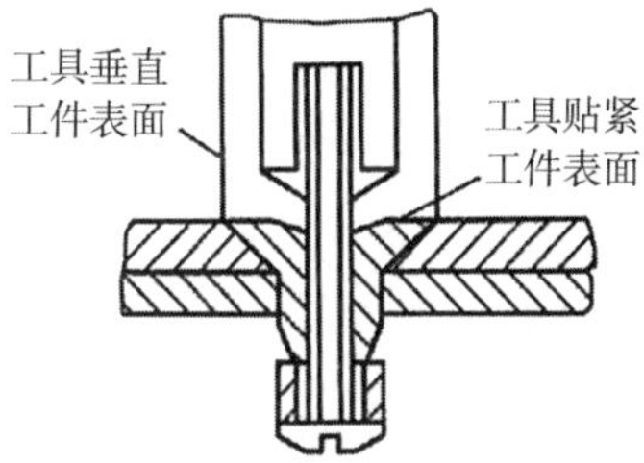

图 12-9　螺纹抽芯高抗剪铆钉铆接工具转接头的位置示意图

(5) 若尾杆未扭断，则应用夹钳或其他工具将尾杆剪断，但不允许铆钉松动。

(6) 将螺钉尾杆凸出部分铣平或打磨掉。

(7) 根据规定扭矩值抽检铆接连接力。顺时针方向扭转铆钉体头，铆钉不转动即为合格。

(8) 在铆钉体和螺钉端头间冲三点保险后，在螺钉断面涂环氧锌黄底漆。

5）铆接注意事项

(1) 制孔应保证孔的垂直度，孔与窝壁光洁，无毛刺和其他缺陷。

(2) 螺钉尾杆的断裂口应露出钉套面，不允许凹入。

(3) 铆钉头与铆接件之间的单面间隙应符合有关技术参数和要求。

2. 镦铆型高抗剪铆钉的铆接

1）技术参数及要求

(1) 铆钉孔公差带与铆钉光杆公差带相同，其表面粗糙度≤1.6 μm。

(2) 将铆钉放入孔内后，光杆凸出夹层的伸出量应在 0.3～1.2 mm范围内，如图 12-10 所示。

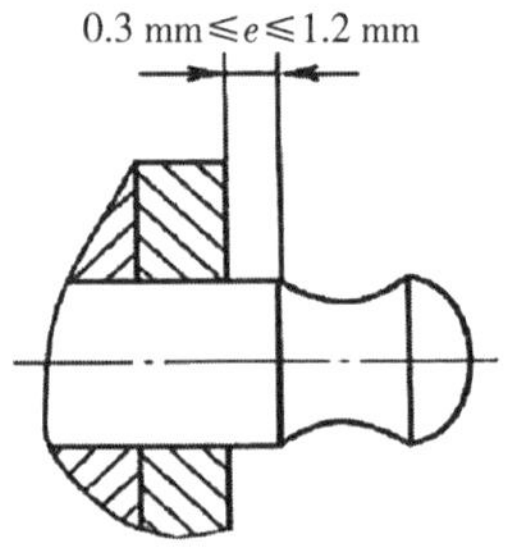

图 12-10　镦铆型高抗剪铆钉光杆凸出夹层的伸出量示意图

（3）铆钉镦头应呈馒头形。

（4）形成镦头的环圈相对铆钉中心的偏移量不得大于 0.5 mm。

（5）形成镦头的环圈周边处被冲头挤出的压边不得大于 0.8 mm，环圈的任何方向不允许起鼓包。

2）铆钉长度的选择

按夹层厚度选择铆钉的长度，其长度应符合技术参数要求。

3）镦铆型高抗剪铆钉的铆接方法

镦铆型高抗剪铆钉的铆接过程如图 12-11 所示，包括放铆钉和环圈，将模腔对准铆钉头，用顶把顶住，施铆，铆完成型。

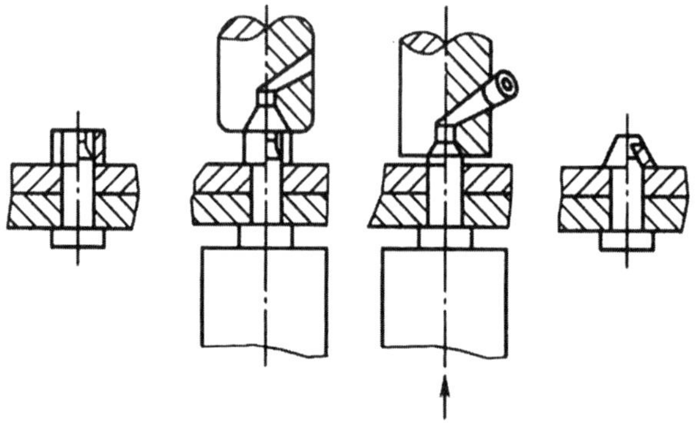

图 12-11　镦铆型高抗剪铆钉的铆接过程示意图

采用铆接法和压铆法时，需使用冲头。在铆接过程中，环圈的大部分材料被挤压在钉尾的环槽内，而多余的材料从冲头 60°斜角的排屑槽漏出，形成镦头。

4）镦铆型高抗剪铆钉的分解

（1）冲击法。将专用导套放在环圈上面，冲头沿导套引向铆钉尾端，铆钉头那一面用空心顶把顶住，轻叩铆枪，将钉冲出，如图 12-12 所示。

（2）钻击法。将钻套放在环圈上面，用与铆钉直径相同的钻头钻铆钉尾端，钻削的深度以钻通铆钉细颈区为限，然后用铆钉冲将铆钉冲出，如图 12-13 所示。

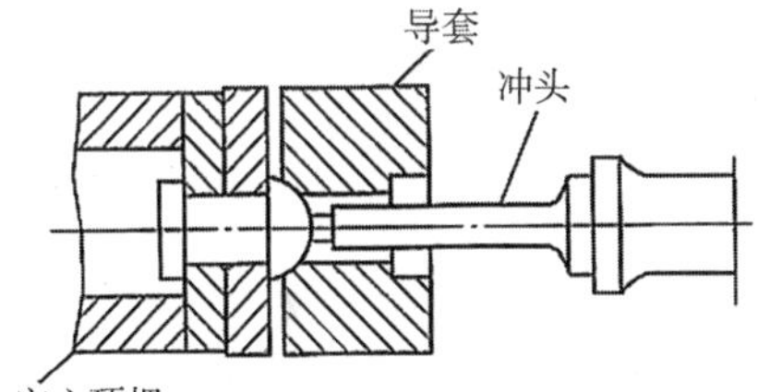

图 12-12　冲击法分解镦铆型高抗剪铆钉示意图

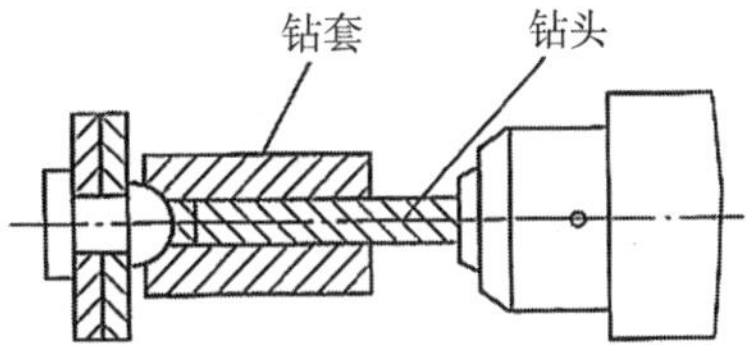

图 12-13　钻击法分解镦铆型高抗剪铆钉示意图

（3）环圈拆除法。用空心铣刀铣切环圈，在铣去足够的环圈材料后，用铆钉冲将铆钉冲出。

（4）环圈劈开法。用小錾子沿纵向劈开环圈，然后用铆钉冲把铆钉冲出。

12.1.3　环槽铆钉的铆接

环槽铆钉由带环槽的铆钉和钉套组成。环槽铆钉根据受力形式分为抗拉型环槽铆钉和抗剪型环槽铆钉，根据铆接方法分为拉铆型环槽铆钉和镦铆型环槽铆钉。

1. 技术参数及要求

（1）对于一般铆接，环槽铆钉孔的直径与铆钉直径相同。如为干涉铆接，则环槽铆钉孔的直径应小于铆钉直径。铆钉孔公差带为 H10，表面粗糙度不得大于 1.6 μm。

（2）对于埋头环槽铆钉，埋头窝与孔轴线的同轴度误差不得大于 Φ0.06 mm。埋头窝的角度和深度与铆钉头基本一致，窝轴线偏斜不得大于 1°。埋头窝与孔的位置示意图如图 12-14 所示。

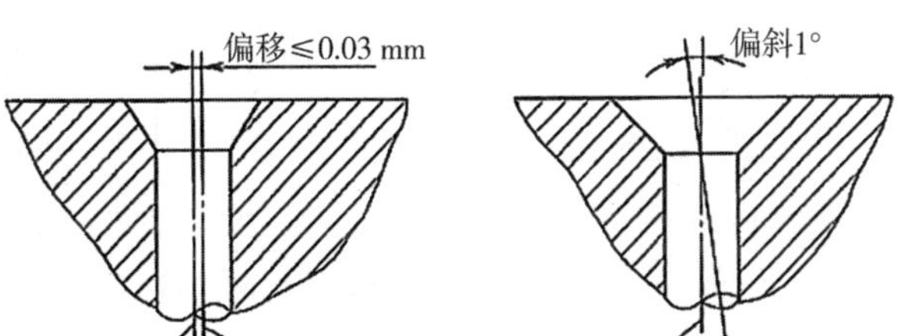

图 12-14　埋头窝与孔的位置示意图

（3）孔的间距极限偏差为±1.0 mm，边距极限偏差为$^{+1}_{-0.5}$ mm。

（4）铰孔后，孔口及埋头窝与孔交界处倒角或倒圆，如图 12-15 所示。

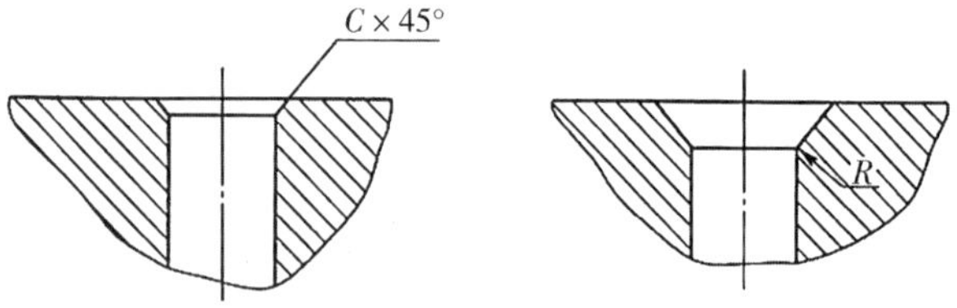

图 12-15　埋头窝与孔交界处倒角或倒圆示意图

（5）沉头窝的角度和深度与铆钉头一致，钉头高出工件表面的量应符合设计技术要求。

（6）钉套成型后不得松动，表面应光滑，钉套与结构之间不允许有间隙。

（7）允许铆钉头与结构件之间不完全贴合，其单向间隙不得大于 0.08 mm。

（8）环槽铆钉光杆部分的长度如图 12-16 所示，参照下列公式计算：

$$\sum\delta \leqslant L_1 \leqslant \sum\delta + 1$$

式中：$\sum\delta$ 为夹层厚度（包括垫圈厚度），L_1 为环槽铆钉光杆部分长度。

（9）环槽铆钉的光杆允许凸出夹层的长度不得大于 1.0 mm，不允许凹入。

拉铆型环槽铆钉的长度计算公式为：

$$L_{拉} = L_1 + T + 30$$

镦铆型环槽铆钉的长度计算公式为：

$$L_{镦} = L_1 + T$$

式中：L_1 为环槽铆钉光杆长度，T 为环槽铆钉环槽段的长度。

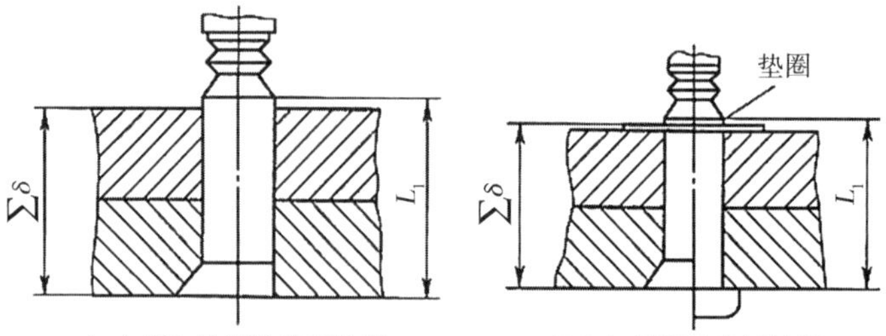

（a）不加垫圈的光杆长度　（b）加垫圈的光杆长度

图 12-16　环槽铆钉光杆部分的长度示意图

2. 环槽铆钉的铆接方法

优先选用风钻铰孔。放钉前，首先用夹层厚度尺检查夹层厚度，核准铆钉的长度，如图 12-17 所示，其对于干涉配合铆接的环槽铆钉尤为重要，以免造成返工。当结构件夹层厚度变化时，测量基准应选在孔的中心线上。

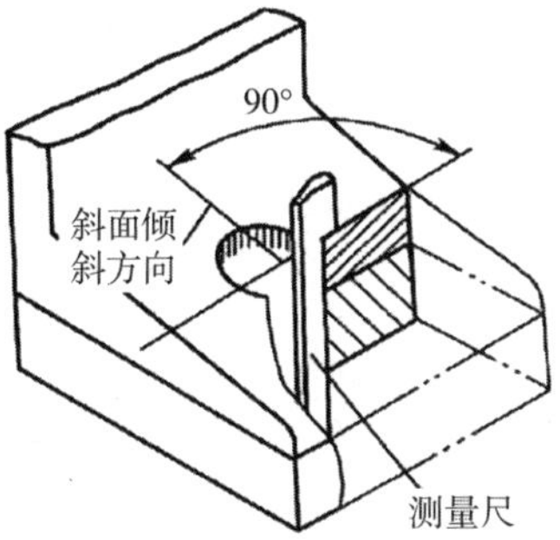

图 12-17　夹层厚度尺测量示意图

1）拉铆型环槽铆钉的铆接

使用拉枪（与拉铆枪相似）来铆接拉铆型环槽铆钉，其铆接工艺过程如图 12-18 所示。

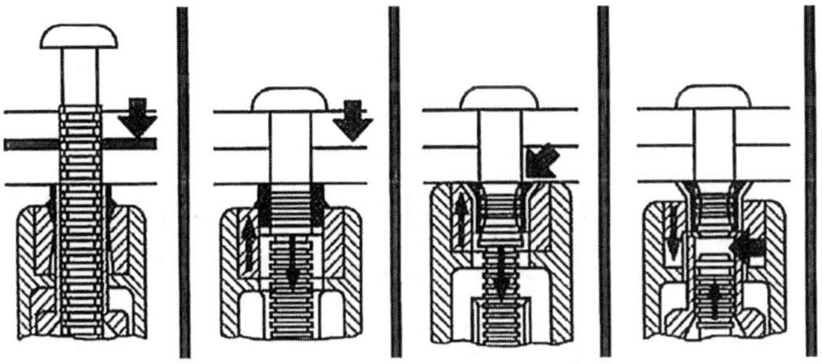

图 12-18　拉铆型环槽铆钉的铆接示意图

（1）放入铆钉，套上钉套。钉杆从工件的一侧插入，将钉套套入伸出的铆钉尾杆上，注意钉套的套入方向，不可装反，然后将装在拉枪上的拉头套在尾杆上，拉头中的夹头卡爪自动啮住尾杆拉槽。

（2）扣动扳机，此时拉枪产生一种作用在钉杆上的拉力，其反作用力通过型模顶住钉套，将钉杆拉入钉孔内，并消除夹层之间的结构间隙。

（3）继续扣动扳机，当拉力增大时，拉枪的砧座沿钉套移动，迫使钉套的材料挤到钉杆的锁紧环槽内，形成镦头。

（4）继续扣动扳机，当拉枪的拉力达到预定值时，钉杆尾段在断槽处被拉断，尾杆自动抛出。

（5）铆接成型后，检查镦头质量，并按要求进行防腐处理。

2）镦铆型环槽铆钉的铆接

镦铆型环槽铆钉的铆接包括放钉和钉套、冲头和顶把对准铆钉、形成镦头、完成铆接等过程，如图 12-19 所示。

镦铆型环槽铆钉应优先使用压铆机压铆，其次采用气铆枪进行铆接。

（1）放入铆钉，套上钉套。如系干涉配合，则需用手锤或铆枪将铆钉打入孔内。

（2）用顶把顶紧铆钉头，冲头模腔（铆窝）套在钉套上。

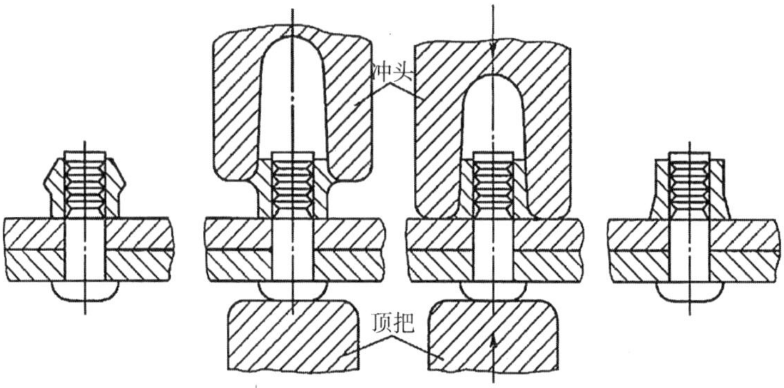

图 12-19　镦铆型环槽铆钉的铆接示意图

一般按照下式选择顶把的质量：

$$m=kd$$

式中：m 为顶把的质量，单位为 kg；d 为铆钉直径，单位为 mm；k 为顶把质量系数，其大小与铆接的材料和方式有关。顶把质量系数 k 的取值如表 12-5 所示。

表 12-5　顶把质量系数 k 的取值

铆钉材料	铆接方法	顶把质量系数 k/（$kg \cdot mm^{-1}$）
铝合金	反铆	0.2～0.4
	正铆	0.5～0.7
钢	反铆	0.4～0.6
	正铆	0.6～1.0

（3）启动铆枪，利用冲头的锤击力将套环材料挤压入铆钉镦头端的环槽内，并靠冲头的窝型将套环成型为所要求的形状，以形成牢固的镦头。镦铆时，冲头切勿触及钉杆，以防钉杆松动。

（4）完成铆接，并按要求进行防腐处理。

3. 环槽铆钉的分解

环槽铆钉的分解过程为：拆钉套→用锉刀锉掉钉杆上因拆套而产生的毛刺→用铆钉冲将钉杆从孔中冲出。环槽铆钉的分解过程示意图如图 12-20 所示。

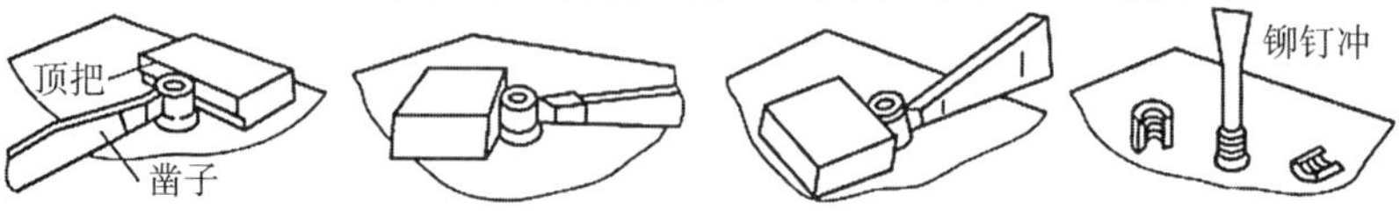

图 12-20　环槽铆钉的分解过程示意图

还可以采用如图 12-21 所示的手动拆套钳拆钉套。将钉套剪开，或用如图 12-22 所示的空心铣刀将钉套铣掉。

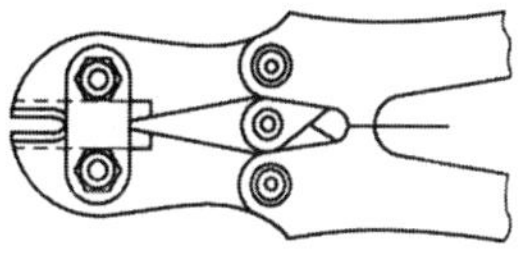

图 12-21　手动拆套钳示意图

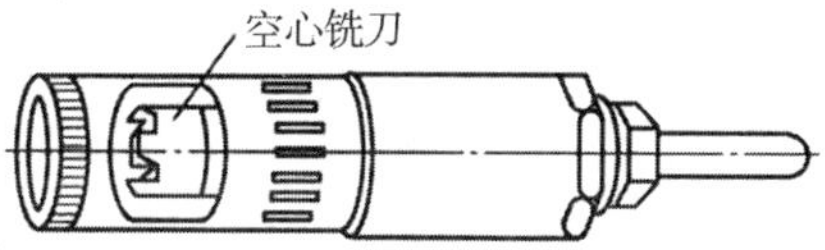

图 12-22　空心铣刀示意图

12.1.4　钛合金铆钉的铆接

钛合金材料具有强度高、耐热性好、耐腐蚀性好等优点，在飞机制造和修理中有着较为广泛的应用。

1. 技术参数及要求

1）钛合金铆钉孔直径及其偏差

钛合金铆钉的孔径及其极限偏差如表 12-6 所示。

表 12-6　钛合金铆钉的孔径及其极限偏差

铆钉直径/mm		5.1	3.0	3.5	4.0
铆钉孔直径/mm	基本尺寸	5.1	3.0	3.5	4.0
	极限偏差	+0.15 +0.05			

2）钛合金铆钉镦头尺寸

钛合金铆钉镦头尺寸示意图如图 12-23 所示，具体参数如表 12-7 所示。

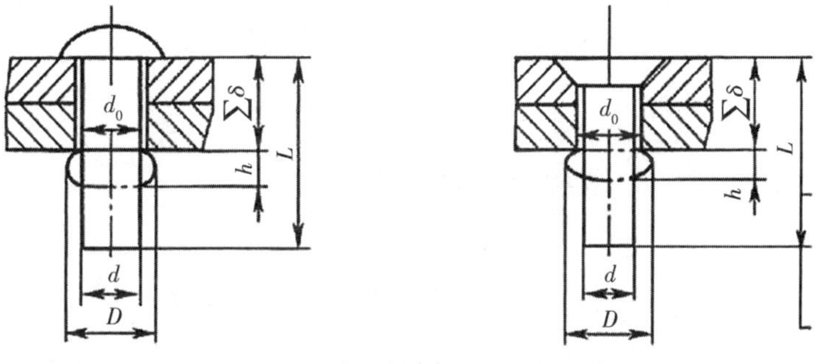

图 12-23　钛合金铆钉镦头尺寸示意图

表 12-7 钛合金铆钉的镦头尺寸

d/mm		5.1	3	3.5	4
D/mm	基本尺寸	3.8	4.5	5.2	6
	极限偏差	±0.25	±0.30	±0.30	±0.40
h_{min}/mm		1.0	1.2	1.4	1.6

3）钛合金铆钉长度的选择

形成标准镦头的钛合金铆钉长度与普通铆钉长度相同，考虑到钛合金铆钉硬度高、塑性差，在冷铆时，为了利于镦头的形成和减少铆接的次数，一般钛合金铆钉长度的计算公式为：

$$L=\delta+(0.7\sim1.0)d$$

式中：L 为铆钉钉长，δ 为夹层厚度，d 为铆钉直径。在实际操作中，钛合金铆钉的长度要比标准长度少 1 mm 左右。

2. 钛合金铆钉的铆接方法

1）热铆法

由于钛合金硬度高、塑性差，在常温下铆接难以形成镦头，且钉杆膨胀量小，易产生裂纹，一般适合采用热铆。钛合金铆钉在温度 750～900 ℃时具有良好的塑性。热铆器的结构和工作原理示意图如图 12-24 所示。

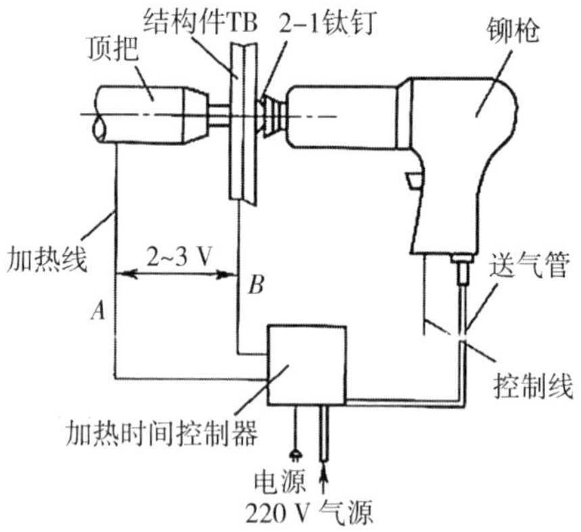

图 12-24 热铆器的结构和工作原理示意图

通过加热时间控制器将电源电压 220 V 变为 2～3 V，将控制器的 A 端接在顶把上，B 端接在工件上，其回路由铆枪来控制。当接通铆枪上的控制线后，在 3～5 s 内，铆钉温度瞬时可达到 750～900 ℃，此时即可扣动铆枪上扳机进行铆接。

2）压铆法

这种方法能够获得较好的铆接质量。具体方法可以参见前面有关压铆的内容。

3）锤铆法

当钛合金铆钉的直径为 5.1 mm 或 3 mm 时，采用与普通铆接相同的工具。当铆钉直径为 3.5 mm 或 4 mm 时，需要使用大功率铆枪和较重的顶把进行铆接。对于较薄的夹层结构，应注意控制铆接变形。

4）应力波铆接

应力波铆接又称为电磁铆接，是一种基于应力波冲击钉杆成型的高能率金属塑性加工技术，具有成型快、精度高、易控制等特点，广泛应用于现代航空、航天、兵器工业等领域。其基本原理是：以冲击大电流瞬间释放强大的电能，经过电磁转换，产生强大的磁场力，以应力波形式加载于铆钉，使其成型。主要有两种加载方式：一种是单面铆钉加载，即一端加载、一端固定；另一种是无头铆钉加载，即两端同时加载。

一般地，材料试验根据应变率范围可分为蠕变、准静态、动态和冲击四类。

普通铆接时的应变率为 10^{-2}～10^{-1}/s 量级，基本上属于准静态加载。在应力波铆接时，材料的应变率可达 10^{2}～10^{3}/s，属于冲击加载类型，电磁冲击力产生的应力波在钉杆内传播、反射，使得钉杆材料发生塑性变形，从而形成镦头。

应力波铆接可以应用于各种材料铆钉的铆接成型，应用到钛合金和不锈钢等难成型材料铆钉的铆接中，可有效施铆并形成良好连接。应用于大直径铆钉或厚夹层结构的铆接中，也可以实现良好的干涉配合铆接。

应力波铆接的工作原理示意图如图 12-25 所示。

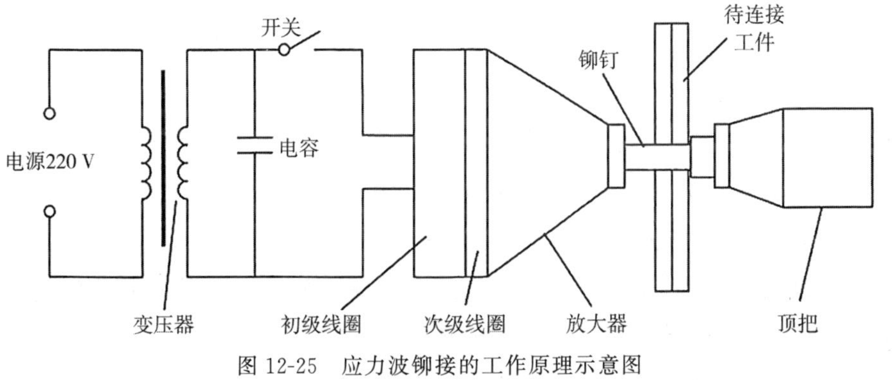

图 12-25 应力波铆接的工作原理示意图

正常工作时，由高压脉冲电源对初级线圈放电，在线圈中产生冲击大电流，并形成一个强脉冲磁场，进而在次级线圈中感应产生涡流磁场。涡流磁场与原脉冲磁场方向相反，两个磁场的相互作用产生强大的冲击力，使放大器的输入端获得一个高强度、历时短的应力波脉冲，经放大器调制后的应力波幅值被放大，持续时间被延长，以便铆钉成型。应力波铆接时，顶把质量不必太大，理论上只需提供一个反射面。

与压铆等准静态加载方式不同，应力波铆接过程中对顶杆的力学作用属于冲击加载，加载速率高、应变率大，使得应力波铆接与其他铆接具有明显不同的特点。

(1) 采用应力波铆接方法进行铆接时，施铆成型时间短，铆钉一般能在几百微秒到几毫秒的时间内完成塑性变形。也就是说，钉杆膨胀和镦头成型几乎同步完成，因此在钉杆和钉孔间形成的干涉量较为均匀，而且当钉孔间隙较大或夹层厚度较大时仍能实现干涉配合，接头疲劳寿命长。

(2) 应力波铆接可以一次完成镦头的成型，避免了多次锤击加载使材料冷作硬化，可用于难成型材料铆钉的铆接。采用锤铆时，铆钉镦头往往会产生剪切破坏，而采用应力波铆接时，铆钉能够顺利形成镦头。如 $TB_{2\text{-}1}$ 钛合金铆钉的干涉铆接，采用应力波铆接时，即使结构厚度达到 4 倍铆钉直径，仍能保证沿钉杆轴线全长的干涉配合。

(3) 应力波铆接是实现复合材料干涉配合铆接的理想工艺方法之一。应力波铆接的冲击加载距离为零，且施铆过程中的钉杆膨胀比较均匀，因此在对复合材料结构进行铆接时，不易产生初始安装损伤，并可实现比较理想的干涉配合，提高接头疲劳寿命。

(4) 应力波铆接是一种低噪声的铆接工艺方法，手持式电磁铆接设备的绝对噪声小于 90 dB。另外，由于一次加载可完成镦头成型，对操作者听力的影响远小于锤铆时多次铆接的影响。也就是说，采用应力波铆接可明显改善劳动条件。

(5) 应力波铆接的加载速率对铆接质量有很大影响，需根据具体铆钉材料选择合适的加载速率。

(6) 铆接前，对于 TC_3、TC_4 钛合金板材，钉与孔的间隙不宜过大，以 (0.07 ± 0.02) mm 为宜。建议铆钉镦头的直径为 1.3 倍铆钉直径，最小高度为 0.4 倍铆钉直径。形成该尺寸的镦头，钉杆外伸量为 0.95 倍铆钉直径。

(7) 应力波铆接需要专用的应力波铆接装置。该装置分为固定式和手提式两种，主要由高压脉冲电源、应力波发生器（包括产生应力波的线圈、应力波调制器等）、机床或铆枪与顶把、检测系统等组成。固定式和手提式装置使用相同的电源。手提式应力波发生器组合在应力波铆枪结构中，与铆枪配合使用的顶把还安装了操作装置。

(8) 应力波铆接装置中电容器组的电容量是固定的（约 240 μF），改变电容器充电电压，可提供不同数值的电能。直径 4 mm 的 $TB_{2\text{-}1}$ 铆钉约需电压 5 kV。用手提式铆枪施铆时，电压须提高 10%。反铆比正铆需要的电压略高些。

5）超声波振动辅助铆接

超声波振动辅助铆接技术是将超声波振动辅助技术迁移到传统铆接技术中，利用超声波振动的体积效应和表面效应改善铆钉塑性、降低铆接力、提高铆接质量的一种新型铆接技术。

超声波振动辅助铆接工作原理示意图如图 12-26 所示。在超声波发生器接通电源后，通过旋钮调节输入功率，输入功率越大，振幅越大。其工作过程为：低频电能经过超声波发生器后转换为高频电能，超声波换能器利用压电陶瓷片的压电效应将电信号转换为小幅的高频机械振动，通过超声放大器进行功率放大，驱动铆接工具头工作。铆接工具头与铆钉接触后一起产生高频机械振动，当压力达到设定值的上限时，完成铆接。

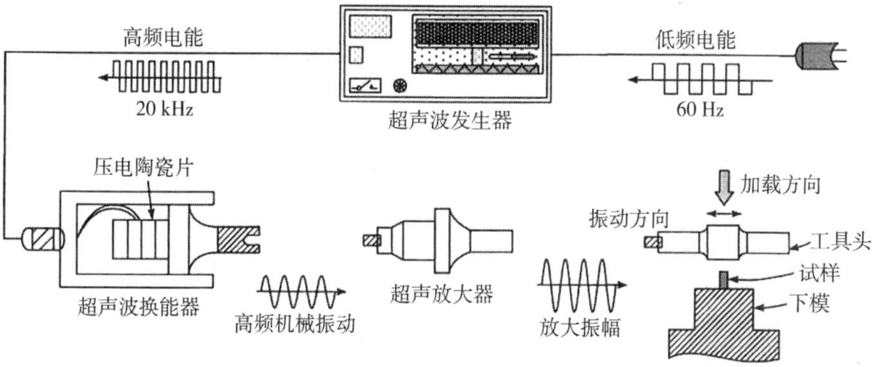

图 12-26　超声波振动辅助铆接工作原理示意图

超声波振动辅助铆接平台由动力执行模块、超声波辅助模块、信息采集模块、支撑与导向模块四个部分组成。动力执行模块通过 U 形结构件与超声波辅助模块相连，利用导向滑轨实现两者协同运动并将高频振动施加到试样上。超声波辅助模块主要包括超声波发生器、超声波换能器、变幅杆、铆接工具头以及缓冲环等，其中，缓冲环可以有效地隔离高频机械振动，减少超声波振动能量的耗散。信息采集模块是由位移传感器、压力传感器、压电传感器、千分表以及红外测温仪组成的，用于实时采集超声波辅助压缩过程中的位移、压力、振幅以及温度等数据。

12.1.5　干涉配合铆接

1. 干涉配合铆接的认知

按公差与配合的定义，干涉配合就是过盈配合。施铆时，钉杆膨胀，对孔壁造成径向压缩，钉孔受钉杆挤压而产生一种径向压应力，于是就形成了干涉配合。干涉配合铆接是沿整个迭层厚度的埋头窝和孔内都获得规定的钉-孔干涉量（即过盈量）的铆接方法，即铆接后铆钉杆与钉孔之间为紧配合。它是一种连接强化技术，能显著提高结构的疲劳寿命，并能获得良好的密封性。据研究，在中寿命区，干涉配合铆接的疲劳强度比普通铆接的疲劳强度提高了 25%。干涉配合铆接广泛应用在现代飞机的制造与修理中。

干涉量是指铆接后铆钉杆镦粗而使铆钉孔胀大的量，分为绝对干涉量和相对干涉量。

绝对干涉量是指铆接后铆钉杆对孔的过盈量，即 $I=d_I-d$，其中，I 为绝对干涉量（mm），d_I 为铆接后的铆钉直径（mm），d 为铆接前的铆钉孔直径（mm）。

相对干涉量是指铆接后铆钉孔直径与铆接前铆钉孔直径之差同铆接前铆钉孔直径之比的百分数，即

$$\Delta=\frac{d_i-d}{d}\times 100\%$$

式中：Δ 为相对干涉量，d_i 为铆接后的铆钉孔直径（mm），d 为铆接前的铆钉孔直径（mm）。

根据结构件的材料和铆钉直径选择干涉量。一般将相对干涉量称为干涉量。在干涉配合铆接中，铆接前铆钉杆与铆钉孔的配合是间隙配合。干涉配合铆接能使铆钉孔周围的材料产生径向压应力，降低孔边应力幅值，从而延缓裂纹的萌生，降低裂纹扩展速率。具有合理干涉量的干涉配合铆接能大幅度提高铆接处的疲劳寿命，应根据结构件材料和铆钉直径来合理选择干涉量。一般地，相对干涉量最好控制为 1%～3%，太大会产生应力腐蚀和铆接变形，太小则抗疲劳性能及密封性不好，达不到预期效果。

最佳的干涉量应满足的条件：

（1）应力的变化幅度应减到最小，同时减小平均应力。

（2）干涉量产生的预应力不会引起结构变形。

（3）预应力小于产生应力腐蚀的临界值。

（4）干涉量大于孔切削刀痕的深度。对于铝合金的无头铆钉铆接，干涉量一般取 1.5%～3.0%。

在现代飞机的铆接装配中，特别是在飞机修理中，为提高结构的抗疲劳寿命，常常采用干涉配合铆接方法。由于干涉配合铆接具有良好的密封性能，其也被广泛地用于密封铆接，特别是用于整体油箱和气密舱上。

2. 干涉配合铆接的类型和特点

干涉配合铆接按照所用的铆钉类型可分为普通铆钉的干涉配合铆接、无头铆钉的干涉配合铆接和冠头铆钉的干涉配合铆接。

1）普通铆钉的干涉配合铆接

普通铆钉的干涉配合铆接又称自封铆接，采用普通有头铆钉。自封铆接时，制成

头部几乎不向孔内补充材料，干涉量主要由镦头方向的外伸量供应材料而获得，因此，镦头方向板表面处的干涉量最大。

普通铆钉干涉配合铆接对结构的疲劳寿命增益不如无头铆钉干涉铆接的高，造成的结构变形也稍大，但其受工厂设备条件和结构开敞性的限制较少，既可机铆又可用手工铆接。

普通铆钉干涉配合铆接最适合用于中等夹层厚度的组件上，最好在单个压铆机上铆接。不能成组压铆，因为铆接时需采用特殊的凹形铆模，成组压铆机的铆模无法适应铆钉间距的变化而准确定位铆钉。手工普通铆钉干涉配合铆接时推荐正铆。

2）无头铆钉的干涉配合铆接

无头铆钉的干涉配合铆接必须在专用的自动钻铆机上进行。铆接前必须先做试片，并测出铆接试件的干涉量，如果合乎要求，则使用相同的调定值铆接产品。利用铆钉伸出夹层的量，可以控制铆接干涉量的大小。铆钉伸出量大，所获得的干涉量就大；反之，干涉量就小。

无头铆钉干涉配合铆接时，无头铆钉在两个方向上同时镦粗，因此，在上下表面处的干涉量最大，在板分界面处的干涉量较小，钉杆呈反腰鼓形。

3）冠头铆钉的干涉配合铆接

冠头铆钉的干涉配合铆接最适合在铆接厚度小于 $1.2d$ 的结构上使用。冠头铆钉是一种有补偿的埋头铆钉，施铆时，冠头部分的金属几乎全部被压入埋头窝和铆钉孔中形成干涉量。由于钉头的形状，铆接时，铆钉与工具的接触面积很小，力量集中在铆钉中心线附近，保证沿钉杆有较均匀的干涉量，且使沉头部分紧密地充填窝孔，具有较好的密封性。冠头铆钉干涉配合铆接常用于气密和油密部位。

3. 干涉配合铆接工艺

干涉配合铆接的典型工艺过程为：夹紧和确定孔位→制孔→锪窝→施铆与铣平。

1）夹紧和确定孔位

干涉配合铆接的夹紧和确定孔位要求如下：

（1）普通铆钉、冠头铆钉干涉配合铆接的定位销间距，在曲面上不大于 150 mm，在平面上不大于 200 mm。

（2）无头铆钉、冠头铆钉干涉配合铆接的边距不得小于 2 倍铆钉直径，间距不得小于 4 倍铆钉直径。

（3）无头铆钉干涉配合铆接时必须先用铆钉定位，孔位可按产品图样编制程序，由机床自行完成。

2）制孔

（1）干涉配合铆接中孔的技术参数及要求如表 12-8 所示。

表 12-8　干涉配合铆接中孔的技术参数及要求

铆钉种类	钉孔基本直径/mm	公差带/mm	表面粗糙度/μm	圆度	孔轴线偏斜度/(°)
普通铆钉	$D=d+0.08$	H9、H10(20%)	≤3.2	在孔的极限偏差范围内	≤2
无头铆钉		$^{+0.075}_{+0}$			
冠头铆钉		$^{+0.075}_{+0}$			

表中铆钉孔基本直径是由铆钉直径确定的。干涉配合铆接中的铆钉直径应按铆接厚度选择并满足以下限制条件，否则会导致过干涉或无干涉、工件偏扭以及密封和疲劳性能不良。

① 最大铆接厚度应不超过 2 倍铆钉直径，最小铆接厚度应不小于 5.1 倍该直径的埋头窝深度。

② 锪窝板的最小厚度应为 1.5 倍该直径的埋头窝深度。

（2）孔的加工方法及要求如表 12-9 所示。

表 12-9　孔的加工方法及要求

铆钉种类	钻初孔	扩孔	铰孔	备注
普通铆钉	√	√	√	可采用钻、铰复合钻头一次完成
无头铆钉	在自动钻铆机上采用钻、铰、锪复合钻头一次完成			
冠头铆钉	√	√	√	可采用钻、铰复合钻头一次完成

3）锪窝

（1）冠头铆钉的沉头窝角度应与铆钉头角度一致。沉头窝的深度应与钉头的高度一致，允许浅 0.1 mm，其形状如图 12-27 所示，其尺寸如表 12-10 所示。

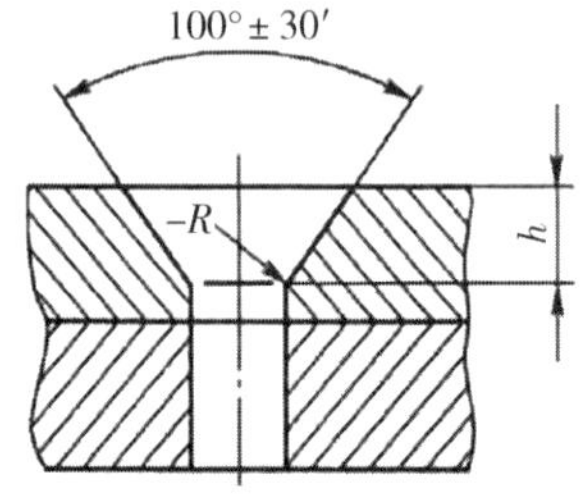

图 12-27　冠头铆钉沉头窝示意图

表 12-10 冠头铆钉的沉头窝及其极限偏差

铆钉直径/mm	3.0	3.5	4	5
沉头窝深度/mm $h^{+0.1}_{-0.1}$	1.07	1.26	1.43	1.80

（2）普通铆钉、无头铆钉沉头窝为双面角窝，如图 12-28 所示，其尺寸如表 12-11 所示。

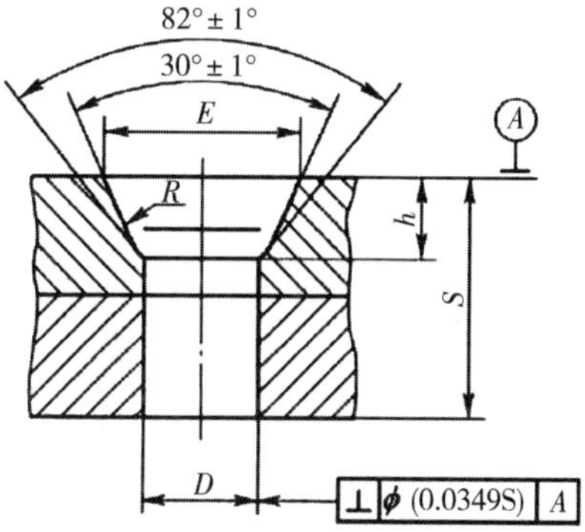

图 12-28 普通铆钉、无头铆钉沉头窝示意图

表 12-11 普通铆钉、无头铆钉的沉头窝及其极限偏差

铆钉直径/mm	沉头窝直径/mm $E^{+0.1}_{-0.1}$	沉头窝深度/mm $h^{+0.1}_{-0.1}$	圆角/（°） $R^{+0.2}_{-0.2}$
3.5	4.9	1.4	0.8
4	5.6	1.6	1.0
5	7.0	2.0	1.0
6	8.4	2.4	1.3

（3）窝的圆度应在其直径极限偏差内。

（4）窝表面不允许有棱角、划伤、破边及裂纹。

（5）工件表面由窝锪钻套造成的压痕、凹陷和轻微的机械损伤是允许的，但其深度应小于材料包覆层，数量不大于铆钉排内窝数的 3%。

普通铆钉沉头窝和冠头铆钉沉头窝的锪窝，可使用可调锪窝限制器。冠头铆钉沉头窝应使用整体锪窝钻（即导销和刀刃为一体）制窝。

4）施铆与铣平

（1）普通铆钉的干涉配合铆接

普通铆钉干涉配合铆接的典型工艺过程包括钻孔和铰孔、锪窝、放钉、夹紧、施铆、铣平，如图 12-29 所示。

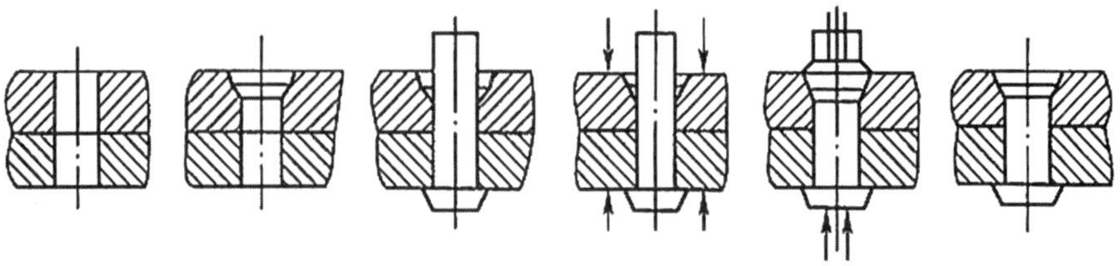

图 12-29　普通铆钉干涉配合铆接的工艺过程示意图

普通铆钉干涉配合铆接有两种形式的镦头，其中一种是沉镦头，另一种是平锥镦头（凸镦头）。形成平锥镦头的普通铆钉干涉配合铆接不需要制作埋头窝。

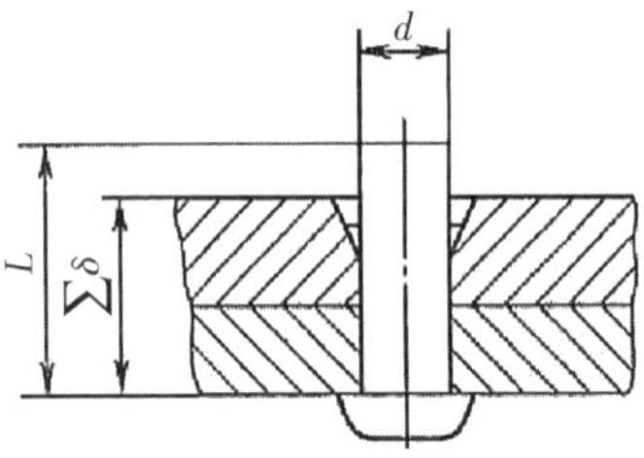

图 12-30　沉镦头型干涉配合铆接的铆钉长度示意图

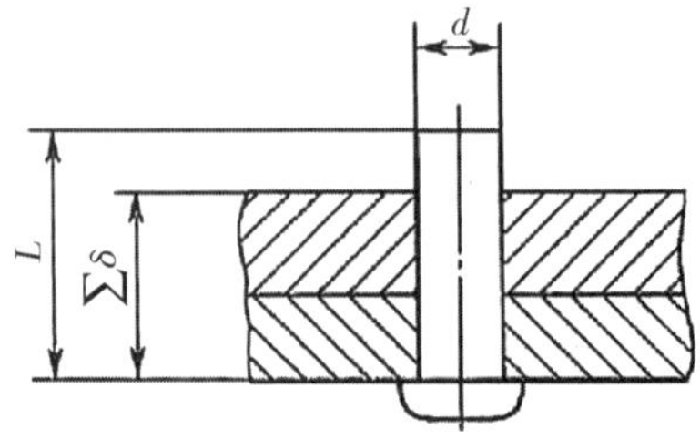

图 12-31　平锥镦头型干涉配合铆接的铆钉长度示意图

为了获得预定的干涉量及合格的镦头，铆钉长度应按下列公式计算得到。

沉镦头型铆钉长度：

$$L = \sum\delta + (1.0 \sim 1.1)d$$

平锥镦头型铆钉长度：

$$L = \sum\delta + (1.1 \sim 1.2)d$$

式中：L 为普通铆钉的长度，$\sum\delta$ 为被连接件的总厚度，d 为普通铆钉的直径。

所选取的铆钉长度应以能填满镦头窝或保证镦头尺寸为原则，一般不宜过长，否则会影响干涉量。

优先采用单个压铆机进行压铆或用正铆法进行铆接。与普通铆接不同的是，其使用了专用的带有凹坑的冲头，沿钉杆轴线方向均匀地胀粗而产生干涉量，有窝孔时冲头上的凹坑又使窝孔得到充分的填充并产生一定的干涉量，从而获得较为理想的密封性。与无头铆钉铆接的不同之处在于，其干涉量的大小只能通过控制铆接力及镦头的大小来间接控制。

沉镦头普通铆钉干涉配合铆接时，沉镦头的凸出部分可用专用带限制器的铣刀铣平。

铆接的干涉量需在相应的试片上进行检测。试片的材料、厚度，所用铆钉、工具和工艺方法等参数应与产品相同，并要求试片随同产品一道施工。

(2) 无头铆钉的干涉配合铆接

无头铆钉干涉配合铆接的工艺过程包括钻孔锪窝、放钉、压铆、铣平，如图12-32所示。

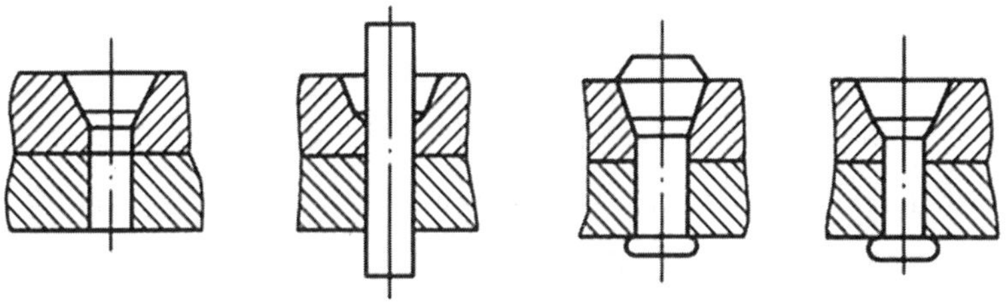

图12-32 无头铆钉干涉配合铆接的工艺过程示意图

无头铆钉的长度可根据铆钉直径和铆接厚度查表获取，也可按下列公式计算得到：

$$L=\sum\delta+2d$$

式中：L 为无头铆钉的长度，$\sum\delta$ 为被连接件的总厚度，d 为无头铆钉的直径。

无头铆钉的铆接必须用自动钻铆机完成制孔、铣平镦头以及产品移位等全部工序。利用铆钉伸出夹层的量，控制铆接干涉量的大小。铆钉伸出量越大，所获得的干涉量越大；反之，干涉量就越小。铆接前，选取与产品相同的材料和厚度尺寸做试片进行铆接，并测出试件的干涉量。如果符合要求，则应锁定设备及各种铆接工艺参数，再铆接产品。

(3) 冠头铆钉的干涉配合铆接

冠头铆钉干涉配合铆接的典型工艺过程包括铰孔、锪窝、放钉、施铆，如图12-33所示。

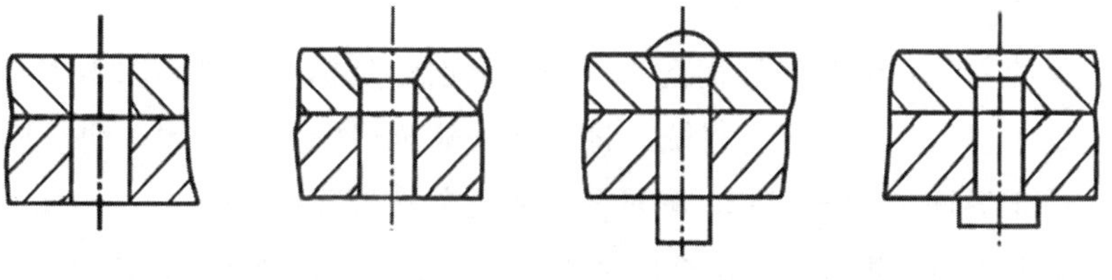

图12-33 冠头铆钉干涉配合铆接的工艺过程示意图

冠头铆钉常用于气密和油密部位。因为铆头的形状，铆接时铆钉与工具接触面积很小，力量集中在铆钉中心线附近，保证沿顶杆有较均匀的干涉量，使沉头部分紧密充填窝孔，具有较好的密封性。铆接构件各层相对干涉量，一般控制在0.6%～6%范围内。铆钉头应与窝贴合，不允许露窝，铆钉头高出工件表面的凸出量应不大于0.3 mm。

冠头铆钉的镦头为标准镦头，冠头铆钉的长度可按照表 12-12 进行计算选取。

表 12-12　冠头铆钉长度选择

铆钉直径 d/mm	3.0	3.5	4.0	5.0
铆钉长度 L 的计算公式	$\sum\delta+1.4d$	$\sum\delta+1.3d$		$\sum\delta+1.2d$

冠头铆钉一律采用反铆法进行铆接。铆枪的功率和顶把的质量均应比普通铆接大一级。为使工件和铆钉头不受损伤，在平头冲与铆钉之间应垫上玻璃纸。允许单个压铆，不允许成组压铆。产品铆接所达到的干涉量，应做试片检查，其方法与普通铆钉干涉配合铆接检查方法相同。冠头铆钉铆后冠头的顶面允许留有不高于 0.2 mm 的凸起部分，能见到一个圆圈。

4. 干涉量的测定及影响干涉量的主要因素

1）干涉量的测定

干涉量的测量位置如图 12-34 所示。要测定干涉量的大小，应在铆接前测量铆钉孔的直径，在铆接后，剖开材料测量铆钉杆直径，然后计算得到。铆接后，沿铆钉杆的干涉量分布是不均匀的，不易保持圆度，所以需要分层测量和计算干涉量。

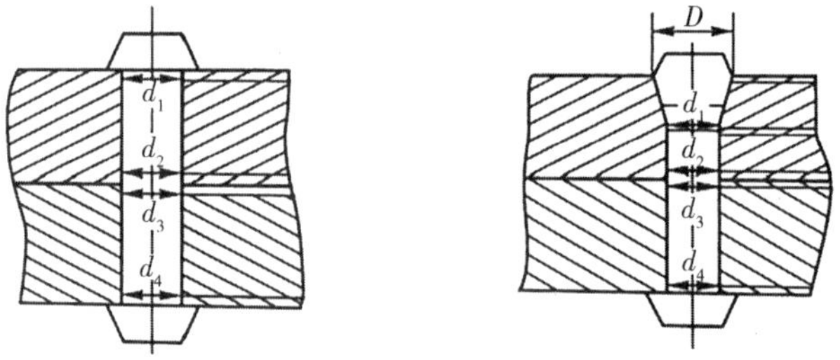

图 12-34　干涉配合铆接干涉量的测量示意图

剖切材料的方法有纵剖法和横剖法两种。纵剖法是锯开板件，取出铆钉，直接测量铆钉各层处的直径。横剖法是用铣刀将板件铣薄至规定层的位置，测量该处钉孔截面的直径。由于界面通常不清楚，测量前应视材料情况用 10%～15%氢氧化钠或 5%～10%稀硫酸等腐蚀。纵剖法无需动用机床，又不要腐蚀钉孔截面，应用较多。

2）影响干涉量的主要因素

影响干涉量的因素主要有两类：一类是结构设计参数，如材料牌号、铆钉直径、铆接厚度、埋头窝的形状和尺寸以及铆钉放置方向等；另一类为工艺参数，如铆钉孔径公差、铆模的形状和角度、铆钉外伸量、铆钉镦头的直径和高度等。

（1）材料不同，则获得的干涉量不同。板硬钉软，干涉量小；板软钉硬，干涉量就大。

(2) 铆接厚度越厚，材料流动越困难，干涉量沿铆接厚度的分布越不均匀。对连接板分界面来说，板越厚，干涉量越小，甚至等于零。

(3) 埋头窝角度和形状与干涉量有很大关系。埋头窝角度通常取 82°，角度加大，不利于材料灌入；角度太小，埋头窝深度增加，不适合较薄蒙皮。

(4) 铆钉镦头高度的变化对干涉量的影响最大，几乎呈线性关系。在其他条件不变的前提下，稍微变动镦头的高度都能使干涉量有较大的变化。

(5) 铆接前，铆钉与孔的间隙也会影响干涉量的大小，应控制孔径偏差。

(6) 对于镦埋头的情况，钉杆的外伸量太少，埋头窝将不能填满，干涉量达不到要求。外伸量太多，又容易压歪，使干涉量减小。

12.1.6 密封铆接

1. 密封铆接的认知

飞机上要求密封的结构，主要是气密座舱、整体油箱以及水上飞机的水密舱。为了防止漏气、漏油、漏水和腐蚀，需要在结构上采用各种密封形式，以便获得良好的密封性能。

为了确保飞机结构具有密封性，按照规定的工艺要求，在工件贴合面及铆钉上涂敷密封材料后再进行铆接的方法称为密封铆接。密封结构因其结构功能不同，所要求的密封措施也不尽相同。飞机的密封措施通常分为密封胶密封和封严件密封两大类。密封胶密封主要用于飞机结构的密封，是维持座舱气密条件、防止结构油箱漏油及腐蚀的主要方法。气密座舱允许存在一定程度的轻微漏气现象，但漏气量必须符合设计上的规定。结构油箱属于绝对级密封，其密封部位不允许有任何轻微的渗漏发生。为了满足飞机结构的密封要求，需要针对飞机泄漏的特点，制定科学合理的密封措施，选择合适的密封材料、密封形式和密封方法。

1) 泄漏方式

在飞机结构中，引起气体和油料泄漏的途径主要有两个：一是沿着铆钉与钉孔之间的缝隙泄漏，二是沿着工件之间的缝隙泄漏。

2) 密封形式

飞机结构的密封程度与连接处所采用的密封形式有着密切的关系。按照密封结构是否使用密封材料，可将密封形式分为有密封材料（含密封元件）密封和干涉配合紧固件连接密封两大类。按照密封面在结构上的位置，可分为缝内密封、缝外密封、表面密封、紧固件密封和混合密封。密封形式、种类及特点如表 12-13 所示。

表 12-13　密封形式、种类及特点

密封形式	密封种类	密封特点
缝内密封	（1）贴合面涂胶密封 （2）贴合面铺胶膜密封 （3）贴合面铺腻子密封 （4）贴合面铺密封带密封 （5）沟槽注胶密封 （6）沟槽注腻子密封	（1）在两个工件贴合面之间敷设密封材料，又称贴合面密封。 （2）对缝隙密封效果较好。其中，铺胶膜密封与涂胶密封的可靠性相似，显著地改善了劳动条件。铺密封腻子没有施工期的限制，使用方便。 （3）密封工艺过程复杂，劳动条件较差。涂胶密封的工序烦琐，工作量大。铺腻子密封的耐热性和耐油性都较差。 （4）缝内密封能堵住工件之间缝隙的泄漏，以及堵住铆钉、螺栓与孔之间缝隙的泄漏
紧固件密封	（1）涂胶密封 （2）干涉配合铆接密封 （3）干涉配合螺接密封 （4）加胶圈的密封铆接和密封螺接 （5）加纯铝套铆接密封	（1）在铆钉、螺栓等紧固件上附加密封剂、密封元件，或者自身能起密封作用。 （2）采用干涉配合铆接的密封效果最好，同时还能提高疲劳强度。干涉配合铆接对孔的要求比普通铆接高。 （3）涂胶密封效果比较好，但施工复杂，劳动条件差。 （4）加胶圈等密封原件的密封比较方便，纯铝套的制造困难。 （5）能堵住铆钉、螺栓与孔之间缝隙的泄漏
缝外密封	（1）缝外涂胶密封 （2）缝外铺腻子密封 （3）空洞、嵌缝堆胶密封	（1）在两个相连工件的接缝处涂敷密封剂。 （2）密封效果较差，一般与缝内密封同时采用。 （3）工序简单，便于修补和排除故障，对气动外缘起整流作用。 （4）能堵住工件之间缝隙的泄漏，多起补充密封作用
表面密封	表面涂胶密封	（1）将稀释的密封剂涂在密封区的全部表面上。 （2）不但有密封作用，而且有防腐作用，便于修补和排除故障。 （3）用胶量较大，增加飞机质量。 （4）对缝外密封有补充密封和保护作用，是一种辅助密封方法
混合密封		两种或两种以上的基本密封形式搭配使用，增加密封的可靠性

3）密封剂

密封剂是一种能够阻止飞机结构中流体泄漏和阻隔不同材料界面接触的物质，起密封和防腐的作用，具有密封性能好、适用范围广、成本低、使用方便等特点，在飞机制造和修理中被广泛使用。

密封剂的主要成分为基料（如橡胶），次要成分为补强剂和增强剂。具有硫化特性的密封剂中还有硫化剂、促进剂。

（1）密封剂的类型

密封剂一般分为硫化型密封剂和不硫化型密封剂两大类型，通常将前者称为密封胶，后者称为密封腻子，其主要特点如表 12-14 所示。

表 12-14　密封剂的主要特点

密封剂类型	种类	特点
硫化型密封剂	膏状密封胶	（1）聚硫橡胶密封剂具有良好的耐油性、耐水性、耐老化性、不透气性、低温曲挠性，对其他材料具有粘接性，大部分能室温硫化。 （2）硅橡胶密封剂是一种高耐热性密封剂，具有较大的工作温度范围，能在－70～230 ℃下长期使用，大部分能室温硫化
	稀胶	
	胶膜	
不硫化型密封剂	腻子	（1）没有施工期限制。 （2）与金属粘接力不强，耐油性差，工作温度范围小
	腻子布	

密封剂按照组成成分，分为聚硫化物和有机硅树脂两类。聚硫化物密封剂，耐高温性能较差，用于对温度要求不高的区域。有机硅树脂密封剂一般用于有特定要求的工作区域，如高温区等。

密封剂按照配制的类型分为单料密封剂和双料密封剂（含催化剂和基料两种材料）。

在相同的航材型号中，密封剂根据稠稀度和施工时限等参数的不同进行分类，施工时可根据施工条件选择不同类别的密封剂。常用的密封剂类别代号及施工形式如表 12-15 所示。

表 12-15　常用的密封剂类别代号及施工形式

类别	施工形式	说明
A	刷涂密封	不允许用溶剂稀释刷涂密封剂
B	填角、贴合密封、注射、预先填充以及紧固件密封	较稠，有良好的触变性
C	仅用于贴合面密封	中等稠度，有良好的可延展性
D	填孔施工	填孔密封剂与 B 类密封剂类似，性质比较稳定
E、F	喷涂施工	可喷涂密封剂，E 类喷涂后可作为涂层，F 类喷涂后可作为底漆层
G	可喷涂、刷涂，也可辊涂密封	具有较长的挤出时限寿命和较好的流动性，黏性较低

密封剂按包装和存放形式分为罐装式、套装式、预混冷冻式及冷冻散装式。罐装式可根据需要的用量按比例自行配制。套装式则由既定的可用量配制好催化剂和基料的剂量，用推杆将催化剂挤入基料，用搅拌杆进行充分混合后即可使用，此类密封剂不适合在小剂量的场合使用。预混冷冻式适用于混合后可冷冻保存以延长施用时限的密封剂。

(2) 密封剂的工艺性能

飞机结构中应用的密封剂应具有良好的密封性、弹性、塑性和粘接力，并且应耐温、耐油、耐水、耐气候，无腐蚀作用，毒性小，对人体的健康影响较小。

其主要工艺性能包括：

① 流淌性：指密封剂涂覆后保持自身形状、自动流淌、充填的能力。

② 堆砌性：指密封剂施工后的定形（维持性状）能力。

③ 可刮涂性：指密封剂用刮板刮涂的性能。

④ 可注射性：指密封剂用注射枪在 0.5 MPa 压力下的注射能力。

⑤ 可喷涂性：指密封剂经有机溶剂稀释后可喷涂的性能。

⑥ 活性期：指密封剂能保持适用于涂覆稠度的时间。

⑦ 施工期：指密封剂自配制后算起，保持适用于铆接装配要求塑性的最长时间。

⑧ 硫化期：指密封剂自配制后算起，达到一定硬度所需要的时间，它不同于正硫化点，仅相对表征密封剂硫化程度。

⑨ 储存期：指在规定环境条件下，密封剂各组分所能存放的期限。

(3) 密封剂混炼与使用的一般要求

① 密封剂的混炼与施工应在清洁的环境中进行，否则会影响密封剂的机械性能。要求环境中无灰尘、无油污，所使用的压缩空气应经过去油、去水处理。

② 对温度的要求如表 12-16 所示。密封剂混炼和施工的温度过低，会使其活性期延长，影响其黏附力。温度过高，密封剂的活性期缩短，影响施工。经冷冻存放的密封剂，其活性期和硫化期均缩短。

表 12-16　密封剂混炼与施工温度

混炼温度/℃	施工温度/℃
23±5	15～30

③ 除专门规定外，密封剂混炼和施工的相对湿度应控制在 40%～80%。空气相对湿度低于 40%可以延长密封剂的活性期和常温硫化时间。空气相对湿度高于 80%会缩短活性期，影响密封剂的机械性能。

④ 密封剂混炼和施工的工作人员必须经过培训，并取得相应的操作合格证才能上

岗作业。施工人员的工作服、手套、脚套及使用的工具，不准有油脂、纤维附着。施工人员在表面涂敷密封剂时，工作服上不允许有硬质纽扣和金属附加物裸露。

（4）对涂敷表面和密封剂的要求

涂敷密封剂的表面应清洁干净。在贴合面密封剂未达到硫化期之前，只要未被污染，可不经清洗直接涂敷密封剂。聚硫型密封剂可涂敷在阳极化的铝合金、氧化处理的镁合金、钝化处理或涂防锈漆的钢，或者与密封剂相容的底漆（如 SF-9）的表面上。涂敷与密封剂不相容的底漆表面，除设计上另有要求外，均应将底漆从涂密封剂的部位清除掉。清除方法是交替使用去漆剂退漆和砂纸打磨。如果氧化膜被擦伤，则用冷氧化液进行补充处理。对于难粘密封剂的表面，在结构表面清洗后涂敷偶联剂。

密封剂在使用中的要求如表 12-17 所示。

表 12-17　密封剂在使用中的要求

密封时限	施工时限	密封剂混合好或解冻后直到涂抹到部件上的施工时间。在标准条件下，Class A、B、D、E 后跟的数字指的是施工时间。如 BMS1-95 Class B-1/2 表示标准条件下施工时间为 0.5 h，BMS1-45 Class A-2 表示标准条件下施工时间为 2 h
	挤出时限	密封剂混合好或解冻后直到完成部件紧固件安装的最大允许时间。在标准条件下，Class C、G 后跟的数字指的是挤出时间。如 Class C-48 表示标准条件下挤出时间为 48 h
	无黏性时限	密封剂从施工到呈无黏性状态的最短时间
	固化时限	在温度 20～26 ℃和相对湿度 45%～55%的条件下，密封剂由糊状变为橡胶状的时间
密封等级	绝对密封	所有开口区域包括紧固件都需要密封
	完全密封	所有的孔、缝隙、下陷处和接合处需要密封的地方都应当密封，同时还要求密封附件是金属结构和复合结构，符合 NAS 618 或 BDM-1460 的Ⅱ级或更大孔的螺栓、非 O 形密封圈型的螺母法兰
	中等密封	所有的孔、缝隙、下陷处和接合处需要密封的地方都应当密封
	限制密封	所有的孔、缝隙和下陷处需要密封的地方都应当密封
注意事项	刷涂型密封剂调制后，在使用中不允许加溶剂稀释。刮涂用的密封剂调制后，不允许搅拌，以免混入空气。注射用的密封剂，调制后应立即装入注胶枪塑料筒内。密封剂应从枪嘴的安装口注入。密封剂的涂敷必须在活性期内进行。刮涂密封胶时需经常检查，检查方法是每隔 15 min 用刮刀以约 5 m/s 的速度挑起密封胶，若出现明显回缩，即表示活性期结束	

（5）密封剂的涂敷工艺

密封剂施工是保证结构密封的重要环节。涂敷方法可按密封剂的状态确定。膏状的密封剂用刮刀刮涂或注胶枪注射，液态的密封剂采用刷子刷涂或喷枪喷涂，半固态的密封剂可制成胶膜进行铺贴或者直接堆砌。密封剂涂敷方法的分类及所用密封剂的类型、特性如表 12-18 所示。

表 12-18　密封剂涂敷方法的分类及所用密封剂的类型、特性

<table>
<tr><th>涂敷方法</th><th>密封剂特性</th><th>用途</th><th>密封剂类别代号
（HB/Z102-86）</th></tr>
<tr><td>喷涂法</td><td rowspan="2">（1）不挥发成分含量不大于 80%
（2）最大黏度不大于 30 Pa・s</td><td rowspan="3">表面密封</td><td rowspan="2">D</td></tr>
<tr><td>灌注法</td></tr>
<tr><td>刷涂法</td><td>（1）不挥发成分含量不大于 80%
（2）最大黏度不大于 30 Pa・s</td><td>A</td></tr>
<tr><td rowspan="2">刮涂法与
注射法</td><td>（1）不挥发成分含量不大于 97%
（2）流淌性不大于 20 mm
（3）基膏黏度不大于 1 600 Pa・s</td><td>缝隙处的封外密封，
沟槽处的缝内密封</td><td>B</td></tr>
<tr><td>（1）不挥发成分含量不大于 90%
（2）基膏黏度不大于 400 Pa・s
（3）易流平，有较长的施工期</td><td>贴合面处密封</td><td>C</td></tr>
<tr><td>堆砌法</td><td>（1）比重小于 1.3 g/cm^3，有高触变性
（2）流淌性不大于 5 mm</td><td>填补大孔洞
并保持形状不变</td><td>E</td></tr>
<tr><td>铺设法</td><td>（1）永久变形不大于 15%</td><td>贴合面处密封</td><td></td></tr>
</table>

2. 密封铆接

密封铆接是一项技术要求高、施工难度大、环境控制严格、各工序较为烦琐和细致的工作。密封铆接技术的核心是堵塞气、油、水渗漏的路径，典型的密封铆接过程如图 12-35 所示。

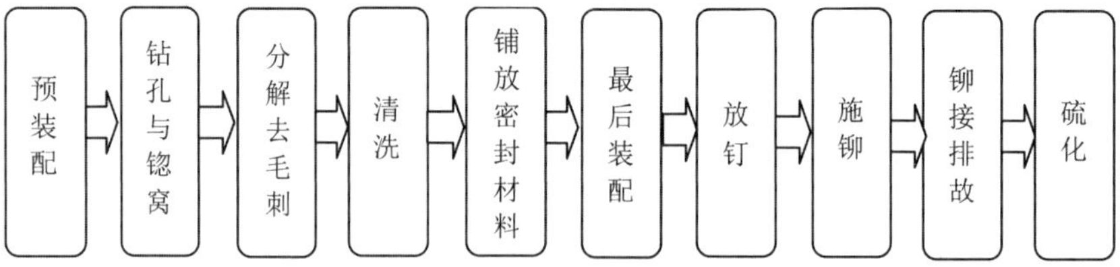

图 12-35　典型的密封铆接过程示意图

1）预装配

预装配通常在装配夹具中进行。将参加装配的工件、组合件按产品图样和装配指令在夹具上定位。

（1）工件与工件之间配合应协调，贴合面应平整，其间隙不大于 0.5 mm，当工艺固定后其间隙不大于 0.2 mm。

(2) 凡需涂敷缝内密封材料的铆缝、工件贴合面之间应垫以同密封材料厚度相等的铝或纸垫片，以确保孔位的协调性。当密封材料的厚度不影响孔位（如平面密封铆缝、沉头窝深度小于蒙皮厚度）时允许不加垫片。

(3) 按装配指令要求修配好工件余量。

(4) 用足够的定位销或工艺螺钉将工件夹紧和固定。夹紧间距根据工件的刚度和装配的协调性来确定。当工件厚度为 5～10 mm 时，间距为 80～120 mm。当工件厚度在 10 mm 以上时，间距为 220～250 mm。曲面工件或带气动外缘的工件一般间距为 80～100 mm。

2) 钻孔与锪窝

所有铆钉以及所有连接件的孔均制至最后尺寸，同时制出所有沉头窝。用于定位夹紧的少量孔，允许在缝内涂敷密封剂后再进行扩孔和锪窝，这类孔的间距不小于 300 mm。

3) 分解去毛刺

(1) 按照与装配相反的顺序分解出所有参加预装配的工件、组合件，依次摆放整齐，对难以辨别的工件，依装配关系做出一定的标记，以免装配时装错。

(2) 清除工件夹层中的金属屑和杂物。

(3) 清除所有孔边缘和工件端面的毛刺，并按规定要求制倒角或倒圆。孔边缘倒角的深度以 0.05～0.15 mm 为宜。

(4) 清除镁合金工件的孔边毛刺时应采用非金属刮板，以免划伤孔窝的表面。

4) 清洗

(1) 清洗要求

① 涂敷密封剂表面的清洗一般使用汽油、丙酮、乙酸乙酯清洗剂。在危险区可使用不燃性清洗剂。铺设密封腻子且涂有 H02-2 或 XY-401 胶的表面，只允许用汽油擦拭。

② 清洗宽度应大于涂密封剂的宽度，在两侧各宽 10 mm 以上。

③ 涂敷密封剂前的最后清洗，除铺设密封腻子且涂有 H02-2 或 XY-401 胶的表面外，均应用浸有丙酮或乙酸乙酯的抹布重复擦拭，直至最后一块白细布上无可见的污色（允许有底漆的本色）为止，最后一遍清洗距涂敷密封剂的时间，应不大于1 h且不小于 20 min。每次清洗的紧固件，要在一天内使用。

④ 禁止将清洗干净的表面与不干净的东西接触，不允许用手接触或用笔做标记，陈放环境应清洁。

（2）清洗方法

① 从溶液瓶内倒出清洗剂润湿抹布。

② 用湿抹布清洗结构表面时，只能顺一个方向擦拭。同时，用干抹布沿一个方向擦去已溶解污物的清洗剂。不允许清洗剂在结构表面自然干涸。每擦洗一遍应更换一块新的抹布。不允许在结构表面喷洒、刷涂清洗剂，否则会造成溢流，致使油污溶解后扩散并渗透到缝隙内。

③ 对于油污过多的表面，应先用抹布擦拭，然后用汽油润湿的抹布清洗。

④ 对要密封的孔洞、下陷和小空间部位，应用合适盲径的去污布条清洗。

⑤ 铆钉、螺钉等小件的脱脂清洗，用清洗剂浸泡的方法，并要求将清洗剂更换1～2次，浸泡用的容器必须加盖。

5）铺放密封材料

缝内所使用的密封材料种类较多，按产品功能不同所选用的密封材料也不尽相同，铺放的方法也不同。

（1）贴合面涂胶法

采用刮刀、硬板刷、涂胶辊或齿形刮板、齿形刮棒等，将胶液密封剂涂在贴合面尺寸较小的工件一侧，或刮在刚性较大的工件贴合面上。如图 12-36 所示，刮涂时应顺着一个方向，禁止来回刮抹，以免因卷入气泡而形成空洞。下陷、转角、空洞等处的密封剂，可适当加厚。

（2）贴合面铺胶膜法

① 将胶膜顺一个方向铺在刚性较大的工件的贴合面上，如图 12-37 所示。

② 胶膜长度、宽度不够，或有气泡、空眼、局部不合格时，应将胶膜剪齐后搭接。

③ 铺设胶膜时，不允许拉伸折叠，胶膜应平整，铺后允许用手压平或覆盖硅胶布，用 1 kg 辗辊辗一次。

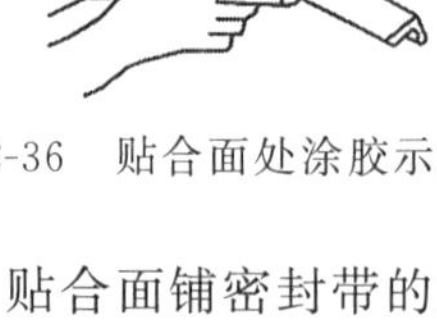

图 12-36　贴合面处涂胶示意图

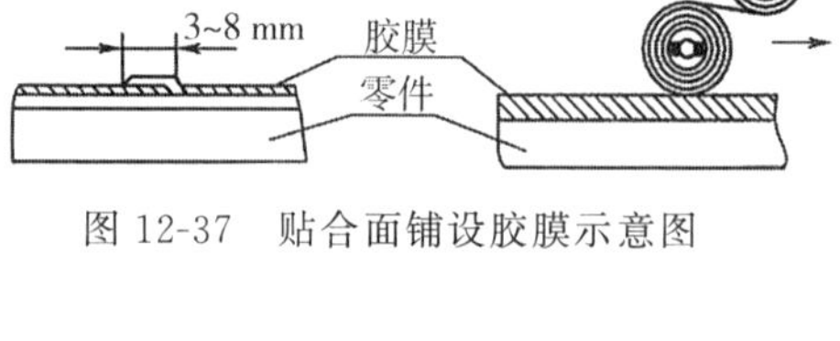

图 12-37　贴合面铺设胶膜示意图

（3）贴合面铺密封带的方法

① 将密封带铺在刚性较大的工件贴合面上。

② 若铺放密封带后立即铆接装配，则应将密封带从垫布上取下后再铺设。否则，应将密封带随垫布一起铺放，临铆接装配之前取下垫布。

③ 当密封带不能与骨架工件良好定位贴合时，允许用 XY-401 胶将密封带局部粘

贴在骨架上。

（4）贴合面铺腻子的方法

铺设前，用腻子挤出器将腻子制成直径为 2～3 mm 的腻子条，铺放在骨架上。当不易挤出时，可将腻子预热，但温度不得超过 30 ℃。

（5）可拆贴合面处密封剂涂敷方法

在可拆卸口盖、观察口板件等部位贴合面一侧涂隔离剂，如喷一薄层滑石粉，涂可剥性涂层或用含油脂棉纱擦涂一薄层油脂，如图 12-38 所示。

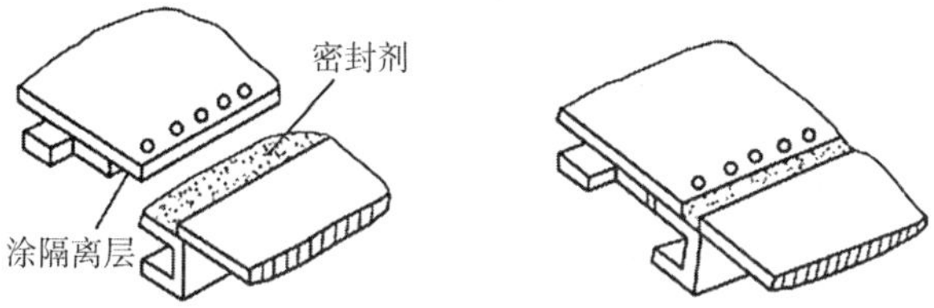

图 12-38 可拆贴合面处密封胶涂敷示意图

（6）沟槽注胶方法

沟槽注胶的顺序如图 12-39 所示。由第二孔开始注射密封胶，待第一孔见胶时，堵住该孔，继续注胶直至第三孔见胶，抽出注胶枪嘴，用螺钉封闭第二孔，继续由第三孔注射密封胶直到第四孔见胶，封闭第三孔。以此类推，直到全部沟槽注射完毕为止。

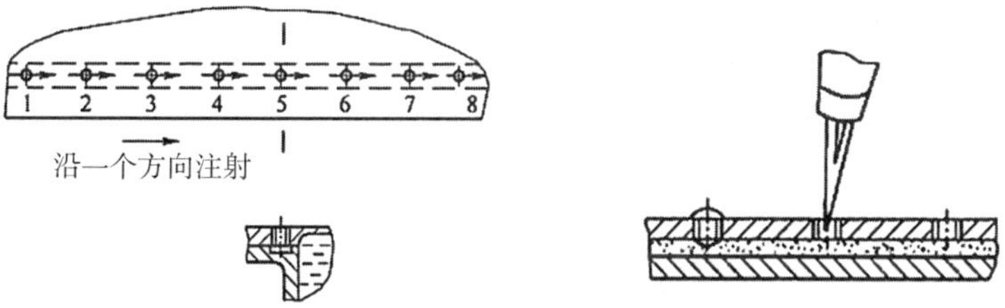

图 12-39 沟槽注胶示意图

（7）沟槽注射腻子的方法

注射密封腻子的方法与注射密封胶的方法类似，注射 XM34 密封腻子的压力为 4.41 MPa。

（8）结构下陷处的注胶方法

将注胶枪嘴插进注射孔，一次连续完成注射密封胶。当孔道出口见胶时，先将出口堵住，以提高孔内腔的注胶压力，使密封胶渗透到腔内细小的缝隙中，直到完成充满内腔并向外多渗出 2～3 mm 为止，最后用整形工具剔除多余的密封胶并整形，如图 12-40 所示。

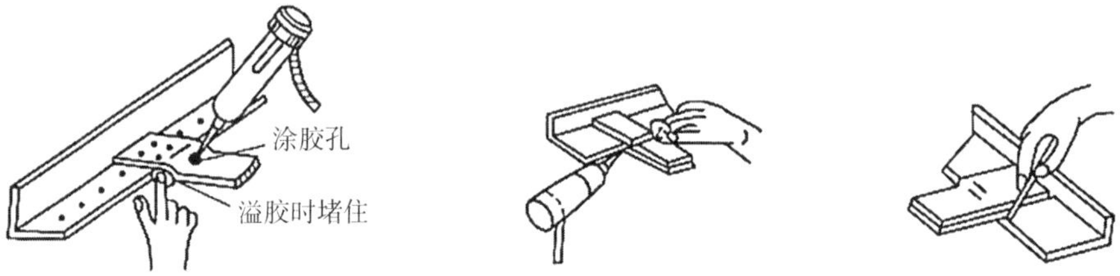

图 12-40　结构下陷处的注胶示意图

(9) 结构内腔的注胶方法

① 在结构内腔底部开注胶孔，其位置应保证注胶时不使内腔局部“窝气”而产生死角。

② 用注胶枪由注胶孔注射密封胶，当溢胶孔出胶时，边注胶边移出枪嘴，如图 12-41 所示。

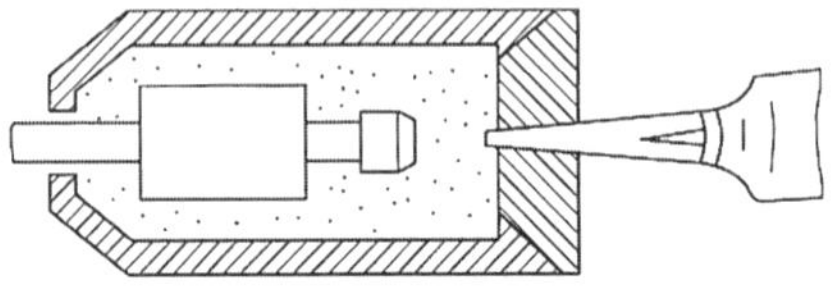

图 12-41　结构内腔的注胶示意图

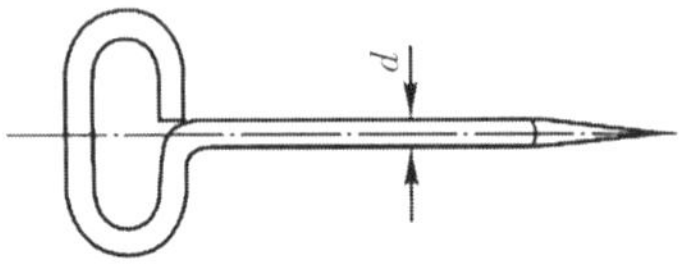

图 12-42　穿针示意图

6) 最后装配

将分解的工件重新按预装配的位置固定，优先选用胀套式定位销进行固定。根据产品结构形式和装配件的协调性来选择定位销的数量，结构简单、协调性好的装配件可少选一些。定位销间距以 150～200 mm 为宜。

7) 放钉

(1) 放铆钉前，首先清洗铆钉或所需的连接件。

(2) 用如图 12-42 所示的穿针通过铆钉孔找正工件位置，不允许工件来回移动，将所有工件重新组装并夹紧。

(3) 缝内敷设密封带的铆钉孔，在铆钉放入前应使用穿针从铆钉放入方向刺穿密封带，再插入铆钉。穿针表面要抛光，其直径与铆钉直径相同。允许穿针蘸水穿铆钉孔，当穿针穿过铆钉孔黏上腻子时，应使用蘸丙酮的抹布将腻子擦净再拔出。

(4) 缝内涂敷密封胶时，可将铆钉直接插入孔内，并擦去铆钉杆端头上的胶，以保证铆钉镦头的成型质量。

8) 施铆

(1) 在施铆前应插入部分铆钉，检查工件定位的正确性。

(2) 施铆操作要求：

① 先轻轻点铆，再在靠近铆钉杆的工件表面上轻击，消除工件夹层间的间隙。

② 应断续施铆，不允许铆枪连击，以防止镦头产生裂纹。

③ 经常擦拭顶把和冲头，清除黏在其上的胶和腻子。

④ 双排铆钉的密封铆接顺序如图12-43所示。先铆内排3～4个铆钉（图中1～3号铆钉），再铆外排3～4个铆钉（图中4～6号铆钉）。

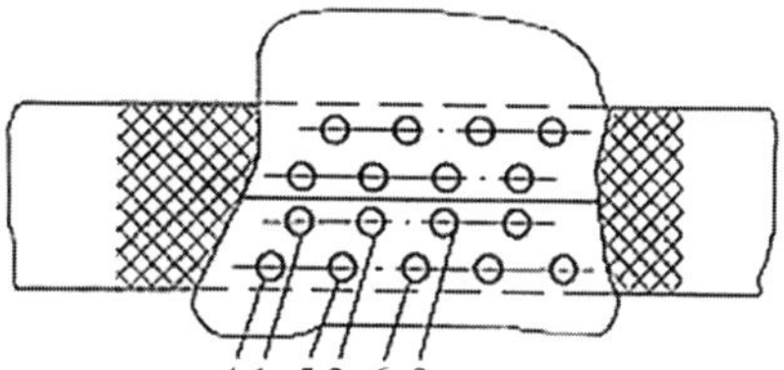

图12-43 双排铆钉的密封铆接顺序示意图

（3）工艺固定用铆钉孔处的最后铆接，要保证孔内有胶（涂胶铆接）。如果没有胶，则应涂胶铆接。

（4）在铆接过程中不允许钻孔。若更换铆钉，可用扁錾把镦头錾去，冲出铆钉杆后再涂胶铆接。

（5）铆接工作必须在密封胶的施工期内完成。若超过施工期，则要更换新胶。

（6）清理铆缝。

① 清除多余的密封带、胶膜、腻子和密封胶。

② 挤出的胶，如在施工期内可用刮刀按缝外涂胶要求制成倒角，并将多余的胶去掉。

③ 将蒙皮表面和非边缘处的余胶擦净。

9）铆接排故

对有一般缺陷的铆钉，尽量采用紧钉的方法排除。若必须更换铆钉，应在密封剂硫化后进行，铆钉的分解只能用平錾錾去钉头或镦头。用冲子轻敲出铆钉杆，一般不允许用钻屑的方法去分解。重新铆接时，应在铆钉杆上涂密封胶。

3. 密封剂的涂敷

1）缝外密封密封剂的涂敷

（1）注胶枪涂敷缝外密封剂的操作要点如图12-44所示。

① 枪嘴应对准缝隙并使之基本垂直于注胶线路。枪嘴的移动速度应使挤出密封剂的量同缝外密封最后尺寸相适应。

② 枪嘴应紧贴结构表面，不准悬空。

③ 注胶时应始终保证挤出的密封剂超前于枪嘴移动方向，使密封剂向缝隙内有一

定挤压力，并使可能裹入的空气自动爆裂。

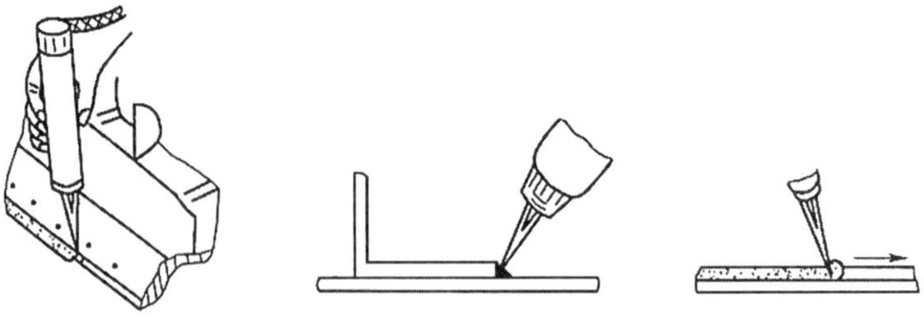

图 12-44 注胶枪涂敷缝外密封剂的操作示意图

(2) 尺寸较大的缝外密封，应分两次进行，待第一道缝外密封剂整形并达到不黏期后再涂第二道。仰面涂胶或垂直面涂胶时，密封剂的涂敷量应适当，避免过量造成流淌或变形。

(3) 缝外涂敷的密封剂应在活性期内用整形工具整形。如图 12-45 所示，整形时，工具应紧压结构表面并沿缝隙均匀、平行地移动，使最终成型的缝外密封剂光滑、流线、尺寸正确。不允许使用任何润滑的方法整形，整形时应随时注意用清洗剂湿润的纱布擦除工具上的密封剂。

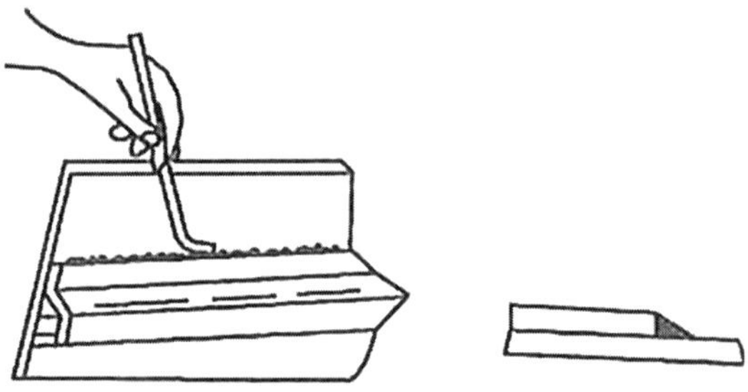

图 12-45 缝外密封剂整形示意图

(4) 对接缝、气动整流缝、不易保证密封胶涂敷尺寸的密封缝，在规定的胶缝两侧边缘贴隔离保护胶纸，如图 12-46 所示。涂胶、刮平后应将胶纸揭掉，铲除多余的密封胶。

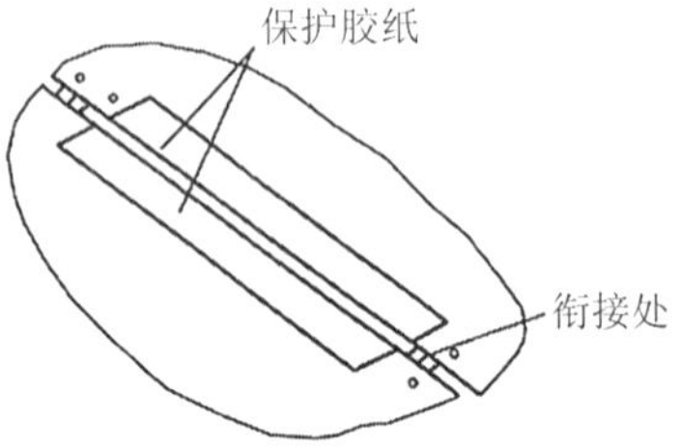

图 12-46 保护胶纸的粘贴示意图

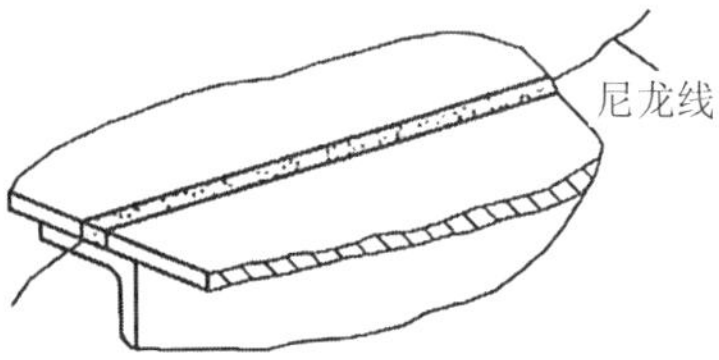

图 12-47 可拆缝外密封剂涂覆示意图

(5) 对可拆的缝外密封（如地板座椅道轨缝等），应在涂密封剂以前，在缝底部埋设细尼龙线，并将线头露在缝外密封剂的外面，以便拆除时撕开缝外密封剂，如图 12-

47 所示。

(6) 空洞和嵌缝的堆胶、大的空洞和间隙的密封，应配制流淌性小的密封剂。深的空隙应在涂密封剂之前，先填充软质填料（如铝棉、海绵橡胶），或用密封剂浸渍后填充。

(7) 缝外密封完成以后，应在活性期内检查涂敷质量，对缺陷、气泡或有异物夹杂的部位，及时补胶或排除，必要时允许部分铲除并重新涂敷。

2) 表面密封剂的涂敷

(1) 结构上已涂缝外密封剂和紧固件密封剂的表面在清洗前，密封剂应达到硫化期。

(2) 表面密封用密封剂，使用的稀释剂不应使已涂敷的胶层产生龟裂、起皱和脱落。

(3) 刷涂密封剂时，不允许大面积拉开涂胶。

(4) 喷涂密封剂时使用喷枪，喷枪嘴应距结构表面 80～100 mm，倾角 70°～80°，移动速度约 1.2 m/min。喷涂密封剂应均匀、连续。

(5) 灌涂密封剂时，密封剂灌入结构容积的 10%～15%，封闭灌胶口，在专用摇摆架上晃动或翻转结构，使所有表面浸涂一层密封剂，保持 10～20 min，倾倒出剩余的密封剂，通入干净无油的热空气（不高于 50 ℃），吹除溶剂。

3) 紧固件密封

在铆钉螺栓等紧固件上附加密封材料或紧固件本身密封，以起到堵住紧固件与工件之间缝隙泄漏的作用。在紧固件上附加密封材料密封效果好，但施工复杂。紧固件本身密封是指干涉配合铆接，干涉配合铆接能提高结构密封性。

4. 密封剂的硫化与保护

1) 密封剂的硫化

(1) 密封剂的硫化过程是从混合配制开始的，除非由于工序衔接上的需要，一般应在室温条件下自然硫化，不需要采取加速措施。

(2) 加速硫化必须在密封剂不黏期后按各密封剂硫化规范进行。未规定的一般加速硫化温度不应超过 50 ℃，处理时间为 24 h。加速硫化方法有提高环境温度、用湿热空气在结构内部环流、用红外线加热结构和涂胶表面，或综合使用以上方法。

(3) 由于工艺需要，涂敷密封剂的结构件必须在高于 50 ℃温度中处理时，如有机玻璃的回火，可以提高处理温度，但不得超过密封剂的工作温度。

(4) 结构上一部分密封剂加温硫化后，另一部分密封剂又须加温硫化时，允许重复加温硫化，重复次数以不超过密封剂使用工艺说明书规定的次数为限。

2) 密封剂涂敷后的保护

(1) 在未达到不黏期的密封剂上方，不准钻孔、铰孔等。当难以避免时，应用聚乙烯薄膜覆盖密封剂。该保护膜的拆除，只能在密封剂不黏期以后进行。

(2) 严禁滥用溶剂和清洗剂，不准在未硫化的密封剂上使用溶剂。在硫化的密封剂上涂敷含溶剂的涂料时，必须确认所含溶剂对底层密封剂无损害，方可使用。

(3) 不准踩踏和重压已硫化的密封剂，受空间限制必须在涂敷密封剂的部位上操作时，应用海绵橡胶板或棉垫覆盖，工作人员应穿软底工作鞋和无扣衣服。来回踩踏区和停留区还应事先将金属屑、污物等用吸尘器清理干净。

5. 密封试验

密封结构装配和密封工作完成后，按设计要求，需做各种密封试验，包括气密结构的气密性试验、油密结构的气密性试验、充气油密试验、停放油密试验、振动试验和晃振试验、水密结构的浸水试验和淋雨试验，以确保飞机结构密封的可靠性。

1) 气密舱试验

(1) 抗压试验

抗压试验的目的在于检验飞机结构的抗压强度。

① 试验前的准备：检查试验设备工作状态是否正常。用工艺堵盖封闭气密舱上的工艺孔或系统通孔。关闭舱盖，锁闭牢靠，并套上防护网。

② 试验：按一定的压力和充压速度向密封带充气，密封气密舱。打开试验设备上的气源开关，向舱内充气，一般压力为最大工作压力的 1.3～1.5 倍，保压 1～10 min，此时检查气密舱结构有无变形或其他异常现象，并做好记录。按规定的降压速度或时间逐渐地卸掉舱内压力。排除故障后不再做试验。

(2) 气密性试验

抗压试验完成后，方可进行气密性试验，其目的在于检查气密舱的密封性，并查找渗漏的部位。

① 试验前的准备：准备工作与抗压试验相同，防护网允许不罩。

② 试验：以降压时间测量法为例，按一定的压力和充压速度向密封带充气，密封气密舱。按规定的充气压力和充压速度向舱内充气，当舱内余压达到规定值，且稳定 1～2 min 后，关闭向舱内充气的开关。察看舱内压力下降情况及所需时间。当压降时间满足设计要求时，则气密试验合格；否则，应进一步查找漏源，排除后再重做试验，直至合格为止。

2) 整体油箱密封试验

(1) 气密试验

整体油箱气密试验的目的在于检查油箱的气密性，以判断能否对油箱进行油密实验。

① 试验前的准备：整体油箱装配全部完工，密封剂已完全硫化，油箱内表面擦洗

干净。用工艺堵盖堵塞所有系统或工艺通孔。在油箱外表面的孔、铆钉、螺栓、对缝等渗漏可疑处涂上中性肥皂水。

② 试验：接通试验设备，按产品技术要求规定的压力向油箱内充气。当余压达到规定值后，关闭充气开关。当持续一定时间后，其压力不变，则认定气密试验合格；否则，应查找漏源，排除故障重新试验，直至合格为止。

（2）无压油密试验

用于检查油箱承受油压的油密封性。在油箱外表面涂白垩水并冻干，然后向油箱内注满煤油，停放、定时间，检查渗油、漏油情况，当白垩粉有显湿现象发生时，则表示此处有渗漏；否则，判定为合格。若有渗漏故障，则应排除，排除后需重做气密试验和无压油密试验。

（3）充压油密试验

充压油密试验的目的在于检查油箱在使用状态下的密封性。无压油密试验合格后，放掉 20％的煤油（即油箱内载入 80％的煤油），接通试验设备，向油箱内充气，当压力达到一定时，并保持一定时间，检查有无渗漏现象。若有渗、漏应排除故障，并重做气密、无压油密和有压油密试验，直到合格为止。

（4）振动试验

振动试验的目的在于检查油箱振动对其密封性的影响，试验在气密、油密试验后进行。用工艺堵盖堵住油箱工艺孔、系统孔，将油箱安装在振动试验台上，如图 12-48 所示。向油箱内注入煤油，按产品规定的振幅、振动频率、振动时间分级加载进行振动。涂白垩粉检查渗漏情况，如有渗漏，应予以排除，并按上述各种试验方法重复各项有关试验。

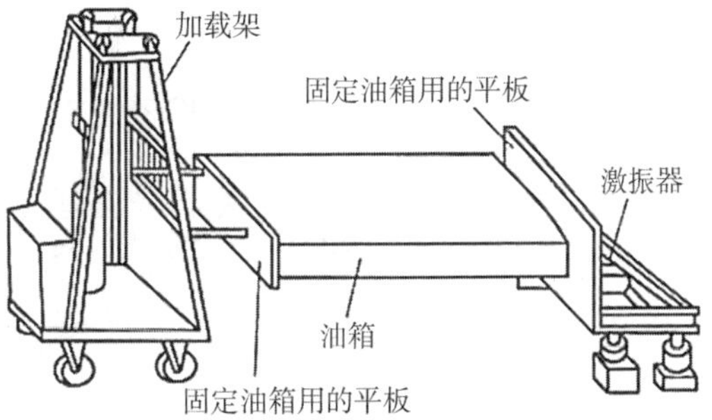

图 12-48　整体油箱振动试验装置示意图

（5）整体油箱的清洗和清洁度检查

整体油箱内部可能有污物、油脂、切屑和胶末等杂质，需清洗干净，并达到一定的清洁度，否则会影响使用安全。飞机的型号不同，其清洁度技术要求也有所不同。

① 擦洗法及清洁度检查方法：整体油箱的擦洗工作在整体油箱的装配工序间进行。在未安装可卸壁板及工艺口盖之前，去除油箱内多余胶膜，再用吸尘器清除油箱内较大的多余物，然后用麂皮、白细布蘸煤油或丙酮擦洗油箱内部。擦洗干净后，先目视检查油箱内各处有无杂物，对角落、缝隙等隐蔽区域用反光镜检查，不允许有多余物，接着用新的白细布擦拭检查油箱壁，当白布上没有杂物附着，布没有变色时，认为擦

洗合格。

② 冲洗法及清洁度检查方法：整体油箱的充油加压清洗工作，必须在整体油箱气密、油密试验合格后进行，包括冲洗和检查两个过程。先向油箱注满清洁燃油，然后将油箱中的燃油通过油滤器全部放出，反复注油、放油，同时目视检查油滤网上有无杂物。为加快放油速度，在放油过程中可用经过滤的清洁压缩空气向油箱增压，这个过程称为冲洗。再向油箱内注满燃油，随后将燃油经过装有油滤器的管路全部放出。检查油滤网上杂质的颗粒直径及纤维长度，其颗粒直径及纤维长度不应超过技术条件的要求。最后收集全部杂质，装入医用注射器内，挤出燃油，测量杂质的总体积，这个过程称为检查。

③ 摇摆清洗法及清洁度检查方法：摆摇清洗法也是在整体油箱密封性检查合格后进行。将油箱固定在专用的清洗台上，清洗台可使油箱做纵向和横向摆动，从储油罐中向油箱注油，储油罐和油箱构成循环油路，清洗时油箱不断摆动，燃油冲洗油箱，然后经过油滤网回到油罐。整体油箱摇摆清洗装置示意图如图 12-49 所示。更换清洗的回油油滤网，确保油滤上无杂质、无污染，然后按照上述方法对油箱按规定的时间清洗，检查油滤网上的杂质。

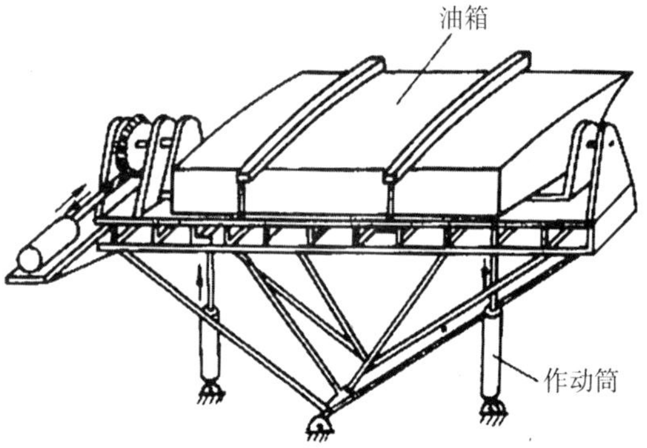

图 12-49　整体油箱摇摆清洗装置示意图

3）水密结构的密封试验

（1）浸水试验

水上飞机的密封舱船身部分需要做浸水试验，以检查其水密性程度。试验分为两个阶段。

① 机身初装后的浸水试验。用工艺堵盖堵住所有的工艺孔、结构孔，将机身放置在支承架上。对每个机舱依次注入水，注水深度以达到吃水线为准。检查漏水量，不符合要求的需排故，排故后重做试验，直至合格为止。试验后，清除机内积水，并将飞机表面擦试干净。

② 飞行浸水试验。水上飞机首次下水，应检查船身部分的进水情况。至少在正常

总重状态下的 10 个起落后，使飞机舱身停留在水中 1 h，在每个水密舱吃水线以下部位的进水量不应超过总排水量的万分之零点五。

（2）淋雨试验

淋雨试验的目的在于检查有水密要求的部位（如舱门、窗口、特设舱口盖）的水密程度。试验是在人工降雨模拟装置的专门场地上进行的。

① 试验前的准备工作：拆除怕潮的装置和怕湿的结构，不便拆除的用防水布加以保护。检查漏水的工作人员进入座舱，关闭所有门窗，安装所有口盖。座舱内按设计技术条件增压。

② 试验：按照规定的淋雨时间和水流速度，向需做淋雨试验的部位喷水。目视检查有无漏水现象和排漏水系统是否通畅。淋雨时允许用密封腻子堵漏，淋雨后用规定的密封材料排故。排故后还需重做淋雨试验，直至合格为止。试验结束后，用棉纱或抹布擦拭飞机表面并清理可打开部位的积水。淋雨试验装置示意图如图 12-50 所示。

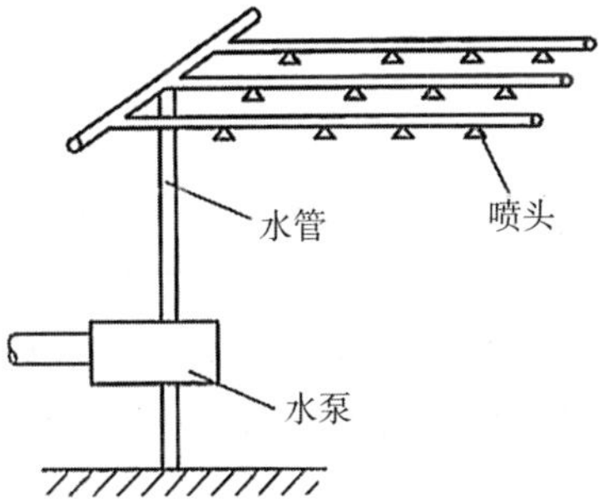

图 12-50　淋雨试验装置示意图

4）密封结构渗漏的排除

（1）渗漏产生的原因

结构密封性能与密封剂、结构形式、结构刚度、密封缝隙的尺寸大小和形状以及施工方法等因素有着密切的关系。在施工中应尽量减少接缝的宽度，如适当增加结合面的紧固力或提高被连接件的平整度、控制钉与孔间的配合公差等。

（2）密封渗漏的修理

对任何渗漏应分析渗漏原因，查找漏源。修理用的密封剂必须同旧密封剂相容。铲除失效密封层时，不应损伤结构。结构表面的氧化膜损伤时，应用冷氧化液处理后再进行密封。

① 缝内密封渗漏的修理。在渗漏范围不大的情况下，在贴合面密封可能渗漏的位置，增加铺设缝外密封胶，使损坏的贴合面密封层与密封介质隔离，如图 12-51 所示。排除缝内密封较大的渗漏故障，需分解已密封的结构，清洗贴合面，重新密封。用刀将原密封剂切至距工件表面约 3 mm，用浸泡过脱胶剂的白布或脱脂棉覆盖在密封胶

上，待胶起皱后将其清除。分解铆钉时，可钻掉铆钉头，冲出钉杆。分解螺栓时，应先拧下螺母，用脱胶剂溶解螺栓孔和结合面上的密封剂，打出螺栓。用脱胶剂将所用的密封胶清除干净，允许结合面上有密封剂的斑点状痕迹。采用注射 XM34 密封腻子的沟槽密封形式的油箱进行补漏修理时，可在载油情况下，用装有新 XM34 腻子的高压注射枪直接注射，将泄漏的那段沟槽内的旧 XM34 腻子从沟槽中挤出，油箱即可使用。结构下陷处的渗漏，可用钩状铁丝或小的切割工具，清除旧密封剂，将残胶清理干净，然后重新注射密封剂。

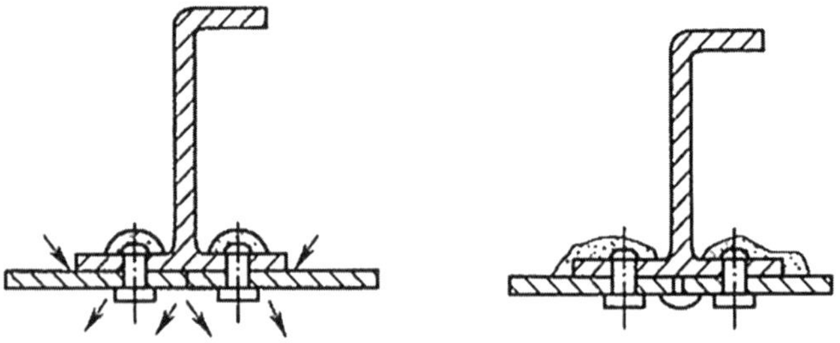

图 12-51　缝内密封轻微渗漏的修理示意图

② 缝外密封渗漏的修理。对于尺寸不够的缝外密封剂的表面应进行清洗，补涂密封剂并重新整形。对于局部密封不良的部位，如果密封层黏结良好，可以只进行局部切割清除，然后补涂密封剂，并将其与原密封剂的搭接处加以整形。如果密封层黏结不良，未黏在密封面上，则用锋利的塑料或硬木工具清除密封不良的密封剂，直到露出结构金属表面，两端的密封剂应切成斜面，涂敷密封剂，使新旧密封剂连续搭接，整形应光滑，避免截面突然改变，如图 12-52 所示。

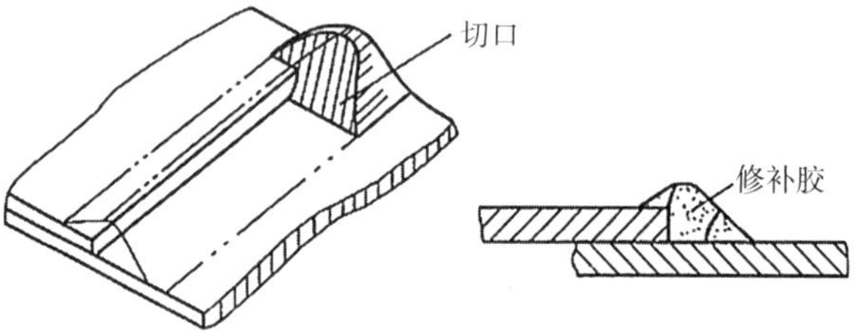

图 12-52　缝外密封渗漏的修理示意图

③ 紧固件密封修理。对于不严重渗漏进行修理时，可以使用专用压胶工具，由结构外侧钉孔周围注射密封剂，密封渗漏途径。压注工具可采用铆压注胶式或螺旋注胶式。采用铆压注胶式排漏的方法是：用浸有清洗剂的纱布清除钉周围的漆层，清洁注胶结构表面。用 A 类密封剂加满压胶工具内腔，将其活塞冲杆端部插入铆枪。用压胶工具上的 O 形密封圈罩住漏钉，保证工具始终垂直于结构表面，压紧后用铆枪锤铆活塞冲杆，连续压注几分钟，如图 12-53 所示。

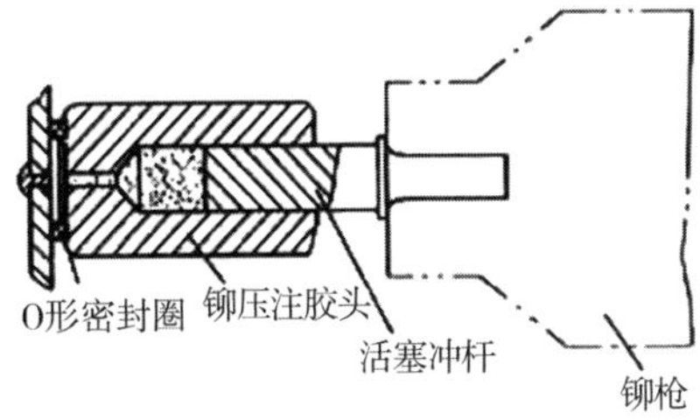

图 12-53　铆压注胶示意图

采用螺旋注胶式排漏方法时，用清洗剂润湿的纱布清除漏钉周围的漆层，清洁注胶结构表面和注胶工具底座表面。用棉球棍浸快速冷固化胶液薄涂在底座结合面上，然后以漏钉为中心将注胶工具底座压在结构表面上，数十秒后松手，等胶液固化，如图12-54所示。将注胶工具放气口螺钉拧松到只剩一扣即可取下的位置，由加胶口 1 注入较稀的密封剂，直到放气口 2 溢出密封剂为止，如图 12-55 所示。拧紧注胶口和放气口螺钉，以 49 N·cm 的力矩拧紧压力螺栓 3，并保持 5 min，如图 12-56 所示。用木锤轻敲底座的侧面，取下注胶工具，清除漏钉周围多余的密封剂，如图 12-57 所示。

图 12-54　螺旋注胶工具的安装示意图

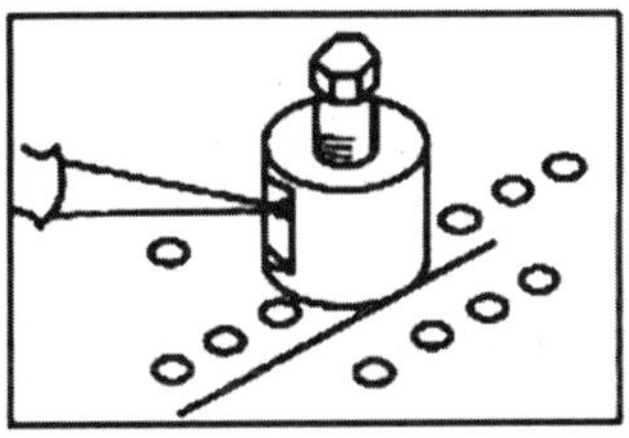

图 12-55　向压胶工具注密封剂示意图

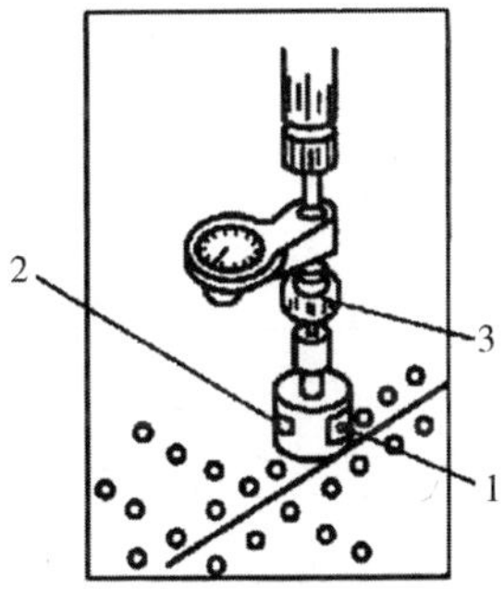

图 12-56　螺栓注胶示意图

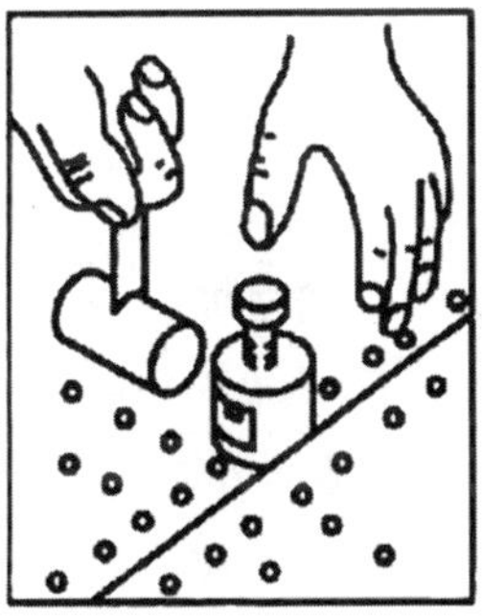

图 12-57　取下注胶工具示意图

对于紧固件端头注胶密封的渗漏，应清除包裹紧固件的密封剂层，使紧固件与结构金属表面完全露出，重新密封。

对于密封罩密封的渗漏，应用切割工具切开罩盖下部及周边，与结构完全分离，用钳子取下密封罩，切除紧固件上剩余的密封剂，重新密封。

12.2 技能训练

表 12-19 技能训练工卡

标题	纵条结合构件的密封铆接			
实训目的	通过特种铆钉的组合铆接训练，掌握飞机结构件特种铆接的钻孔、锪窝、铆接等工序的施工技术要求和操作要点，能独立完成钻孔、锪窝、铆接和质量检查等施工步骤。			
参考技术文件	《飞机铆接安装通用技术条件》《铆装钳工技能》			
注意事项	1. 坚持安全、文明生产规范，严格遵守实训制度和劳动纪律。 2. 穿戴好劳动保护用品，不携带与实训工作无关的物品。 3. 不同型号的铆钉分开存放，检查计量器具校验日期。 4. 铆枪严禁指向人或非铆接零件时打空枪。 5. 使用剪板机、砂轮机等设备时，应在教师指导下按照安全操作规程进行操作。			
工具/设备/材料/防护用品				
类别	名称	型号/规格	单位	数量
工具	气钻	Φ6 mm	把	1
	顶铁	2#	把	1
	中心冲	标准	把	1
	钻头	Φ3.6 mm	把	1
	橡胶榔头	标准	把	1
	定位销	Φ3.5 mm	个	1
	平冲头	Φ3.5 mm	把	1
	半圆头冲头	Φ3.5 mm	把	1
	铝锉	8″	把	1
	平锉刀	8″	把	1
	刮边器	标准	个	1
	金属铅笔	2B	支	1
	直杆冲	Φ3.0 mm	把	1
	划窝钻	Φ3.5 mm×120°	个	1
	注胶枪	标准	支	1
	橡胶手套	标准	双	1
	刮刀	1″	个	1
	刮板	胶木	块	1
	美工刀	标准	把	1

续表

类别	名称	型号/规格	单位	数量
工具	钢字码	标准	套	1
	钢板尺	300 mm	把	1
	卡尺	0.02 mm	把	1
	铆钉卡规	标准	把	1
	塞尺	0.05 mm	把	1
	直角尺	标准	把	1
设备	工作钳台	标准	台	1
	折边机	1.2 m	台	1
	剪板机	1.5 m	台	1
材料	板料	LF21CZ-δ1.5 mm×122 mm×122 mm	块	按图样
	角材	LF21CZ-δ1.2 mm×122 mm×122 mm	块	按图样
	半圆头铆钉	HB 6231-3.5 mm×8 mm	个	按图样
	沉头铆钉	HB 6316-3.5 mm×8 mm	个	按图样
	密封剂	XM-28	组	1
	纸胶带	20 mm	卷	1
	清洁剂	丙酮	瓶	1
防护用品	棉布	N/A	块	1
	耳罩/耳塞	符合个人防护标准	副	1
	防护手套	符合航空使用标准	副	1

技术要求：

1. 制孔、制窝及镦头、钉头均依据通用技术条件。
2. 定位点的深度不大于 0.5 mm。
3. 铆钉孔边缘倒角 0.2 mm。
4. 保护面宽度要大于 20 mm。
5. 所有边缘打磨光滑，无毛刺。

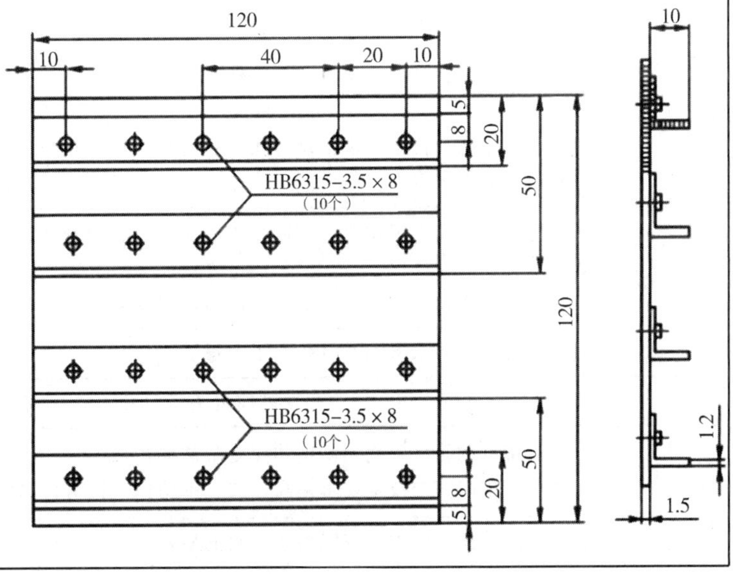

续表

任务	实训内容
一、准备工作	
1	查询资料，查找与任务相关的内容。
2	检查工作场地和设备的运行安全。
3	按工具清单清点工具，准备实训材料。
4	按实训要求穿戴劳动保护用品，做好个人安全防护。
二、下料	
1	根据图样确定板料、角材形状和下料尺寸。在板料上画线、剪切下料。 注意：下料时按图样画线，保持合适的锉修加工余量（2～5 mm）。剪切下料时，按剪板机操作规程正确使用。
2	板料表面校平。 注意：使用橡胶榔头校平。
3	用平锉刀去板料和角材边缘毛刺，锉修光滑。 注意：按图样锉修到规定尺寸。
三、制作铆钉孔	
1	根据图样确定铆钉的头型、材料、直径、长度和数量。
2	根据图样在板料和角材表面布置铆钉。 注意：用铅笔画线定位。
3	在铆钉孔位置用中心冲打上定位点。 注意：定位点的深度不大于 0.5 mm。
4	在钳台上夹紧板料和角材，用风钻在角材两端铆钉定位点上打定位孔。 注意：在钳台上用软钳口装夹板料。选用合适规格的钻头按钻孔技术要求打铆钉孔。
5	安装定位销，钻其余铆钉孔。在钻孔时先钻初孔，然后用比铆钉直径大 0.1 mm 的钻头扩孔。 注意：按钻孔技术要求打铆钉孔，初孔直径为 0.6～0.8 倍铆钉直径。工件在垫木上操作时应保护表面。
6	钻孔完毕后卸下定位销，铆钉孔边缘用刮边器（或 10 mm 钻头）倒角 0.2 mm，清除毛刺。 注意：两块板料的铆钉孔正、反两面都需要去毛刺，埋头窝正面不需要去毛刺。
7	按钻孔技术要求检查铆钉孔加工质量。
四、制作沉头铆钉窝	
1	沉头铆钉的孔分别用划窝钻和深度限制器锪窝。 注意：按制窝的技术要求锪窝，加工中用标准钉对比窝的深度和形状。
2	按锪窝的技术要求检查沉头铆钉窝的质量。

续表

五、密封铆接施工	
1	涂胶面按密封结构要求用清洁剂进行清洗后并晾干。对非涂胶面用纸胶带进行表面保护。 注意：保护面宽度要大于20 mm。
2	按密封剂配制技术条件要求调配适量胶液。
3	按密封剂施工技术要求在涂胶位置用注胶枪注胶后，再用刮板刮涂均匀，检查胶层铺涂质量。
4	按图样要求选择合适的铆枪冲头和顶铁，安装铆钉施铆。 注意：按铆接技术要求施工。埋头钉采用正铆法铆接。
5	去除保护胶带，清理铆缝，铆接后余胶应及时清除。
6	铆接施工质量应符合技术要求，若检查发现有不合格铆钉，按特种铆接技术要求拆除与重铆。 注意：检查蒙皮、钉头表面质量，铆钉镦头直径和镦头高度。
六、结束工作	
1	用记号笔或钢印做好标记，向指导教师提交工件和工卡。
2	清点工具，按要求维护后摆放规范、整齐。
3	清扫工作现场，保持工位干净、整洁，符合安全、文明生产要求。

参考文献

[1] 文韬，周密乐. 飞机结构铆接装配技术［M］. 北京：航空工业出版社，2021.

[2] 白冰如，拜明星. 飞机铆接装配与机体修理［M］. 北京：国防工业出版社，2015.

[3] 汉锦丽. 飞机钣金工理论与实训（第2版）［M］. 西安：西北工业大学出版社，2022.

[4] 黄杰. 飞机钣金技术［M］. 南京：南京大学出版社，2020.

[5] 梁涛，吕宏. 图解钣金工快速入门［M］. 北京：机械工业出版社，2015.

[6]《航空制造工程手册》总编委会. 航空制造工程手册［M］. 北京：航空工业出版社，1993.

[7] 刘增华，古英. 钣金与铆接实训［M］. 北京：北京航空航天大学出版社，2013.

[8] 李西宁，常正平，翟平. 飞机钣金成形原理与工艺（第2版）［M］. 西安：西北工业大学出版社，2021.

[9] 王海宁. 飞机钣金工艺学［M］. 西安：西北工业大学出版社，2011.

[10] 田威，齐振超，王珉. 飞机装配技术［M］. 北京：科学出版社，2023.